城市规划快题解析

卓越手绘考研30天

卓越手绘考研快题研究中心 编著
李星星 肖龙瀛 杜 健 吕律谱 段亮亮 主编

U0254020

中国建筑工业出版社

内容简介

城市规划快题综合性、专业性较强，一套好的规划快题作品呈现，不仅需要扎实的专业基础知识，也依赖于清晰、完整的快题设计表现。本书主要从城市规划快题设计及表现概述、城市规划快题设计知识储备、城市规划快题类型及设计要点、城市规划快题常见十大问题及常用规范附表、真题解析及快题赏析六大部分，对规划快题深入解析。

本书适合于城市规划专业从业人员或在校师生阅读，特别是对于升学考研、就业考试的同学有所帮助。海量快题素材与方案设计，用心赏析，定有所获。

图书在版编目（CIP）数据

城市规划快题解析 / 李星星等主编. —北京：中国建筑工业出版社，2015.1
（卓越手绘考研30天）
ISBN 978-7-112-17651-9

Ⅰ. ①城… Ⅱ. ①李… Ⅲ. ①城市规划—研究生—入学考试—题解 Ⅳ. ①TU984-44

中国版本图书馆CIP数据核字（2015）第003073号

责任编辑：赵晓菲 周方圆
责任校对：张 颖 党 蕾

卓越手绘考研30天

城市规划快题解析

卓越手绘考研快题研究中心 编著
李星星 肖龙瀛 杜 健 吕律谱 段亮亮 主编

*
中国建筑工业出版社出版、发行（北京西郊百万庄）
各地新华书店、建筑书店经销
北京美光设计制版有限公司制版
北京方嘉彩色印刷有限责任公司印刷
*
开本：880×1230毫米 1/16 印张：$10^{1}/_{4}$ 字数：261千字
2015年6月第一版 2015年6月第一次印刷
定价：68.00元
ISBN 978-7-112-17651-9
（26879）

版权所有 翻印必究
如有印装质量问题，可寄本社退换
（邮政编码 100037）

前言 Foreword

城市规划快题综合性、专业性较强，一套好的规划快题作品呈现，不仅需要扎实的专业基础知识，也依赖于清晰、完整的快题设计表现。本书主要从城市规划快题设计及表现概述、城市规划快题设计知识储备、城市规划快题类型及设计要点、城市规划快题常见十大问题及常用规范附表、真题解析、快题赏析六大部分，对规划快题深入解析。

城市规划快题设计及表现概述部分，根据城市规划快题设计特点及要求，对快题设计的一般过程，进行分步解读，理解规划快题的含义和设计题目的真正意图。表现技法章节对快题图纸各个表现部分分步演示，从理论到表现效果，力图让广大学生学习并掌握在有限时间内的快速表现技法。

城市规划快题设计知识储备部分，不论是对跨专业，亦或城市规划本专业学生，均有很好的参考价值和很强的操作性。针对规划快题搜集的相关素材，均采用手绘形式，分类概括，便于查阅和借鉴使用。

城市规划快题类型及设计要点部分，涵盖规划快题设计的居住小区、城市中心区、园区、 城市历史地段及旧城改造、城市公园或风景区、站前广场等多种常见类型，分类别详细介绍各种快题类型的设计方法与设计重点。帮助广大考生迅速定位、找准关键点。

城市规划快题常见十大问题及常用规范附表部分，通过对规划考题中易错、易漏知识点的总结，及规划设计中常用规范分快题类型提炼归纳，便于考生对症下药、迅速提升。

真题解析、快题赏析部分，针对各大高校考研快题真题，及设计院招聘考试真题，精心挑选近百例具代表性的规划快题。实例评析，选取优秀的、典型类型快题，附有点评和解析，明确规划快题的评判标准和设计关键。

本书主要针对各大高校城市规划专业考研，对于各设计单位招聘考试，及相关设计类从业人员亦是良师益友，海量快题素材与方案设计，用心赏析，定有所获。

目录 Contents

第 1 章　城市规划快题设计及表现概述

1.1 城市规划快题设计 2
- 1.1.1 什么是城市规划快题设计 2
- 1.1.2 城市规划快题设计的要求 2
- 1.1.3 如何做城市规划快题设计 3

1.2 透视理论及快速表现技法 4
- 1.2.1 透视理论方法 4
- 1.2.2 总平面表现 5
- 1.2.3 平面转鸟瞰 7
- 1.2.4 分析图表现 9
- 1.2.5 整体版面布局 10

第 2 章　城市规划快题设计知识储备

2.1 理论常识 12
- 2.1.1 日照间距 12
- 2.1.2 主要技术经济指标 13
- 2.1.3 道路断面 13

2.2 素材积累 14
- 2.2.1 建筑素材 14
- 2.2.2 道路素材 21
- 2.2.3 外部环境 23

第 3 章　城市规划快题类型及设计要点

3.1 居住小区 28
- 3.1.1 基本介绍 28
- 3.1.2 设计要点 28

3.2 城市中心区 32
- 3.2.1 基本介绍 32
- 3.2.2 设计要点 33

3.3 园区 38
- 3.3.1 校园 38
- 3.3.2 工业园区 39

3.4 城市历史地段及旧城改造 40
- 3.4.1 基本介绍 40
- 3.4.2 设计要点 40

3.5 城市公园或风景区 41
- 3.5.1 基本介绍 41

3.5.2 设计要点 41

3.6 站前区 42

3.6.1 基本介绍 42

3.6.2 设计要点 42

3.7 其他 44

第4章 城市规划快题常见十大问题及常用规范附表

4.1 城市规划快题常见十大问题 46

4.2 常用规范附表 47

第5章 真题解析

5.1 厂区 50

5.1.1 上海船厂地区城市更新概念设计 50

5.2 居民区 53

5.2.1 南方某城市边缘区居住区规划设计 53

5.2.2 某市居民区详细规划设计 63

5.2.3 城市住宅区规划设计 68

5.2.4 江南某城市居住小区规划设计 76

5.2.5 综合小区修建性详细规划 84

5.3 商业区 87

5.3.1 某海滨城市新区文化中心规划设计 87

5.3.2 购物休闲服务中心设计 95

5.4 校园 99

5.4.1 某学院规划设计 99

5.4.2 中学校园规划设计 105

第6章 快题赏析

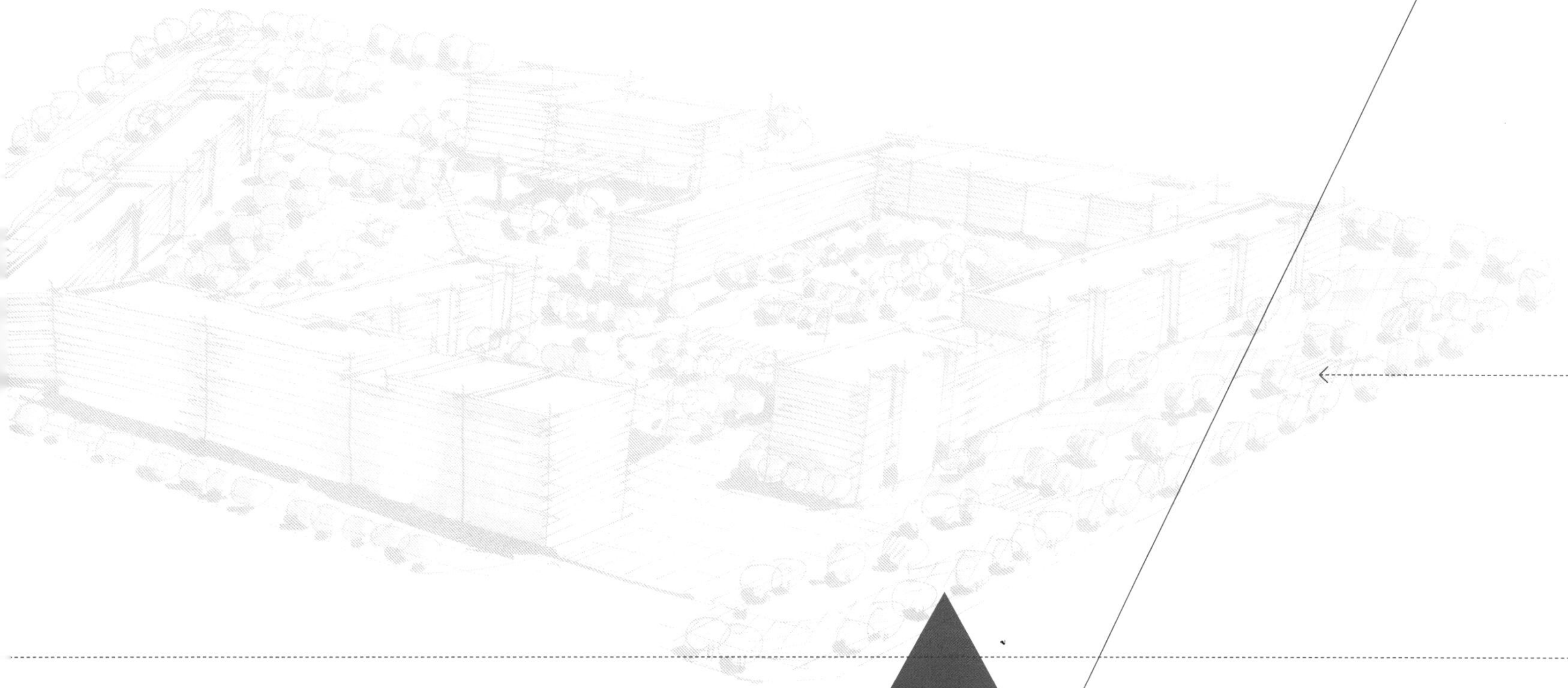

第1章

城市规划快题设计
及表现概述

1.1 城市规划快题设计

1.1.1 什么是城市规划快题设计

城市规划快题有其显著的特点，由于时间、规模、深度限制，一般只涉及详细规划、城市范畴的部分内容。城市规划快题设计注重整体的设计理念，而不拘泥于细部的刻画，有别于景观设计和建筑设计。规划快题强调有重点、有层次地组织空间，强调三维的城市空间，而非二维的平面设计。同时，它也不同于平时的规划课程设计，需要设计者在有限的时间内，通过对规划设计条件的综合分析，进行快速构思、合理组织空间与手绘表达。既注重设计者的专业综合能力，也需要一定的表达技巧。也就是说，课程设计好的学生快题不一定能得高分，中间需要一个衔接，这就是快题思维。

所谓快题思维，即运用所学的规划理论及相关的专业技术基础知识，通过反复地练习和总结，学习掌握在很短的时间内分析问题与解决问题的能力，并且将设计成果快速、完整地表达出来。因此，在有限的时间内，我们要有效利用，有的放矢，抓大放小，突出重点。

毋庸置疑，扎实的专业基础知识是关键。专业基础知识不牢，很可能出现我们常说的“硬伤”。在规定的条件与时间内，设计者需要充分调动已储备的专业知识寻求符合题意的最佳方案。

1.1.2 城市规划快题设计的要求

1. 图纸内容

“三图三文”，其中“三图”是指平面图、鸟瞰图、分析图；“三文”是指标题、设计说明、经济技术指标。

2. 能力要求

（1）综合分析能力

设计者要具备一定的综合分析能力，对给定的现状基础资料，提炼关键信息，抓住设计重点，从而理解题目意图。任何一个设计都是特殊的，需要结合特定的环境展开，比如项目区位、周边环境、自然条件、城市定位等，务必仔细阅读、理解，进而在设计中有所体现。

（2）快速方案构思

一个完整的方案构思需要考虑用地功能布局、道路交通组织、建筑群体空间与外部景观环境的整体塑造。方案构思不仅要“快”，还要“准”，即快速而有效地切合题意，抓住要点，突出设计特色。

（3）场地、空间意识

尺度，对设计者而言是最基本的语言。反应在规划快题上的场地、空间意识更是如此。场地意识要求设计者进行规划设计时，重视基地与四周用地、环境之间的整体、合理、和谐衔接。空间意识，要求注重人性化的设计，把人的活动放在首位来组织用地空间布局，规划快题的比例一般在 1 ∶ 1000（也有 1 ∶ 500，1 ∶ 2000），因此在设计中，要尤为注意空间感，避免尺度失衡。

（4）快速图纸表现力

正确、完整、清晰地表达设计成果固然也很重要。图纸效果是设计成果的直观表达，良好的手绘效果能更好地表达设计者的设计意图，同时给人以爽心悦目的感受，无疑对设计具有锦上添花的效果。

3. 一般规范要求

机动车出入口距大中城市干道交叉口的距离，自道路红线交叉点起不应小于 70m；距非道路交叉口的过街人行道边缘不应小于 5m；距公共交通站台边缘不应小于 10m；距公园、学校等建筑物出入口不应小于 20m；当基地与城市道路衔接的通路坡度较大时，应设缓冲带。

公用停车场的出入口不宜设在主干路上，可设在次干路或支路上并远离交叉口；不得设在人行横道、公共交通停靠站以及桥隧引道处。大型建筑物的停车场应与建筑物位于主干路的同侧。人流、车流量大的公共活动广场、集散广场宜按分区就近原则，适当分散安排停车场。对于商业文化街和商业步行街，可适当集中安排停车场。

1.1.3 如何做城市规划快题设计

1. 设计任务分析

仔细阅读设计任务书，了解快题设计题目的条件与要求。设计任务书中的文字、数据、图纸是项目设计的重要依据，它直接或间接告知项目的重要信息，如上层次规划的要求、项目定位、区位功能、周边环境等。要善于捕捉命题的关键点，对于题目中出现的容积率、建筑密度等数字要具备一定的敏感度，要有一个基本的判别尺度。例如，校园建筑容积率一般为 0.6 ～ 0.8，多层住宅容积率一般为 0.8 ～ 1.4 等。通过对设计任务书的综合分析，实现项目的定性、定量分析。前期对设计任务书的分析，不容忽视，否则将前功尽弃。

2. 解读基地条件

基地周边道路、用地情况等直接影响项目功能分区和道路交通组织，认真解读基地现状条件，包括自然环境、交通状况、土地使用情况、人流分布等。地形地貌与场地的竖向设计密切相关，直接影响建筑的总体布局和开放空间的布置。规划设计应充分利用和结合特殊地貌与地面坡度，尊重场地的自然条件，塑造空间特色。规划设计者要善于从区域的角度看待城市，从城市的角度分析地块，从外部环境入手，形成合理的规划构思。

3. 规划构思要点

规划结构清晰，主次分明，明确主要功能分区、道路交通系统、绿化景观系统等方方面面，是规划构思的要点。结构的清晰有序主要依赖于合理的用地功能组织、便捷的交通联系以及连续而有特色的绿地景观系统规划。在整个规划设计过程中，规划结构是基本骨架，它是联系各个功能用地的系统组织，在规划构思过程中，要有全局观念，将组成规划的各子系统协调统一。

4. 空间布局要点

确定规划结构后，就要进行建筑群体空间布局和开放空间环境设计，按功能关系组织建筑布局，并结合空间形态进行空间环境设计，确立主要景观轴线、景观节点，创造宜人的外部空间环境。这里涉及一个“图”与“底”的关系，在我们的设计中，往往更容易关注“图”的建筑实体，而忽略作为“底”的外部空间、道路、绿化等处理，通过建筑围合而成的外部空间环境是构成丰富、特色人性交往活动空间的关键。

5. 设计时间分配

任务		审题	构思	总平面图	鸟瞰图	分析图 + 文字	检查
基本内容		分析任务书，明确重点，项目定位	规划结构、基本形态	建筑、道路、场地、绿化等的绘制，出入口、建筑名称、层数等相关标注	建筑、道路、绿化空间的鸟瞰表达，突出轴线、空间形态	功能分区图、道路交通图、绿化系统图等，经济技术指标和标题	三图三字、指北针、相关标注的检查
快题类型	6 小时	20~30 分钟	30~40 分钟	2.5~3 小时	40~60 分钟	30 分钟	20~30 分钟
	3 小时	15~20 分钟	15~25 分钟	1~1.5 小时	30 分钟	20 分钟	10 分钟

→ 1.2 透视理论及快速表现技法

1.2.1 透视理论方法

什么是透视？

简单来讲，透视是一种在二维的纸面上表现三维空间的方法。只有通过透视的表达，我们的图面才能有立体感、空间感。在表达透视的时候，我们应该掌握三个要点，也就是透视三大要素，分别是近大远小、近明远暗和近实远虚。常用的透视方法有三种，平行透视（一点透视），成角透视（两点透视）和三点透视。

1. 一点透视

一点透视是我们最常用并且最简单的透视表达方式，又叫平行透视。一点透视所有横向的线条都是平行于视平线的，由于视平线是一条绝对水平的线，所以我们也可以理解为一点透视所有横向的线全部水平。

由于一点透视简单，所以也是练习透视的根本，每个同学都应该熟练、准确地掌握一点透视。但是一点透视也有弊端，就是表达画面太过规矩，相对于两点透视的画面显得有些死板。

2. 两点透视

两点透视在视平线的两端各有一个消失点，竖线依然是垂直的。相对于一点透视，两点透视复杂很多，但是表达的画面更生动，更贴近人正常观察的视角。在绘制两点透视的时候，注意两边的消失点必须在同一条水平线上。而通常由于我们的视域比较广，所以两点透视的两点有时会在纸外，这样就需要读者具有一定的对透视的感觉，而不是每张图都把两个点定出来。大多数情况下我们绘制的两点透视图都是凭感觉画出来的。

3. 三点透视

三点透视是在两点透视的基础上，在Y轴上又出现了一个交点。可以在上面也可以在下面。在画很高的建筑的仰视效果图或者俯视效果图时，我们会用到三点透视。城市规划画鸟瞰图的时候偶尔也会使用。但是由于三点透视难度太大，并且表达图面相比两点透视并没有明显的优势，所以通常我们仍然以两点透视作为主要表达方式。

1.2.2 总平面表现

总平面图是规划设计中最开始的一步，也是最关键的一步。所有的规划设计几乎都是从这里开始作为起点的。每一个学习城市规划的同学都必须画好总平面图。一张严谨、准确、统一的总平面图，可以使你的快题大大增色，也是高分快题必备的因素。在绘制总平

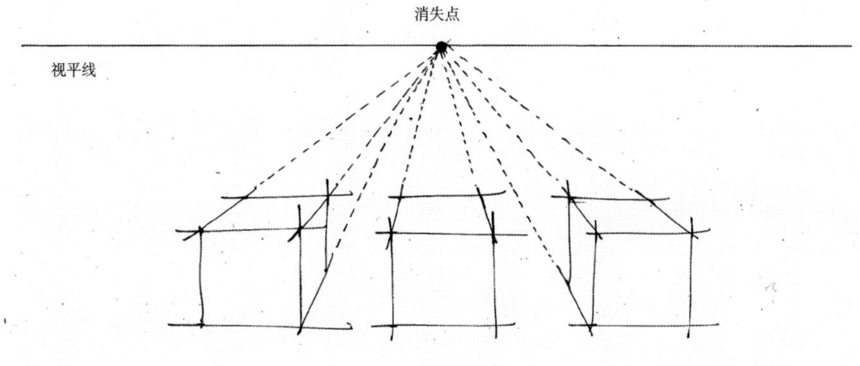

一点透视

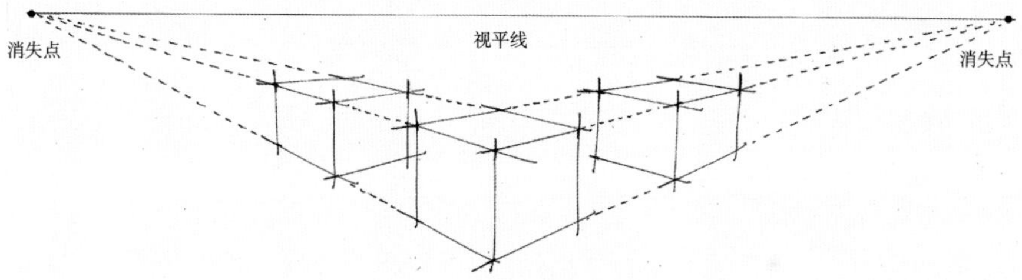

两点透视

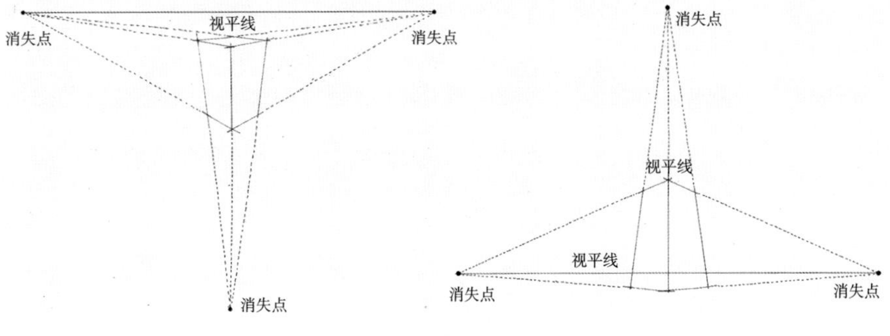

三点透视

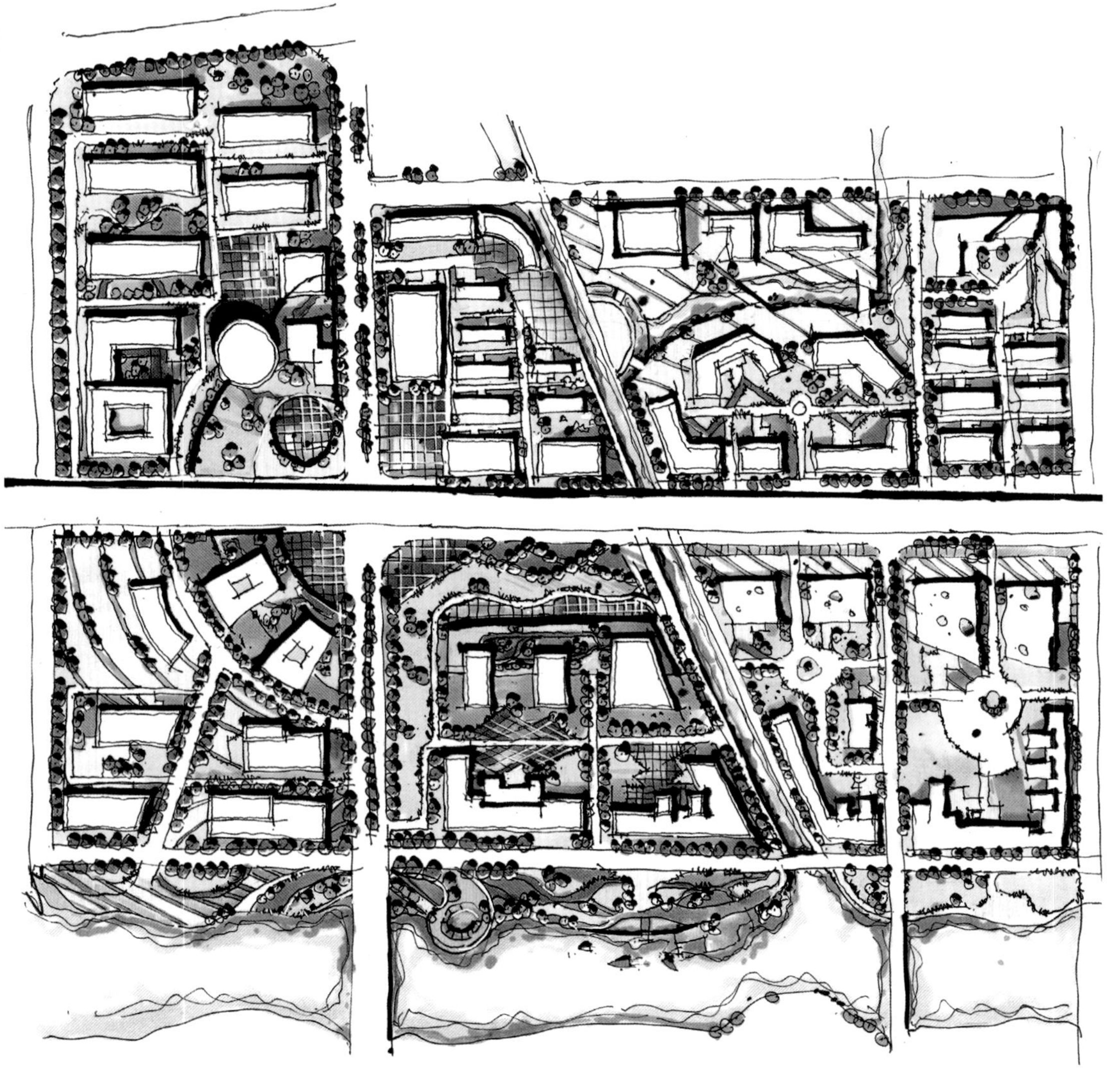

面图的时候，先用铅笔确定大的框架，然后用针管笔勾勒出建筑和地形的轮廓，最后填充上植物和绿化。在规划的总平面图里，植物应选用简单的方式表达，否则会使画面看起来很乱并且有喧宾夺主的感觉。建筑和道路系统才是我们最主要表达的东西。建筑上色时候可以选择留白的形式，尽量画出建筑的女儿墙结构，这样可以让图面看起来更丰富美观。如果平面图面积比较小，那么女儿墙线稿画好之后，还可以在上色的时候给它带上一点阴影，但是切记女儿墙的阴影宽度一定很小。如果建筑楼顶有开天窗的话，也一定要画出。天窗用蓝色进行填充上色。道路上色可以留白，也可以用浅灰色铺一遍。尽量不要用太深的颜色。

如有铺装，要采用比较简单的铺装形式，铺装不需要按照比例来画，只要大概表现出铺装的形式即可。铺装也尽量不要选用太重和太鲜艳的颜色。

阴影部分是总平面图非常重要的一环，可以在线稿之后就先加阴影再上色。用黑色或者深灰色马克笔加阴影的时候注意以下几点：

（1）方向要正确，每个方形的建筑最多只能有两条边有阴影。

（2）建筑越高的，阴影的宽度越宽。可以根据阴影的宽度从平面图上看出建筑高度的分配。

（3）按照指北针的方向，阴影通常出现在东北或者西北方向。

1.2.3 平面转鸟瞰

首先，我们先拿出一张画好的平面图。

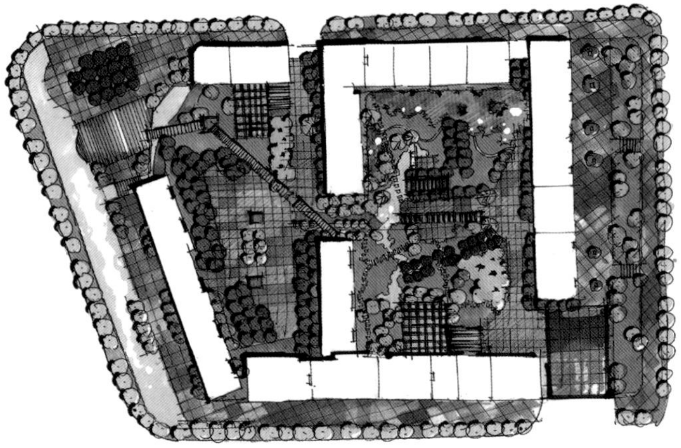

然后找出平面图上纵横两条中线。

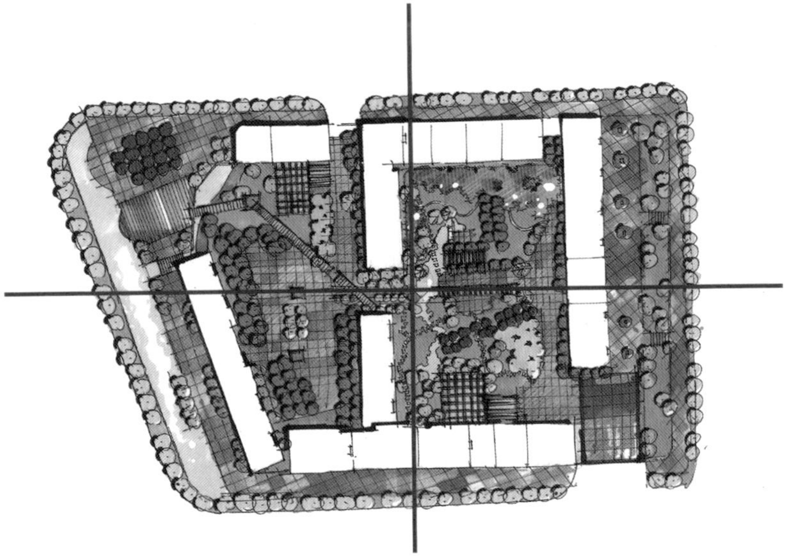

找到中线之后，我们要确定一个画鸟瞰图的角度。一般会选在主入口的方向。根据下图所示，把图平放，选择一个不太高的视角，根据这样所看到的这张图来定出物体在地面的位置。

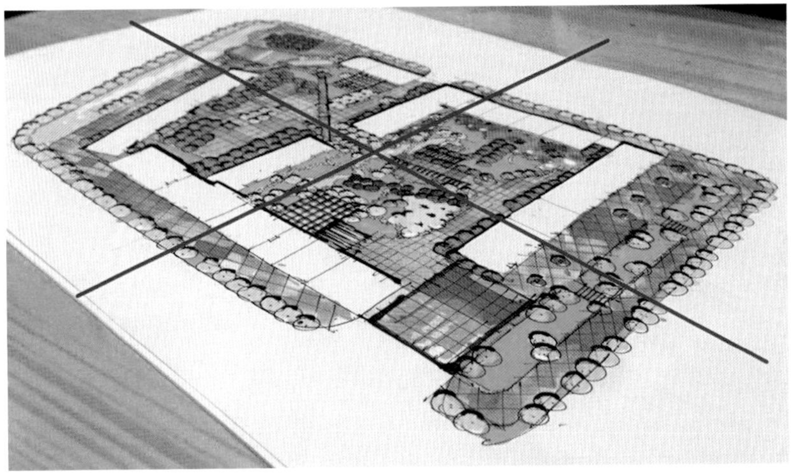

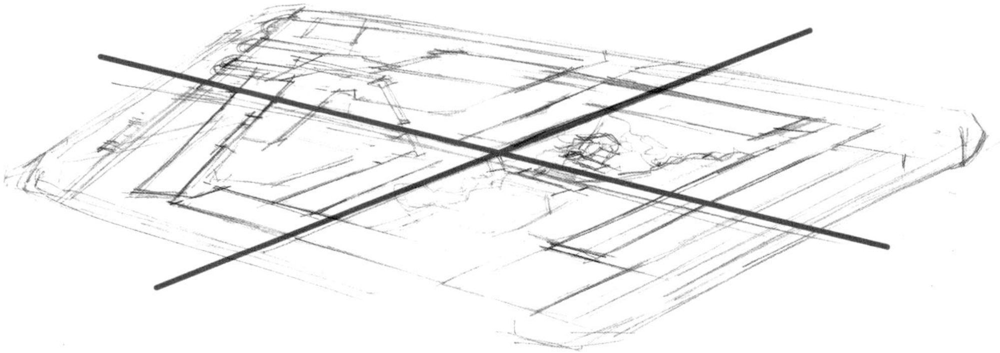

定好地面位置之后，我们就可以将建筑物根据设计的高度画出来。画的时候可以采用两点透视或者三点透视。不过如果建筑不是很高而且地形又比较大的话，尽量选择两点透视。画鸟瞰图的建筑，可以在方盒子的形体上加一些变化，使建筑看起来比较生动一些。

进一步完善线稿，加上植物、道路、铺装等，让线稿完整。

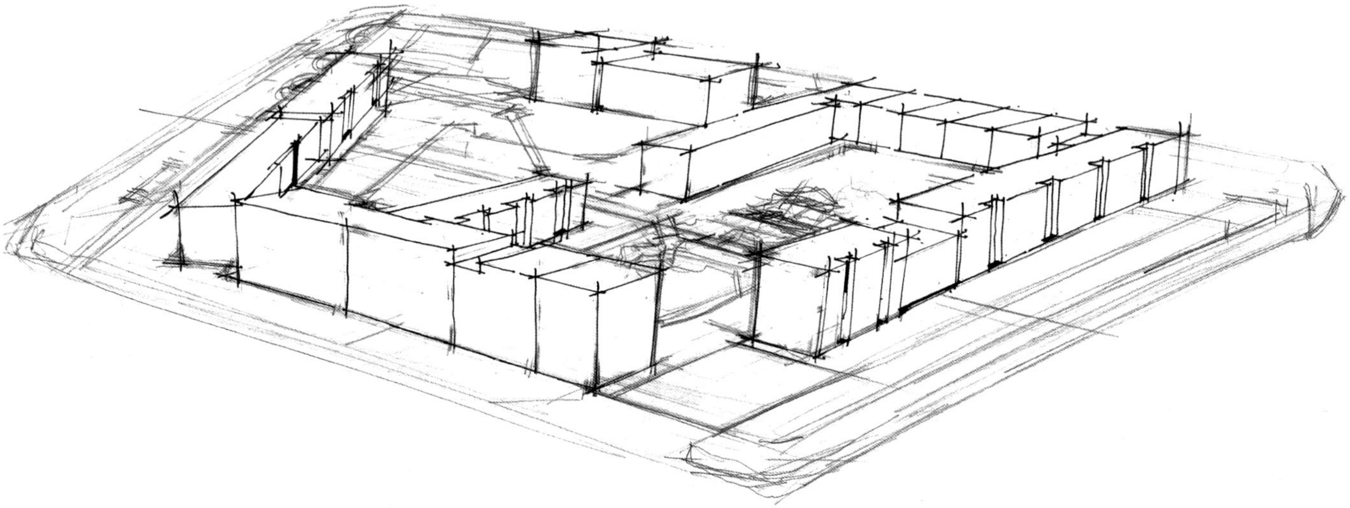

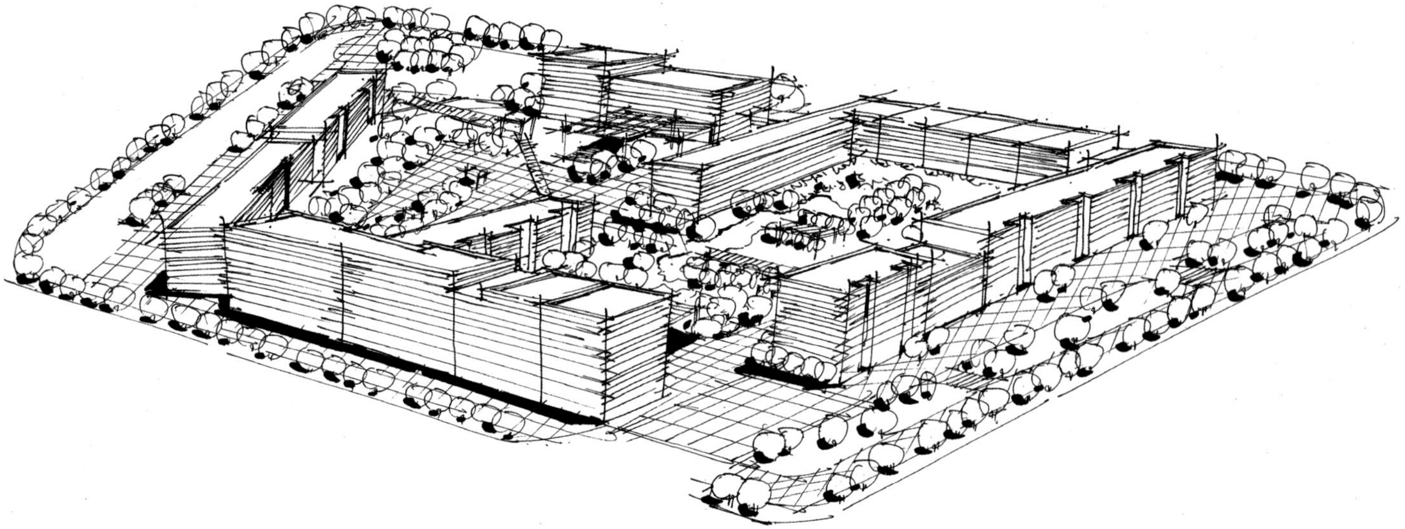

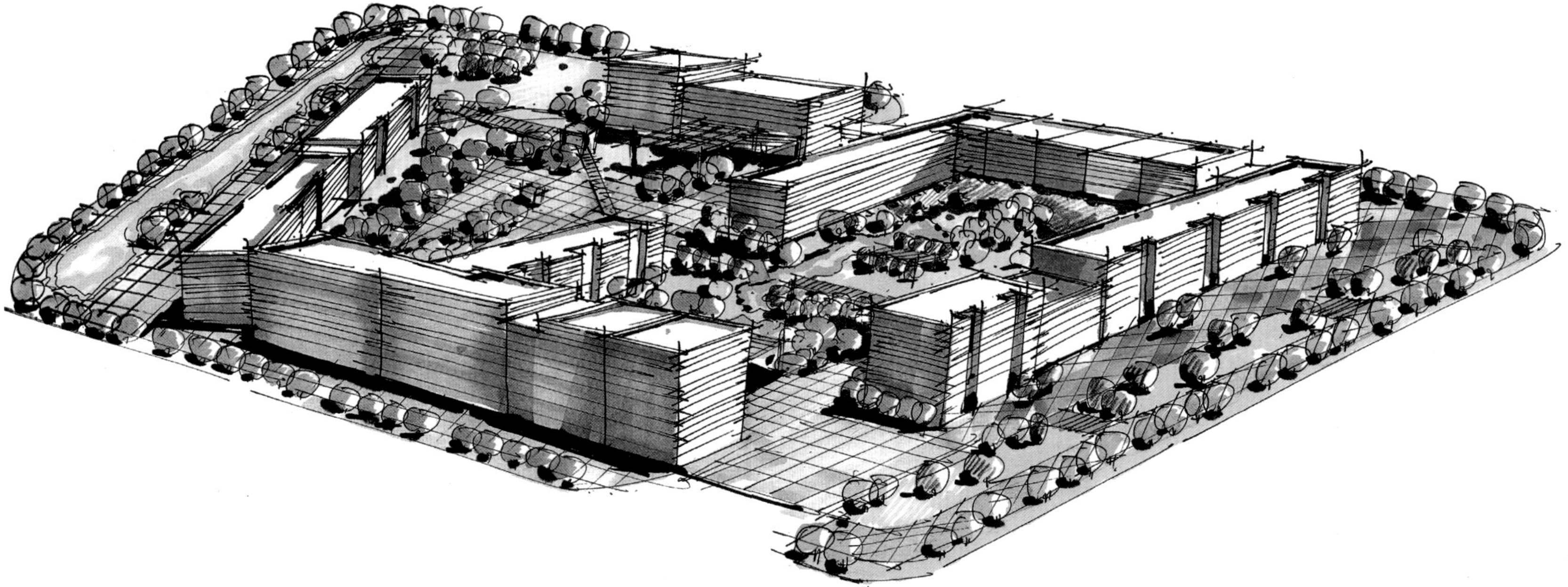

最后上色。上色方法跟平面图大体相同，只不过鸟瞰图会区分建筑体以及植物的亮部与暗部。光源的方向要一致。由于鸟瞰图通常不涉及指北针的问题，所以光源方向可以自定。鸟瞰图建筑阴影的大小是根据太阳的高度而定的，所以同样可以自定。阴影部分面积不宜过大。

1.2.4 分析图表现

分析图虽然所占分值比例不大，却是必不可少的图纸内容。常规的分析图内容，即任务书或题目要求的，如功能结构、道路交通、绿化景观等；然而，分析图也可成为图纸的亮点之一，即从规划构思的演变、方案理念的来源等方面，体现其唯一性与独特性。

分析图的表现，尽量规范、清晰、完整。规范，即要求对周边情况的交代、专业术语表达、图例组织等方面规范；清晰，即思路表达清晰，包括手绘表现技巧，既要统一协调，又要重点突出；完整，即分析图内容完整，既不能太空也不宜过满，所起的是对设计图纸的补充与辅助表达的作用，需要能较准确而全面地反映设计者的设计意图。

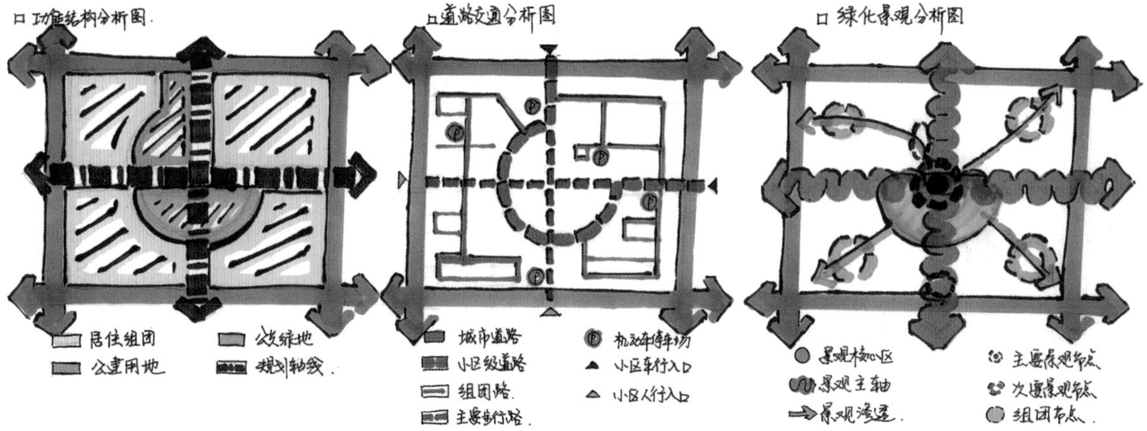

1.2.5 整体版面布局

快题整体排版，讲究画面充实，构图均衡，避免头重脚轻或左右失衡。“三图三字”是最基本的内容表达。一般而言，主要有横构图和竖构图两种类型，用得较多的是横构图。根据地形需要，酌情考虑。对于不规则地形而言，可适当灵活布局，尽量分区布置，不宜过于分散，如分析图部分应相对集中等，以保持画面的整体性。除此之外，避免出现大片留白区域，可考虑以图形或文字的形式填补。一般而言，除非地形限制，多采用横向排版。在实际使用过程中，在掌握基本原则的前提下，再根据图面需要，灵活布局。

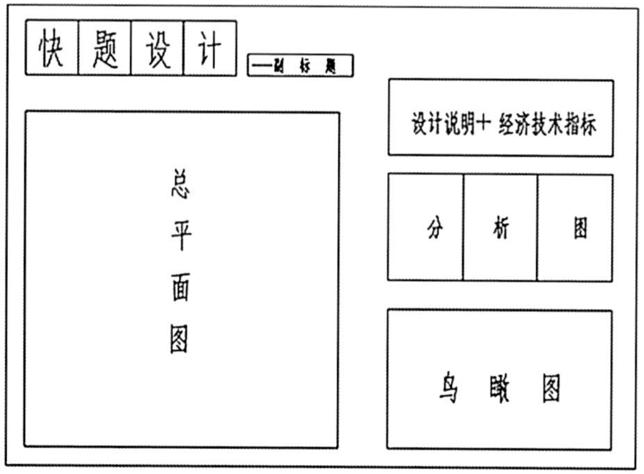

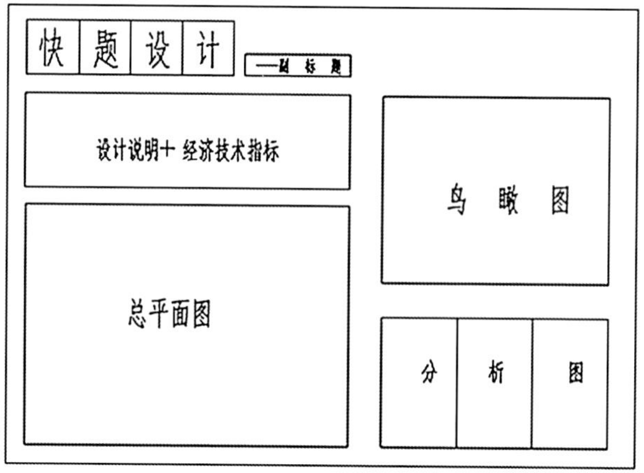

第 2 章

城市规划快题设计知识储备

→ 2.1 理论常识

2.1.1 日照间距

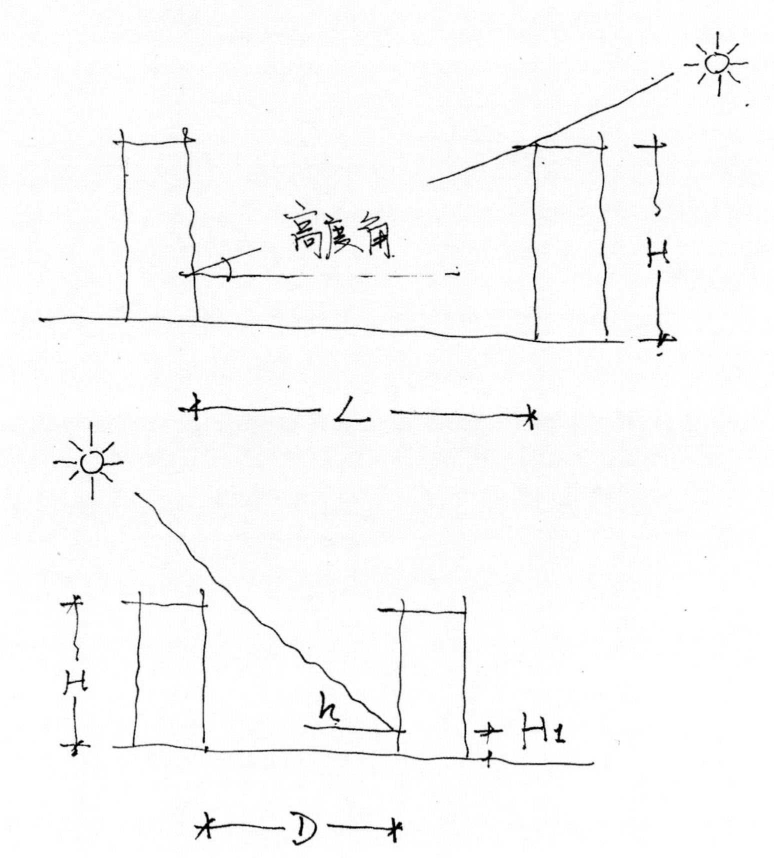

以房屋长边向阳，朝阳向正南，正午太阳照到后排房屋底层窗台为依据计算。

由图可知：$\tan h=(H-H_1)/D$，由此得日照间距应为：$D=(H-H_1)/\tan h$；

式中　h——太阳高度角；

H——前幢房屋女儿墙顶面至地面高度；

H_1——后幢房屋窗台至地面高度（根据现行设计规范，一般 H_1 取值为 0.9m，H_1>0.9m 时仍按照 0.9m 取值）。

实际应用中，常将 D 换算成其与 H 的比值，即日照间距系数 [即日照系数 $=D/(H-H_1)$]，以便于根据不同建筑高度算出相同地区、相同条件下的建筑日照间距。

不同方位间距折减换算表

方位	0° ～ 15°（含）	15° ～ 30°（含）	30° ～ 45°（含）	45° ～ 60°（含）	> 60°
折减值	1.0*L*	0.9*L*	0.8*L*	0.9*L*	0.95*L*

注：（1）表中方位为正南向 (0°) 偏东、偏西的方位角。
（2）*L* 为当地正南向住宅的标准日照间距 (m)。
（3）本表指标仅适用于无其他日照遮挡的平行布置条式住宅之间。

2.1.2 主要技术经济指标

城市规划快题中技术经济指标的计算不必太精确，但要基本正确。对于任务书中给定的基本参数，通过简单的运算，能够大致判断出其对应的空间形态。技术经济指标是一个量化的指标，是检验方案经济性与合理性的依据之一。快题中常用的技术经济指标及其计算方法如下：

（1）总建筑面积：规划总用地上拥有的各类建筑的建筑面积总和。单位采用万 m^2。

（2）容积率（又称建筑面积毛密度）：建筑物地上总建筑面积与规划用地面积的比值（FAR= 总建筑面积 / 总用地面积）

注：这里所指总建筑面积是指地上建筑面积，不包括作为设备、车库的地下建筑面积。

容积率是衡量建设用地使用强度的一项重要指标，在快题计算中尤为重要。设计者要掌握一些基本快题类型容积率的经验值。住区容积率：别墅区为 0.3；纯板式多层为 0.8 ～ 1.4；有高层的为 1.6 ～ 2.0。中心区容积率为 2.0 以上，中央商务区甚至大到 3.0 ～ 5.0，大学容积率为 0.6 ～ 0.8。

（3）建筑密度：总规划用地内各类建筑的基底总面积与总用地面积的比率，建筑密度 = 建筑基底面积 / 总用地面积，单位为 %。

住区建筑密度的经验值：别墅区建筑密度一般为 5% ～ 10%；纯板式多层一般为 20% ～ 25%；纯小高层、纯高层一般为 15% ～ 20%。中心区建筑密度一般为 30% ～ 40%，大学建筑密度为 20% ～ 30%。

（4）绿地率：规划用地内各类绿地面积的总和与总用地面积的比率。单位为 %。

住宅区的绿地率要求新区建设不应低于 30%，旧区改建不宜低于 25%。

中心区绿地率一般为 20% ～ 30%，大学绿地率一般为 40% 左右。

（5）停车位：主要包括地面停车和地下停车。住区停车位一般按 0.8~1 车位 / 户的标准，住区内地面停车率（居住区内居民汽车的停车位数量与居住户数的比率）不宜超过 10%。中心区停车位大于等于 0.4 车位 /100m^2 建筑面积。大学停车位按 0.5 车位 / 100m^2 建筑面积的标准计算，且一般全为地面停车。

2.1.3 道路断面

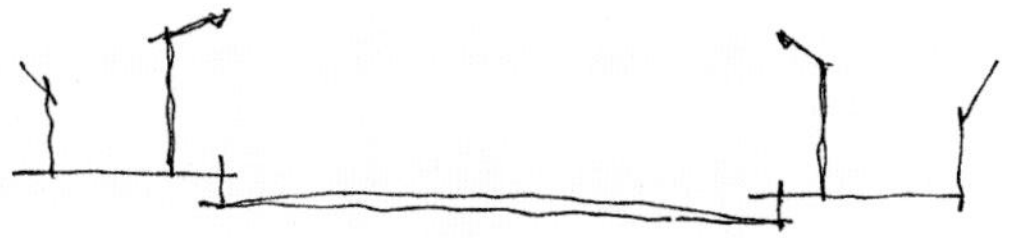

单幅路

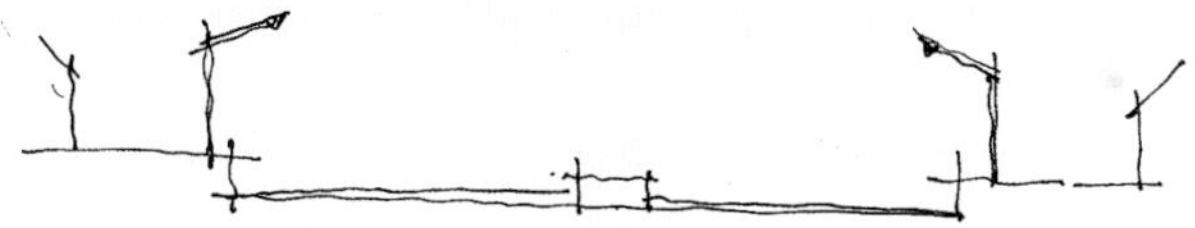

双幅路

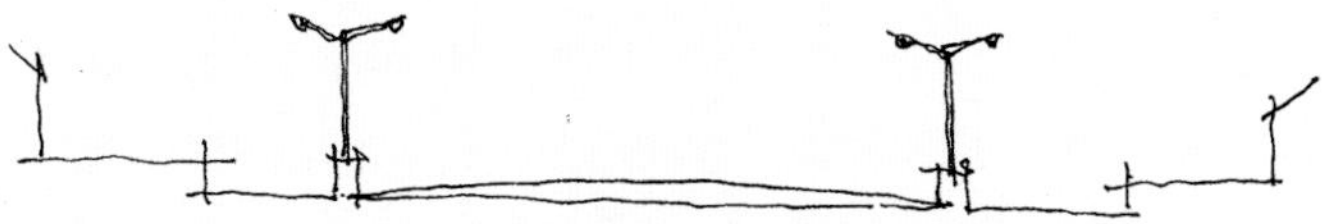

三幅路

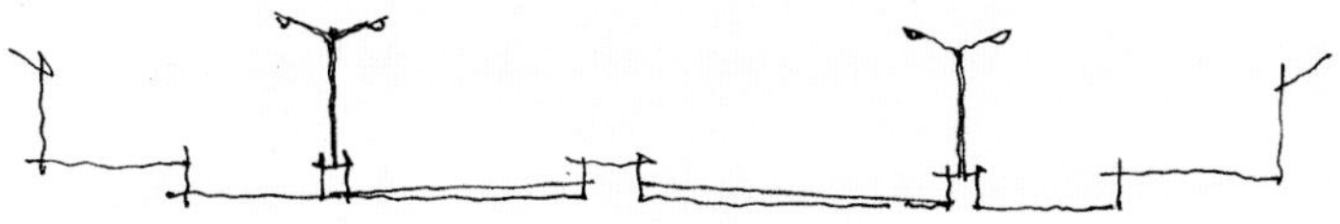

四幅路

（1）一块板断面：所有车辆都组织在同一个车行道上混合行驶。多用于“钟摆式”交通路段及生活性道路。

（2）二块板断面；用分隔带把一块板形式的车行道一分为二，车辆分向行驶。适用于机动车辆较多，夜间交通量多，车速要求高；非机动车类型较单纯，且数量不多的联系远郊区间交通的入城干道。

（3）三块板断面：用分隔带把车行道分隔为三块，中间的为双向行驶的机动车车行道，两侧的均为单向行驶的非机动车车行道。适用于机动车量大，车速要求高；非机动车多，道路红线较宽的交通干道。

（4）四块板断面：在三块板断面形式的基础上，再用分隔带把中间的机动车车行道分隔为两个方向行驶。比较少见，占地较大。

2.2 素材积累

2.2.1 建筑素材

1. 居住小区建筑

▲住宅建筑

（1）别墅，指1～3层低层住宅，包括独栋和联排两种形式。其日照、通风条件较好，带独立庭院和车库，联排别墅较之独栋别墅更加经济。一般而言，联排别墅面宽越小，进深越大，越节约土地，获得的经济效益越大，而进深也不宜过大，这样不利于采光通风，如遇此情况常通过加设天井的方式缓解采光通风等问题。

独栋别墅

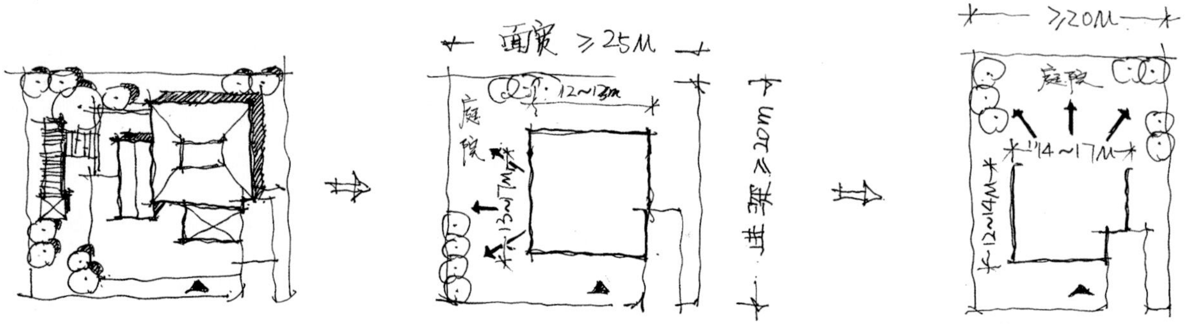

联排别墅

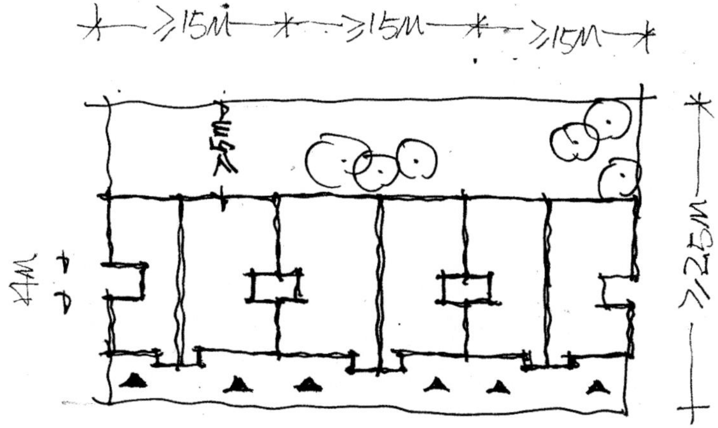

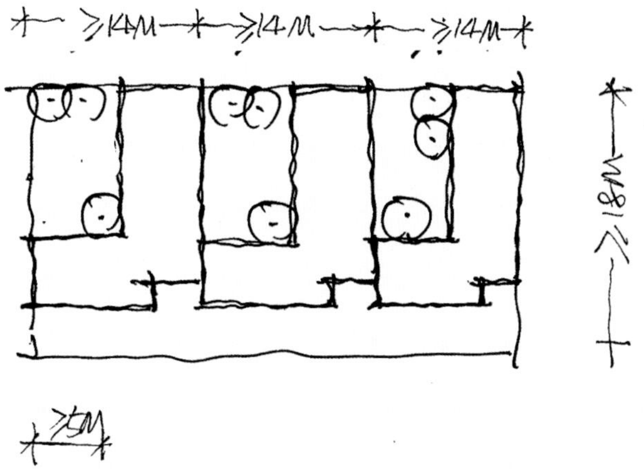

（2）多层，指4～6层住宅，在快题中较常见，平面形式为矩形，进深不宜超过12m。一般以3个单元的形式拼接。多层住宅间距合适，通过单元错开、角度变化等形式易形成便于住户交往的半公共空间。

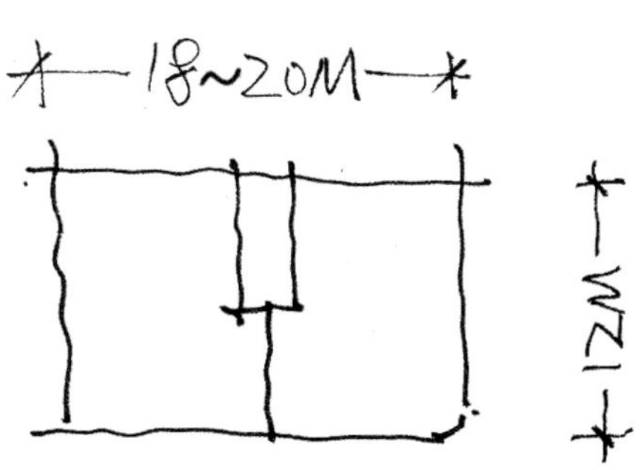

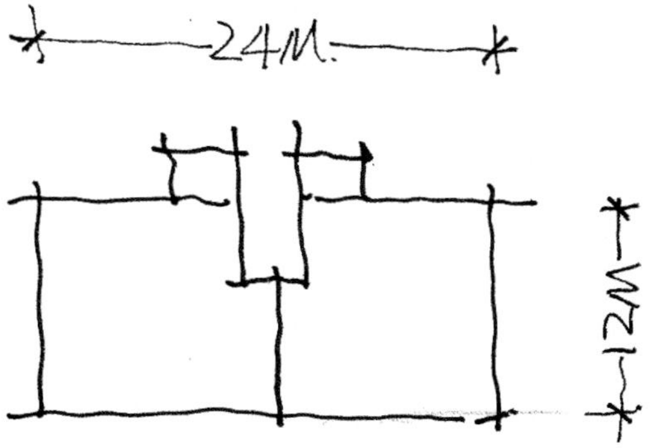

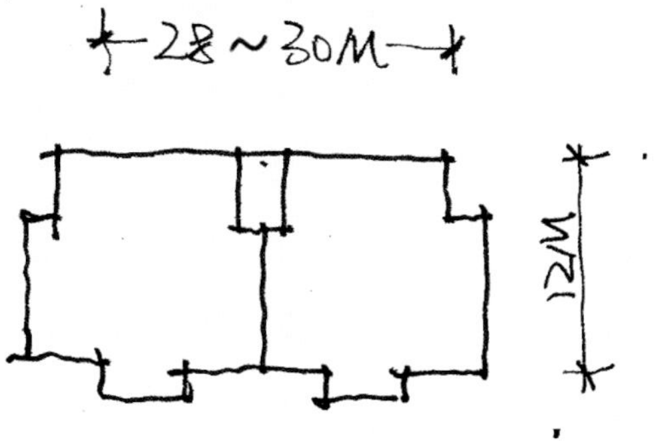

（3）小高层，指 8~11 层住宅，设电梯，快题中一般结合多层布置，形态、布局较灵活，包括点式和板式，有一梯两户、一梯三户、一梯四户几种形式。

（4）高层，指 12 层以上的住宅，带电梯（包括消防电梯），18 层及以上以点式为主，设剪刀梯或两部疏散楼梯。一般为一梯三户、一梯四户等，高层建筑间距较大，车流、人流较集中，注意车行道必须连接各点式高层。在平面图中注意电梯井画法。

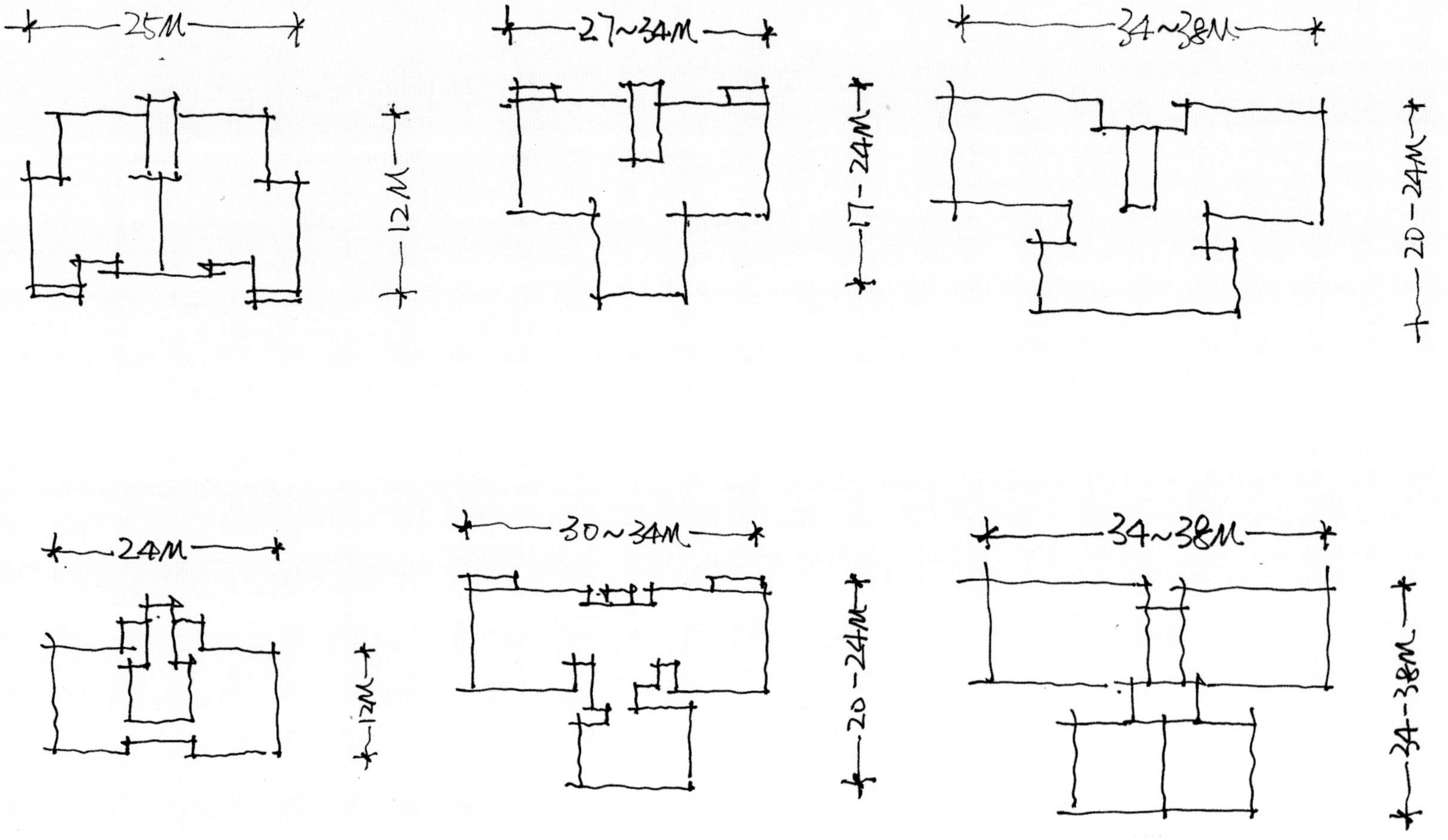

▲小区公建

（1）托儿所、幼儿园建筑。四个班以上的托儿所、幼儿园应有独立建筑基地；规模在三个班以下时，也可设于居住建筑物的底层，但应有独立的出入口和相应的室外游戏场地及安全防护设施。幼儿园用地面积：4 班≥ 1500m²，6 班≥ 2000m²，8 班≥ 2400m²。其中活动室每班一间，使用面积 90m²。

托儿所、幼儿园宜有集中绿化用地面积及相应的硬质铺装作为活动空间。可布置于小区中心外围，方便家长接送，避免交通干扰。为保证日照充足，一般南北朝向。

（2）小区会所。一般为小区综合服务性公共设施，集休闲、娱乐、办公于一体，是小区的形象标识。会所的位置，可置于主入口附近，兼顾对外功能，提高商业服务价值，也可结合中心景观位于小区中心位置，便于服务整个小区，私密性较好。

托儿所、幼儿园

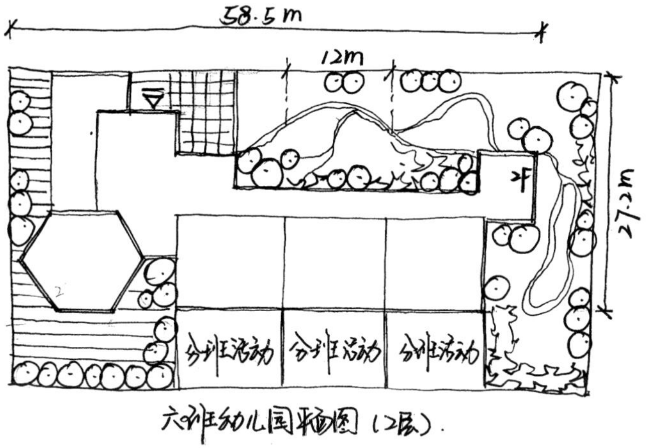

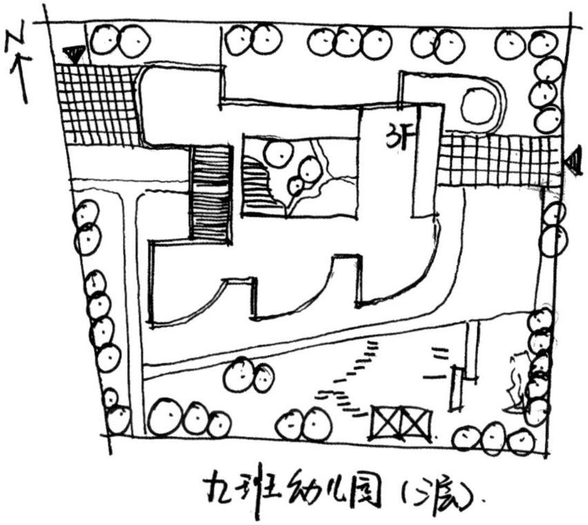

小区会所

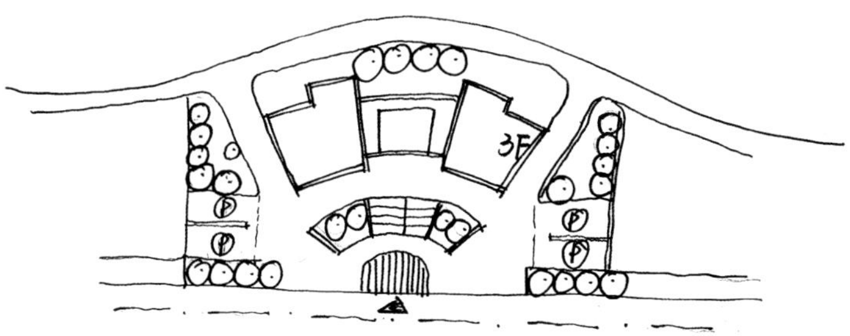

（3）沿街商业。沿街地块商业价值较高，尤其是人气较旺的城市主干道旁，沿街商业既有较高经济价值，又可区分小区内外空间，同时满足小区内外生活需要。沿街商铺进深一般在 12~15m，较大商业店铺进深最大不超过 20m，保持沿街界面整齐统一。商业服务建筑与住宅的组合形式主要有插入式、半插入式、外接式、院落式四种。

底商商业组成方式

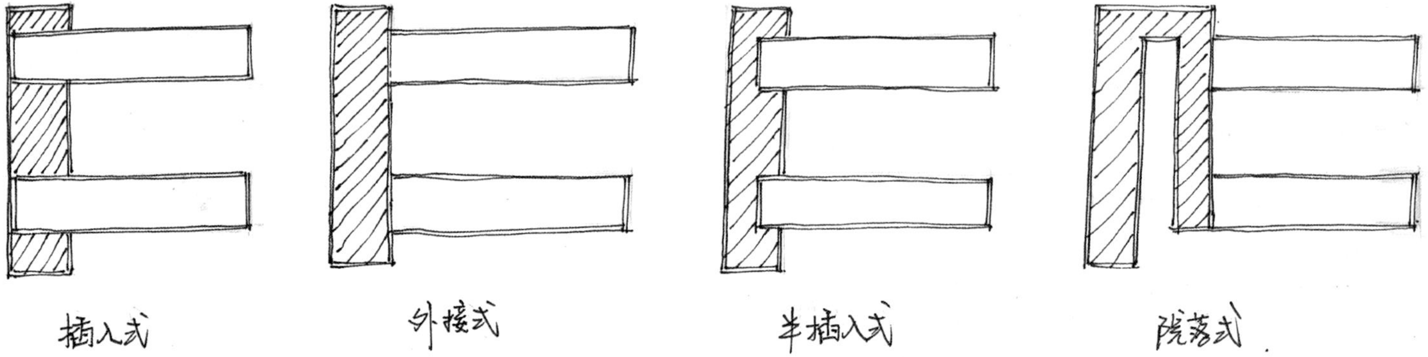

2. 商业中心区建筑

（1）商业建筑。形态丰富，布局自由，具体形态可以根据地块形状、基地自然条件进行有效切割而成。大中型商业建筑基地宜选择在城市商业地区或主要道路的适宜位置，应有不少于两个面的出入口与城市道路相邻接；或基地应有不小于 1/4 的周边总长度和建筑物不少于两个出入口与一边城市道路相邻接。对于大中型商业建筑还需考虑主入口前的集散场地及相应的停车设施。

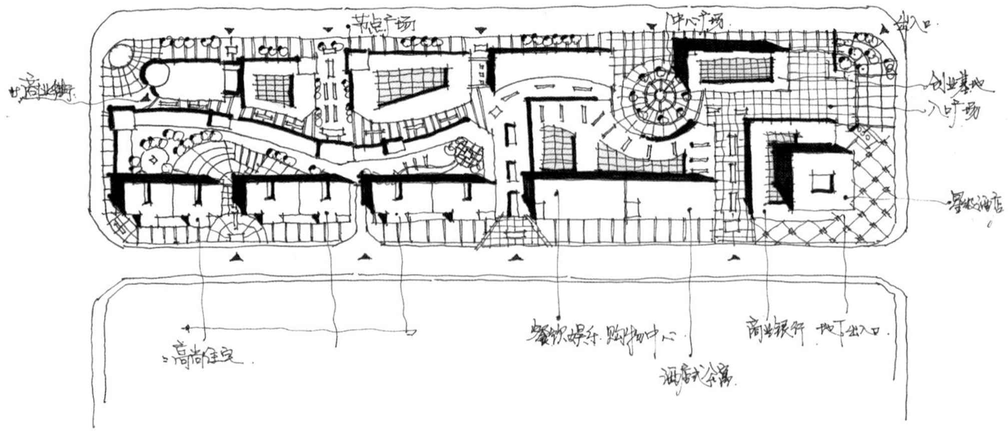

（2）办公建筑。建筑高度 24m 以下为低层或多层办公建筑；建筑高度超过 24m、未超过 100m 为高层办公建筑；建筑高度超过 100m 为超

高层办公建筑。办公建筑的基地应选在交通和通信方便，市政设施比较完善的地段。快题设计中小开间办公建筑进深一般不超过 25m。

（3）酒店建筑。应选在交通方便、环境良好的地区。不论采用何种建筑形式，均应合理划分旅馆建筑的功能分区，组织各种出入口，使人流、货流、车流互不交叉。主要出入口必须明显，布置一定的绿化和停车空间，总平面布置应结合基地具体条件，选用适当的组织形式。

（4）文化娱乐建筑。主要有影剧院、博物馆、文化馆、会展中心等，这类建筑体量较大，适合布置在位置适中、交通便利、便于群众活动的地段。其总平面布置应功能分区明确，合理组织人流和车辆交通路线，对喧闹与安静的用房应有合理的分区与适当的分隔；至少应设两个出入口。当主要出入口紧临主要交通干道时，应留出缓冲距离。一般需要布置室外休息活动场地、绿化、建筑小品等。

3. 校园建筑

（1）教学建筑。教学建筑应有良好的自然通风。教室单元的基本尺寸为 8m × 10m 左右，实验室、专用教室尺寸可相应扩大。一般有行列式、围合式组合方式。教学类建筑在快题中一般占据较大建筑面积，要根据给定条件仔细核算所需用地面积。

（2）办公建筑。主要包括校行政楼、院行政楼等，平面布局相对简单。置于校园入口处时，可以作为标志性建筑。办公建筑类场地周围要布置适当停车位。

校园教学建筑

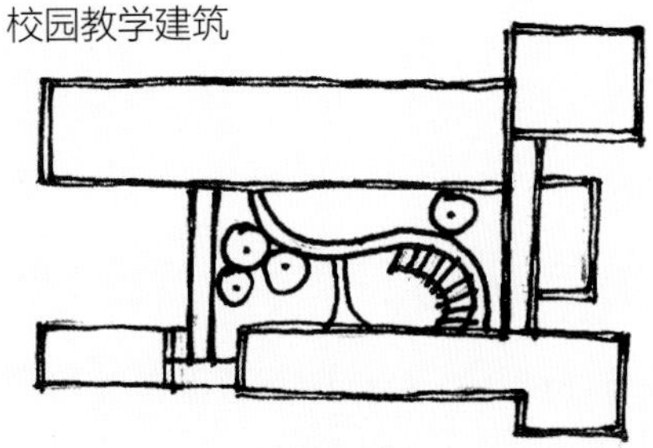

围合式

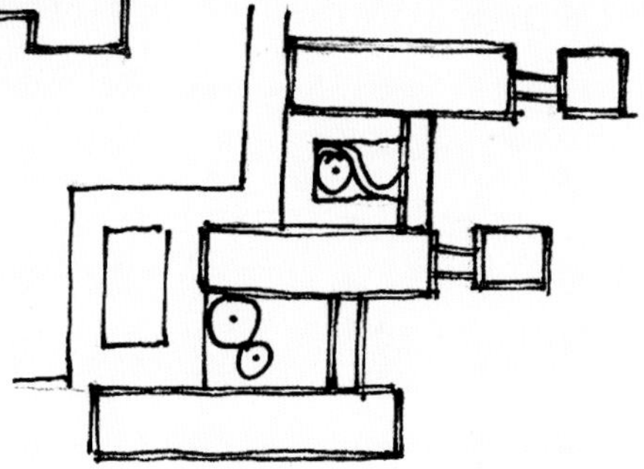

行列式

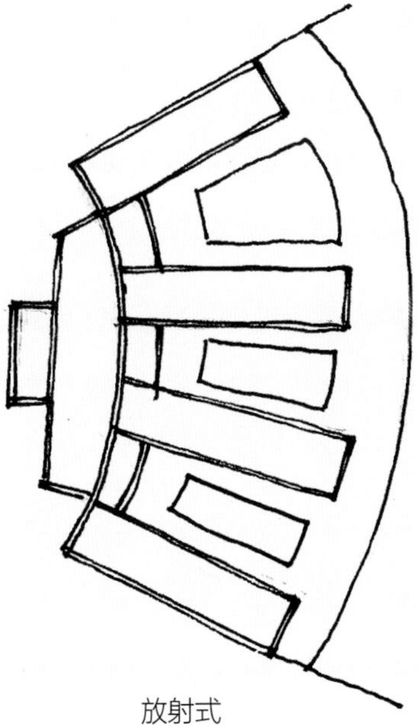

放射式

校园办公建筑

院落式

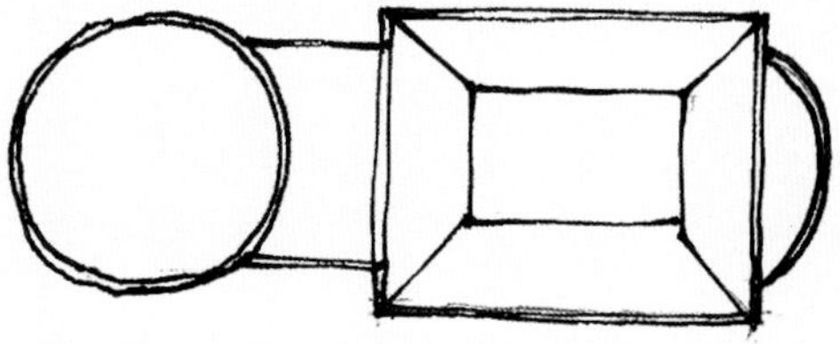

行列式

（3）文体建筑。主要有图书馆、体育馆、风雨操场、大学生活动中心等满足学生文化生活和体育运动的建筑，此类建筑在校园快题设计中一般体量较大，造型丰富。图书馆前宜有广场，方便人流疏散、师生交流。体育馆或风雨操场的设计较为独立，一般以长方形为主，注意尺度。

（4）生活建筑。为学生日常生活提供服务的建筑，主要有宿舍、食堂、后勤服务等建筑类型，此类建筑功能相对简单，满足基本功能要求即可。此外，设计时也需要考虑在运动区、宿舍区合适的地方设置活动场地。

4. 客运站建筑

汽车客运站总平面布置应包括站前广场、站房、停车场、附属建筑、车辆进出口及绿化等内容。一、二级汽车站进站口、出站口应分别独立设置；三、四级站宜分别设置。汽车进站口、出站口宽度均不应小于 4m。布置紧凑，合理利用地形，节约用地，并留有发展余地，与周围建筑关系应协调。

校园文体建筑

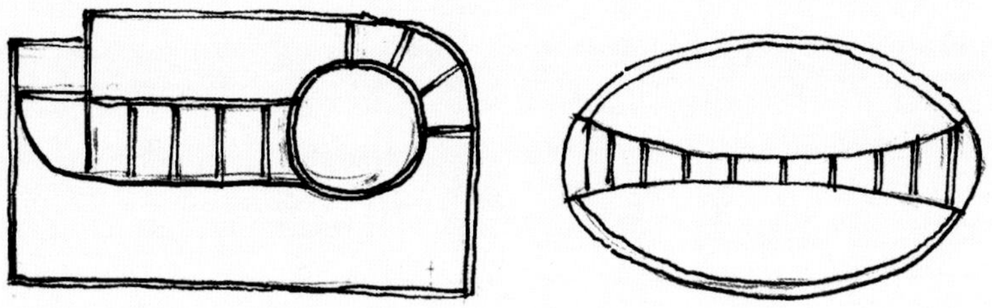

校园生活建筑

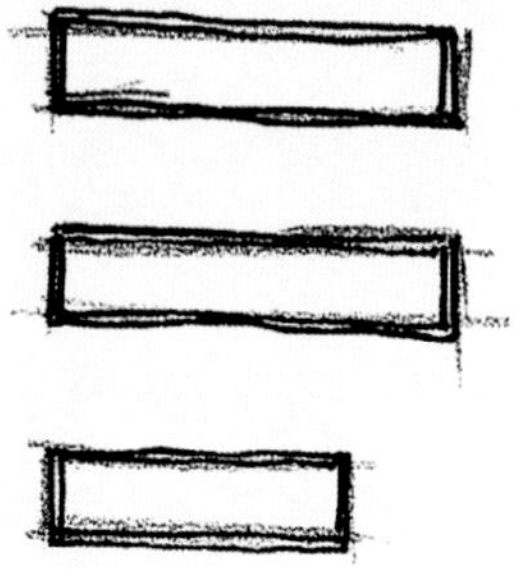

客运站建筑

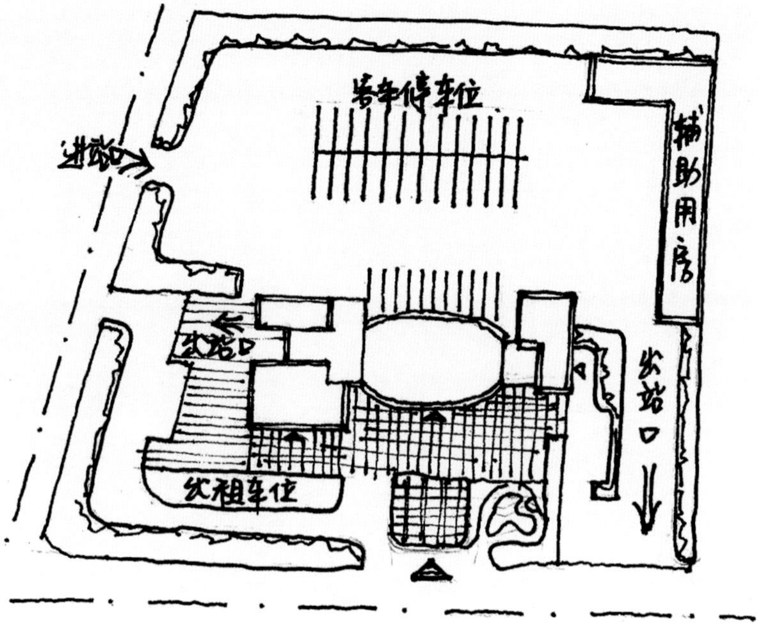

2.2.2 道路素材

1. 城市道路

快速路。快速路对向车行道之间应设中间分车带，其进出口应采用全控制或部分控制。实现交通连续通行。快速路两侧不应设置吸引大量车流、人流的公共建筑物的进出口。两侧一般建筑物的进出口应加以控制。

主干路。连接城市各主要分区的干路，以交通功能为主。主干路两侧不应设置吸引大量车流、人流的公共建筑物的进出口。

次干路。次干路应与主干路结合组成道路网，起集散交通的作用，兼有服务功能。

支路。支路应为次干路与街坊路的连接线，解决局部地区交通，以服务功能为主。

2. 城市停车

大型建筑物的停车场应与建筑物位于主干路的同侧。人流、车流量大的公共活动广场、集散广场宜按分区就近原则，适当分散安排停车场。对于商业文化街和商业步行街，可适当集中安排停车场。

汽车停放基本方式（单位：m）

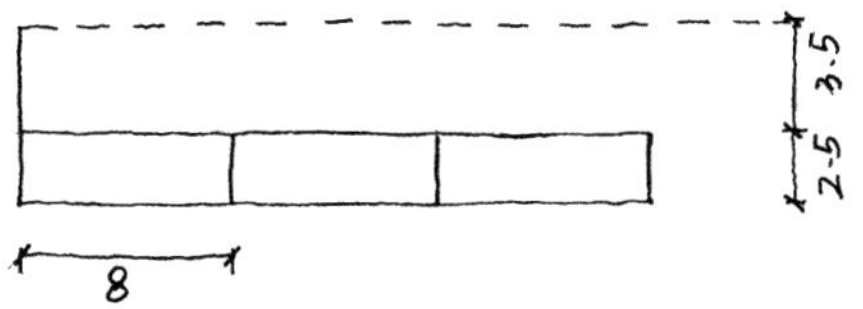

平行式

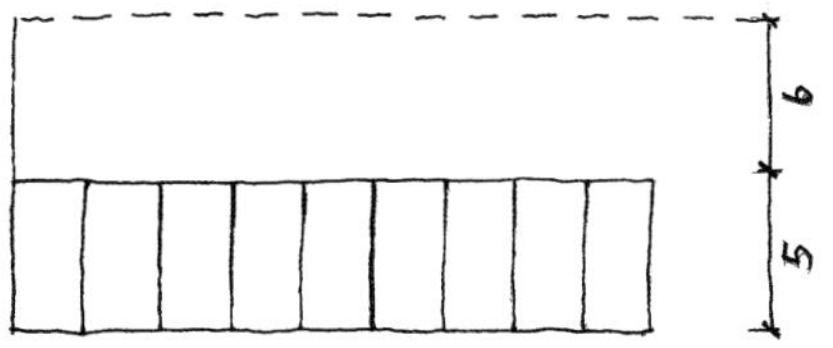

垂直式

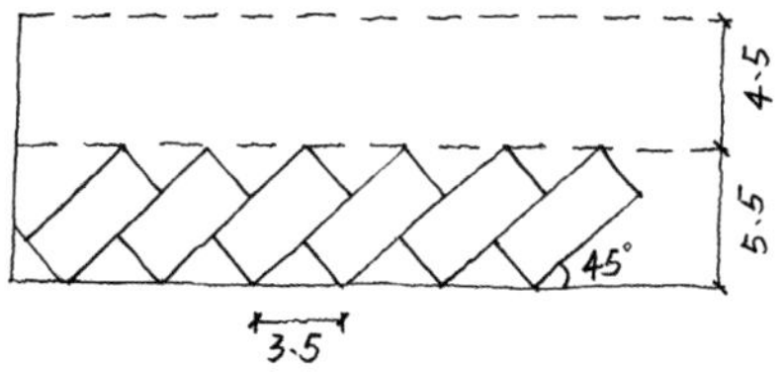

斜列式

路边停车（单位：m）

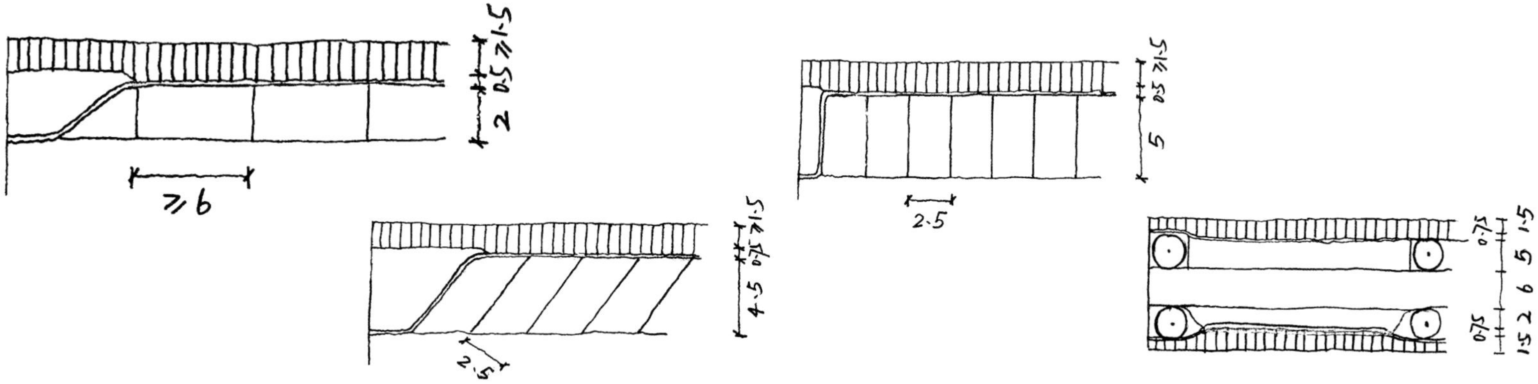

停车场布置（单位：m）

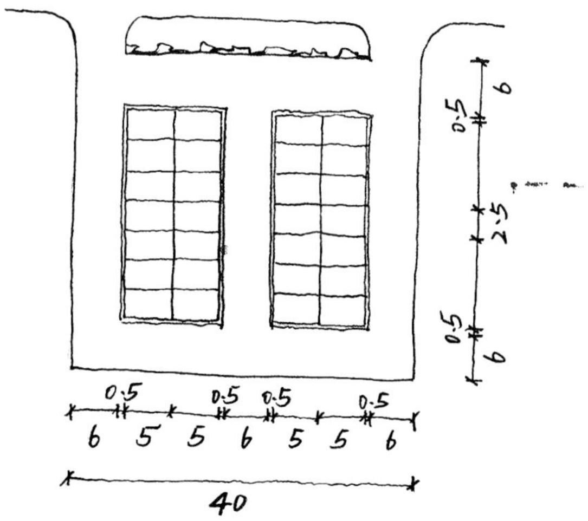

垂直停放

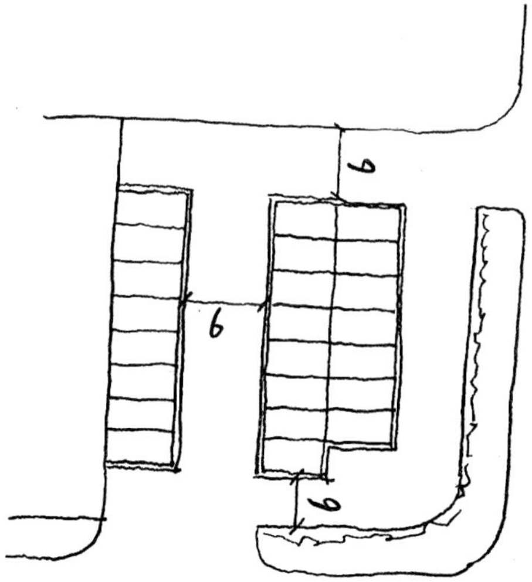

转角部位停放

机动车回车场常用基本形式与尺寸（单位：m）

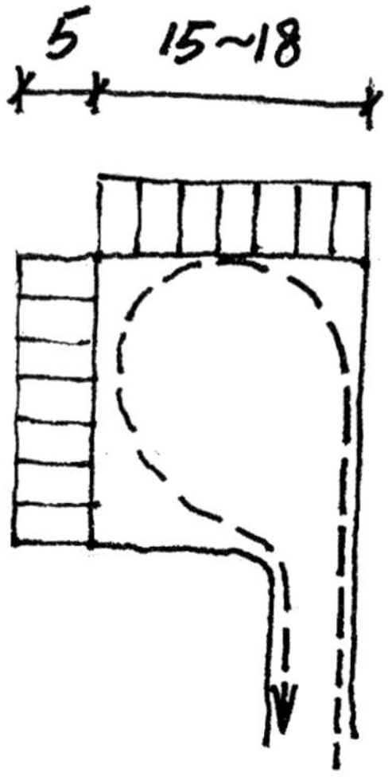

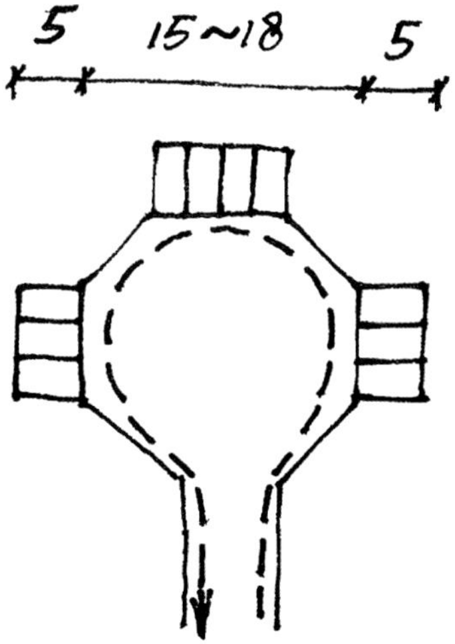

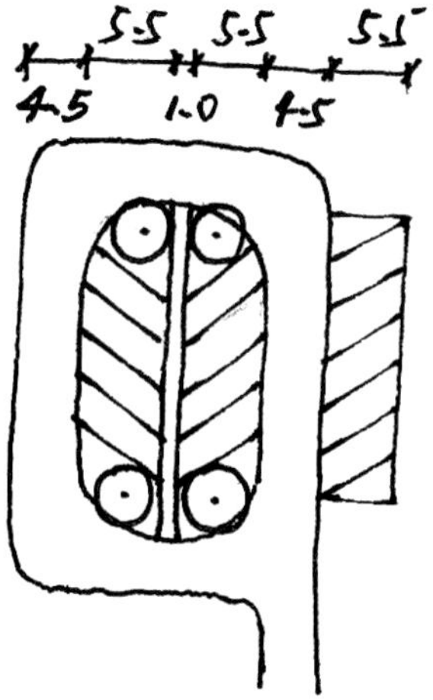

2.2.3 外部环境

1. 轴线处理

快题设计中，轴线空间是联系主要景观节点或次要景观节点的线性空间，一个完整的轴线都有“起、承、转、合”，避免匀质呆板的空间处理。在设计中突出主要轴线的做法，使规划结构更清晰。

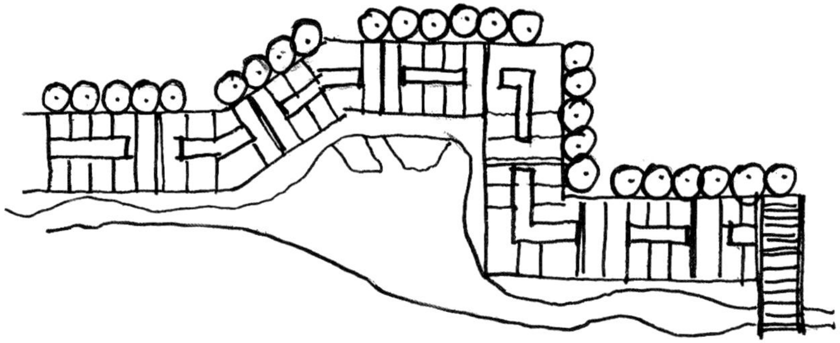

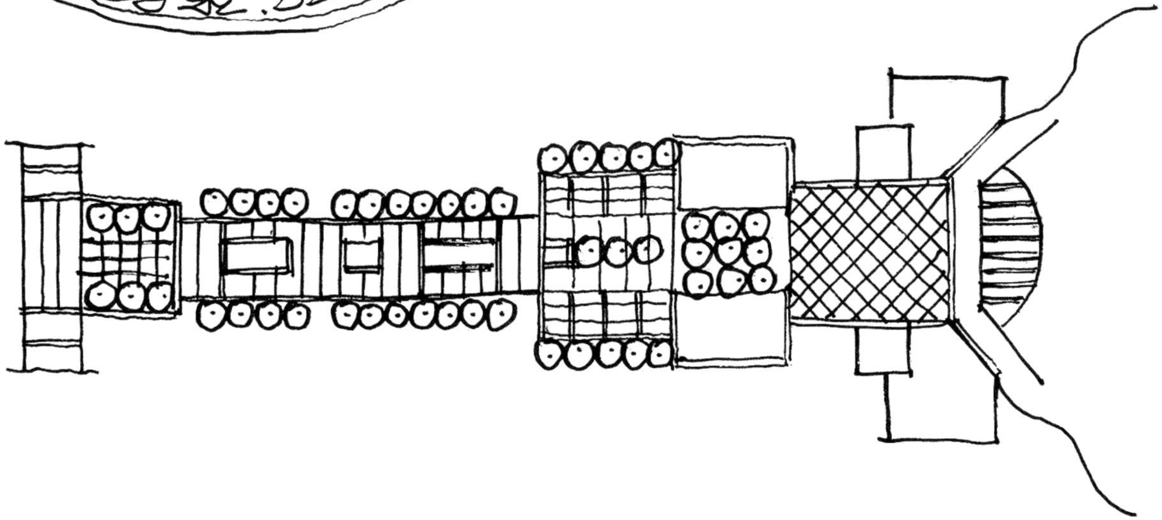

2. 广场（节点）

广场类型主要包括公共活动广场、集散广场、商业广场、交通广场、纪念性广场，规划快题中主要涉及前四类。

节点之于流线上，凡是需要起承转合的地方都可以放大，做成节点。景观为规划服务，规划快题中景观不必太拘泥于平面中的细节刻画，而应从整体入手，合理分区，强化重要节点，弱化次要节点，尤其在快题考试中，应抓大放小，分清主次。但重要节点的刻画需要有一定深度。

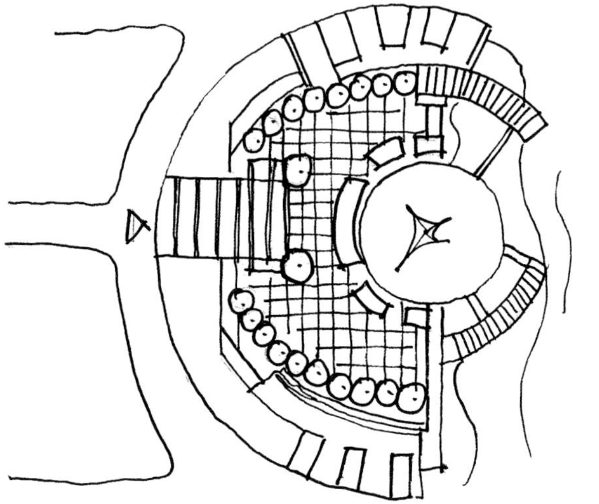

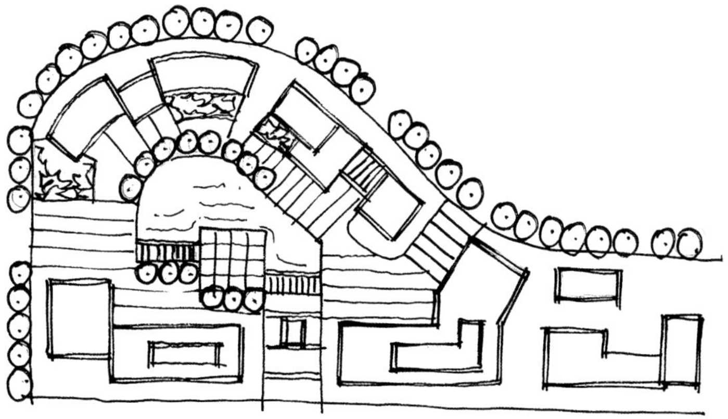

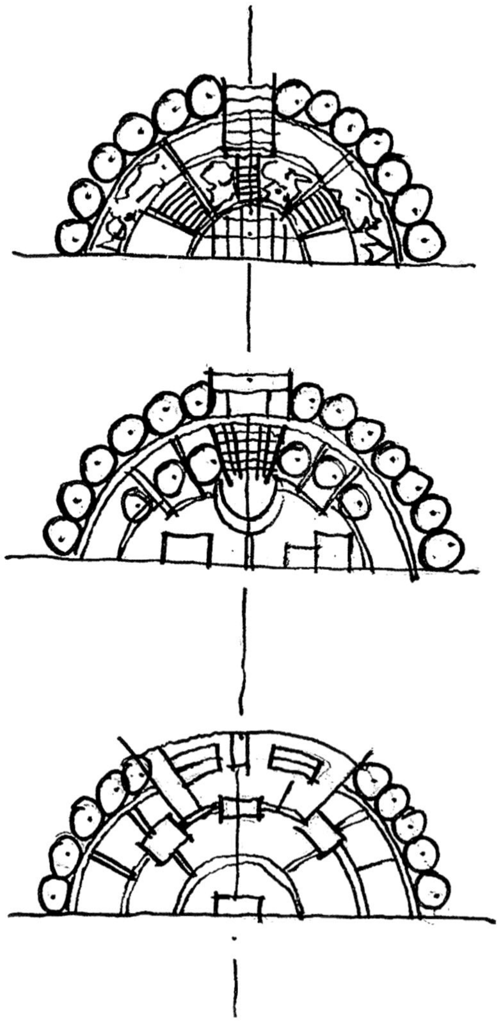

3. 院落空间

院落空间属于半公共空间，是建筑围合形成的外部空间，有助于丰富空间层次。无论是居住组团中的院落，还是商业中心区院落，或是校园景观空间等等，都必不可少。一般由硬质铺装和软质绿化、水系等共同构成。在快题中要多积累一些相关素材，让设计更饱满。

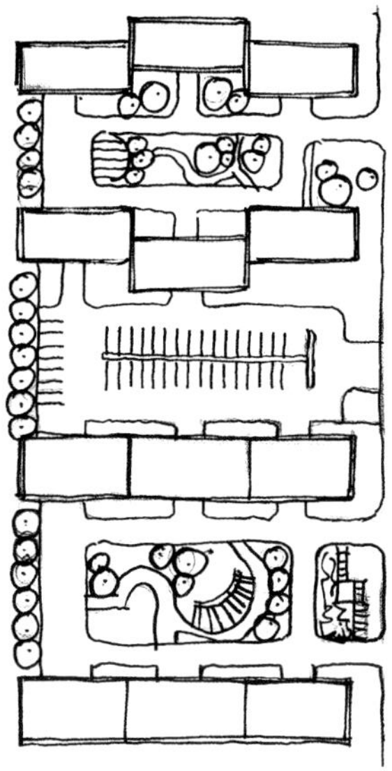

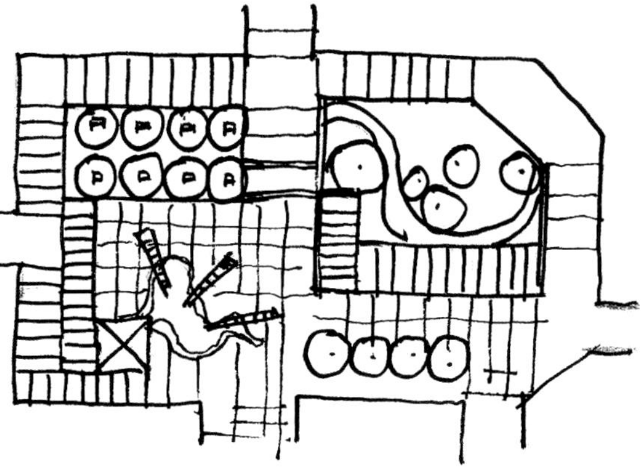

4. 水体

水在规划快题中的运用比较多，读者要擅用水体元素，尤其在节点、轴线中。水主要包括自然水系和人工水系两种类型：自然式水景不规则，常结合地形或原有水面，设计有收有放、有宽有窄，尽量设置为活水；人工水景，一般水面规则且水面面积小。水系还有一个很重要的作用，就是作为功能分区的界限，同时也是线性景观带。

规则形

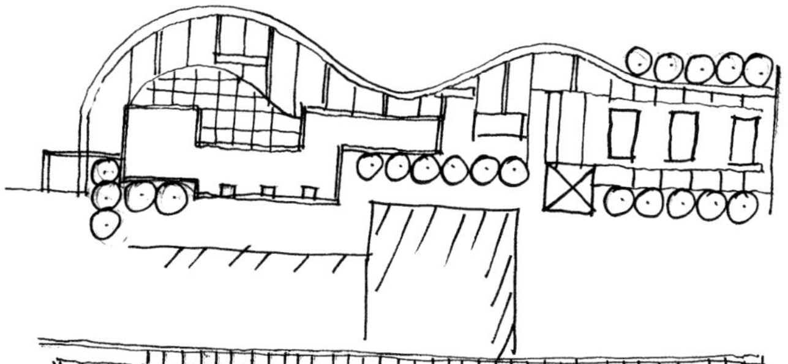

点状

自由形

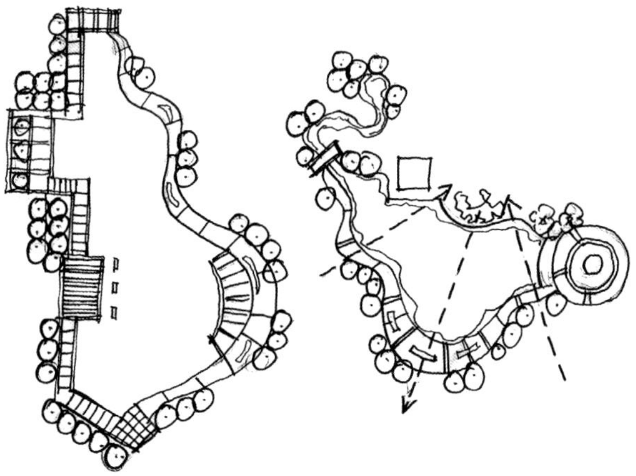

5. 运动场及小品

运动场及景观小品的设置，要合理考虑；尤其对运动场地，还要特别注意南北向放置。常用的运动场地主要包括标准足球场、400m 或 200m 跑道、篮球场、羽毛球场、网球场等。

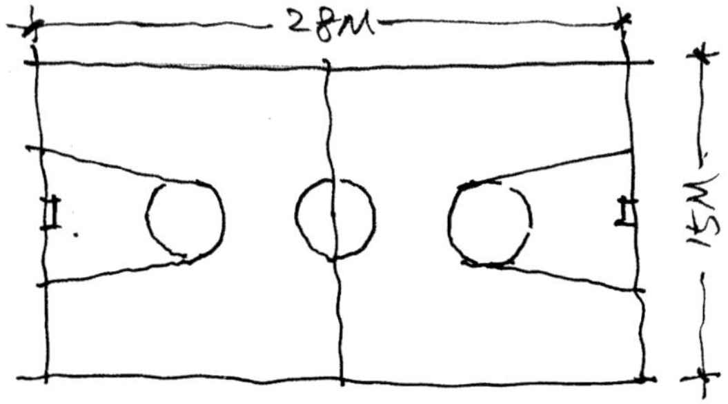

标准篮球场地

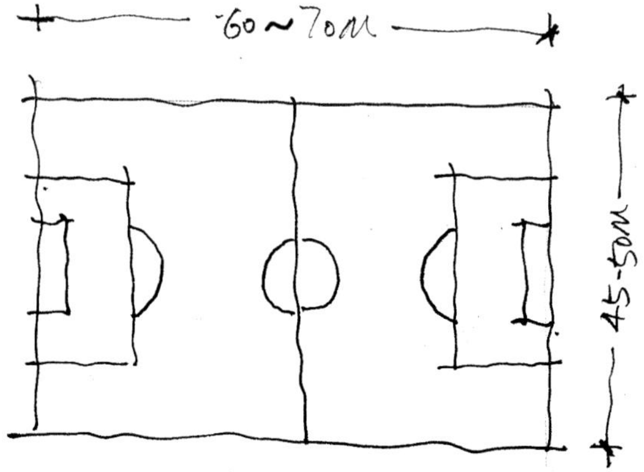

小足球场地

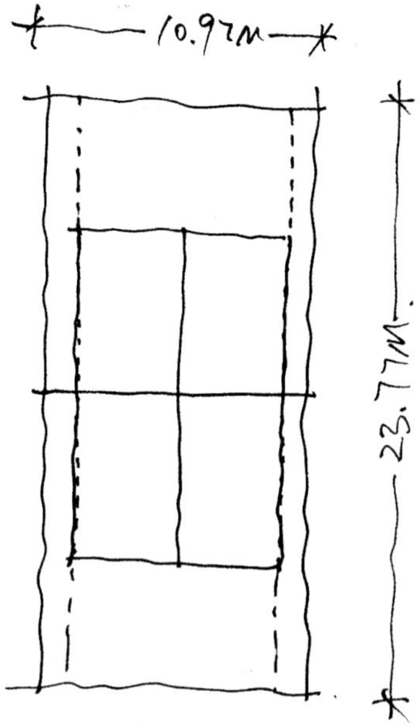

羽毛球双打标准场地

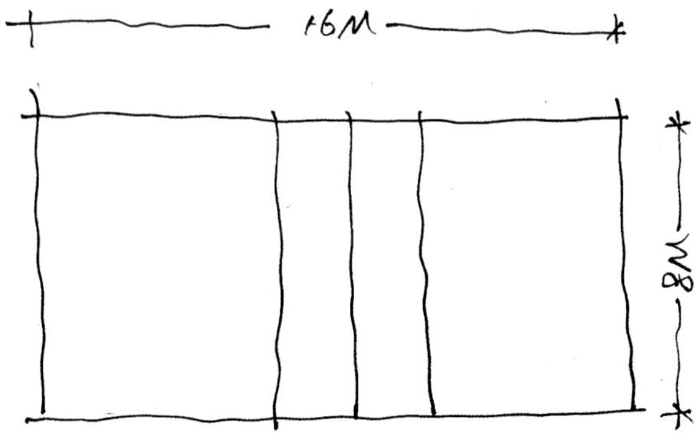

标准排球场地

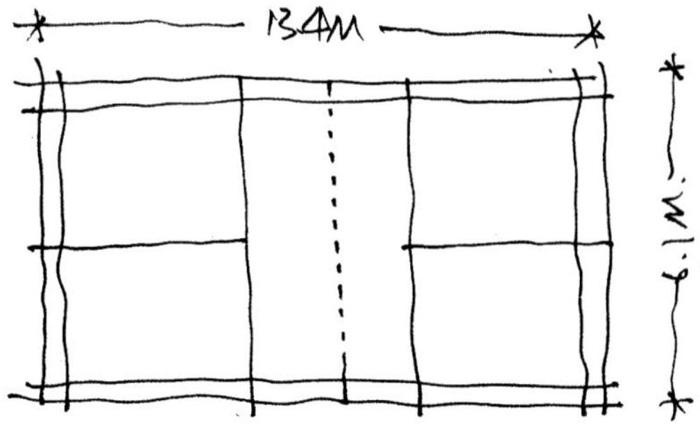

标准网球场地

第 3 章

城市规划快题类型及设计要点

→ 3.1 居住小区

3.1.1 基本介绍

规划快题考试中，一般用地规模在 10~20 公顷（6 小时左右快题），也就是说常以居住小区的规模形式呈现。居住小区，指由城市道路或城市道路和自然界线划分，具有一定规模，并不为城市交通干道所穿越的完整地段，小区内设有一整套满足居民日常生活需要的基层公共服务设施和机构。住区规划设计需要满足使用、卫生、安全、经济、美观等基本要求。由于规划设计的对象是居民，因此必须坚持“以人为本”。

居住区分级控制规模

	居住区	小区	组团
户数 / 户	10000 ~ 16000	3000 ~ 5000	300 ~ 1000
人口 / 人	30000 ~ 50000	10000 ~ 15000	1000 ~ 3000

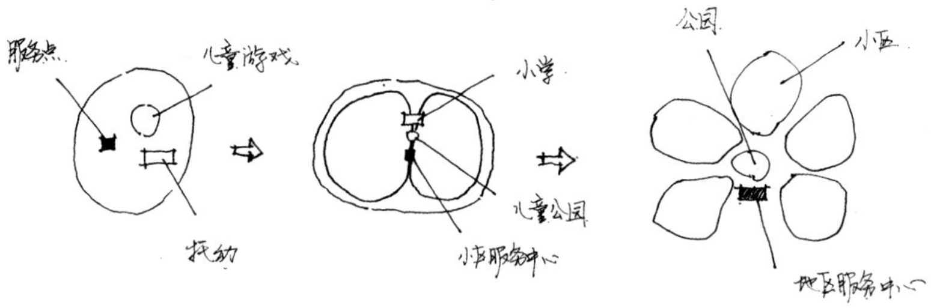

用地构成	居住区	小区	组团
① 住宅用地（R01）	50 ~ 60	55 ~ 65	70 ~ 80
② 公建用地（R02）	15 ~ 25	12 ~ 22	6 ~ 12
③ 道路用地（R03）	10 ~ 18	9 ~ 17	7 ~ 15
④ 公共绿地（R04）	7.5 ~ 18	5 ~ 15	3 ~ 6
居住区用地（R）	100	100	100

3.1.2 设计要点

1. 功能结构布局

空间规划层级主要由公共空间——半公共空间——半私密空间——私密空间四级组成，在小区规划中主要体现为小区——组团——院落的规划形式。设计中尤为注意功能结构清晰，突出各空间层级的核心空间，如小区中心景观、组团中心及院落空间。常用的组织方式有院落式、轴线式、组团式。

轴线式是比较常用的一种方式，适用范围广，通过建立主要轴线来统一全局。主要轴线通常连接主入口、广场节点、中心绿化、主要组团等，展开空间序列。设计时切忌序列空间均质无变化，要结合建筑布局合理布置。

2. 道路交通系统

对于居住区的整体构架来说，道路系统是居住区规划布局的骨架。道路系统的实质是在交通性和居住的功能性之间寻求一种平衡。居住小区道路红线宽度一般为 10 ～ 14m，车行道一般为 7~9m，道路宽度大于 12m 时，可以考虑设人行道，人行道宽度一般在 1.5~2m 左右。注意各级道路系统之间的衔接。

小区路网形式主要有“C 形路网”和“环形路网”两种经典形式。C 形路网号称“万能路网”，满足小区“通而不畅”的道路设计准则，便于组织轴线对称形空间结构；环形路网，受基地条件限制少，有内环外环之分，可以根据具体条件，视地块大小和规划结构需要选择。

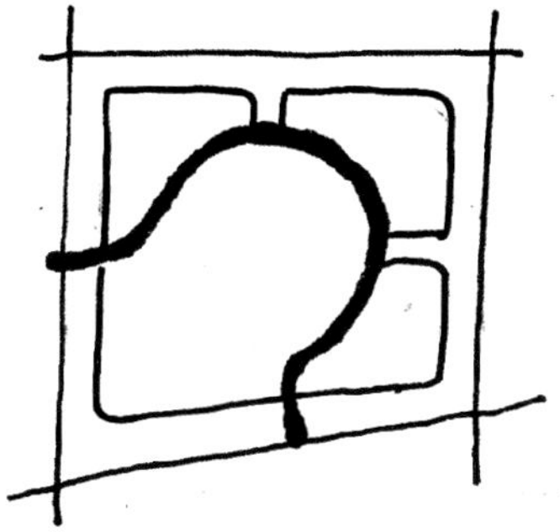

经典 C 形路网

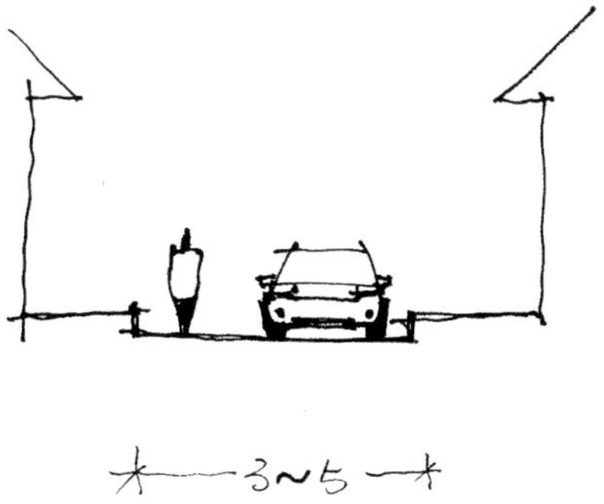

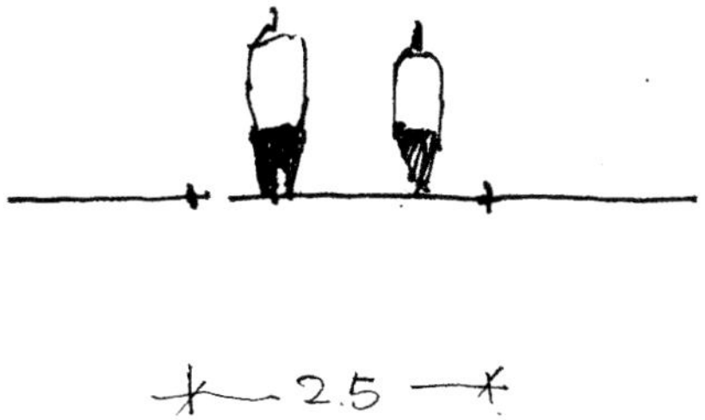

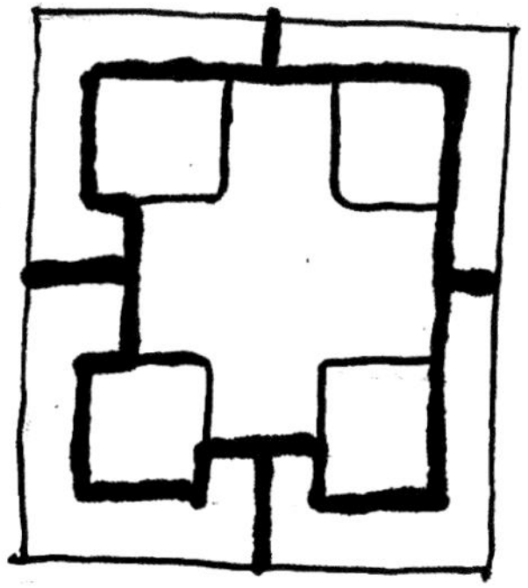

经典环形路网

3. 绿化景观处理

小区的绿化景观系统设计重点包括景观轴线、主入口、中心景观、组团景观等。景观系统应考虑基地内部与周围环境之间的联系，充分利用基地现有的自然条件，例如考虑保留基地原有的地形地貌、河湖水系的景观利用，及与地块周边景观视线的整体考虑等。

对于主入口、中心景观节点的处理要适当细致，一般结合入口广场、中心绿化布置，人流、车流的导向要明确。尤其当中心景观结合幼儿园、小区会所等公建布置时，要考虑其相互影响与协调，既要保证入口、人流的相对独立，又要通过步行、绿化组织等加强联系。整个小区的步行景观系统要具有连续性、景观均好性等特点。

各级中心绿地设置规定

中心绿地名称	设置内容	要求	最小规模 / 公顷
居住区公园	花木草坪、花坛水面、凉亭雕塑、老年设施、卖部茶座、停车场地和铺装地面等	园内布局应有明确的功能分区	1.00
小游园	花木草坪、花坛水面、儿童设施和铺装地面等	园区布局应有一定的功能分区	0.40
组团绿地	花木草坪、桌椅、简易儿童设施等	灵活布局	0.04

4. 建筑空间组合

小区建筑主要包括住宅建筑和公共服务设施建筑两大类。

住宅建筑群体空间组合形式主要有周边式、行列式、混合式、自由式四种。

行列式布局。使绝大部分建筑有良好的日照和通风。但它不利于形成完整安静的空间、院落，建筑群组合也流于单调。规划中常采用山墙错落、单元错开等手法避免呆板。这种布局对于地形的适应性较强。

周边式布局。利于节约用地，形成街坊内部安静环境，利于形成完整统一的街景立面。但是，由于建筑物纵横交错排列，常常只能保证一部分建筑有良好的朝向，且建筑物相互遮挡易形成一些日照死角，不利于自然通风。较适用于寒冷地区，以及地形规整、平坦的地段。

混合式布局。最常见的是以行列式为主，以少量住宅或公共建筑沿道路或院落周边布置，已形成半开敞式院落。快题中运用较多。

自由式布局。建筑结合基地地形等自然条件，在满足日照、通风等要求的前提下，组成自由灵活的布置。

配套的公建设施是小区规划必不可少的一部分。居住小区级公共服务设施分为商业服务类设施和儿童教育类设施两大类。商业建筑一般沿主要城市道路布置或沿小区主要轴线相对集中布置。幼托应布置在环境安静、接送方便的单独地段上。

行列式布局：

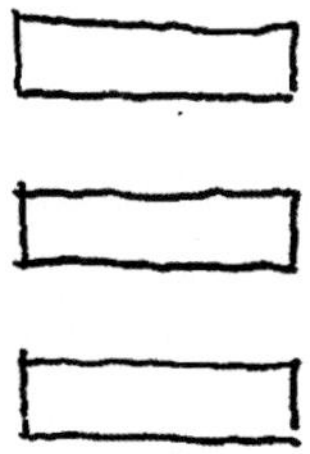

行列式

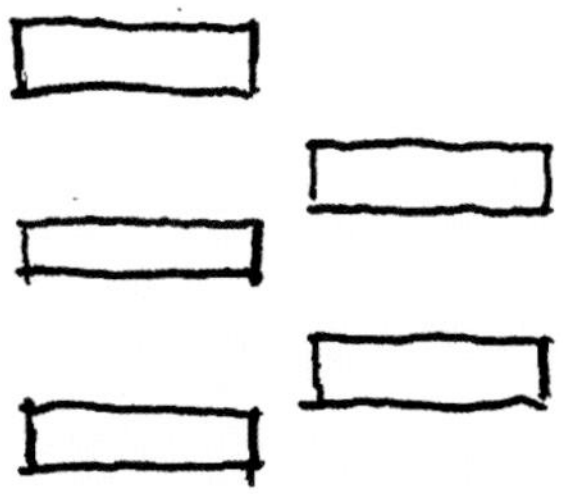

山墙错落，前后交错

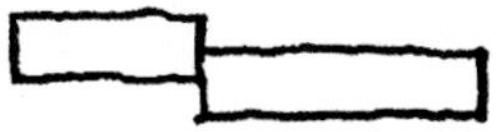

单元错开，不等长拼接

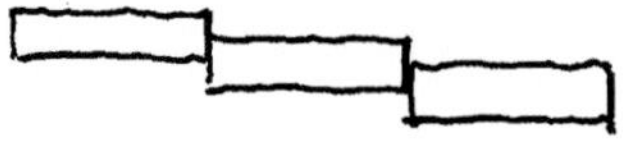

等长拼接

周边式布局：

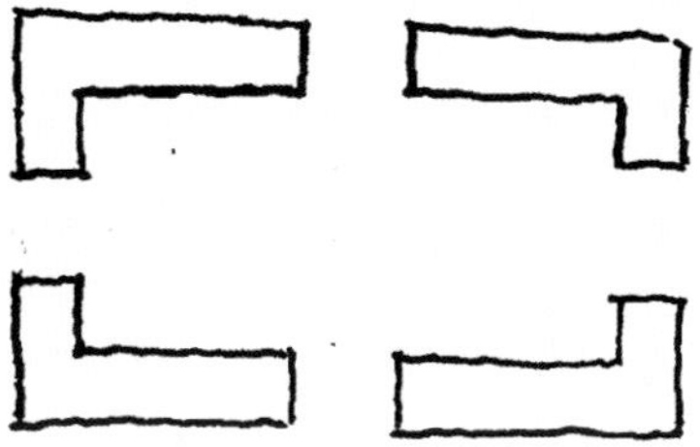

混合式布局：

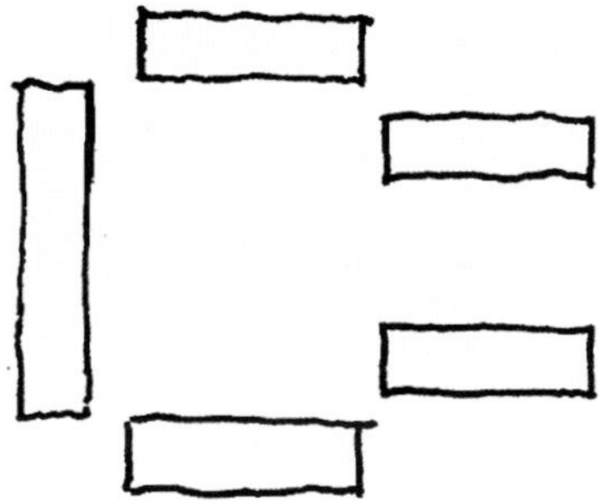

自由式布局：

散立

曲线形

曲尺形

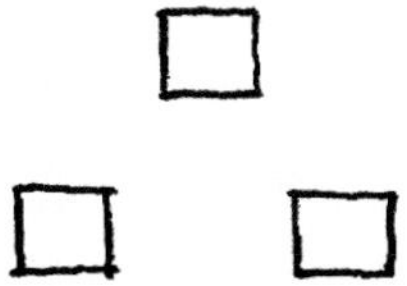

点群式

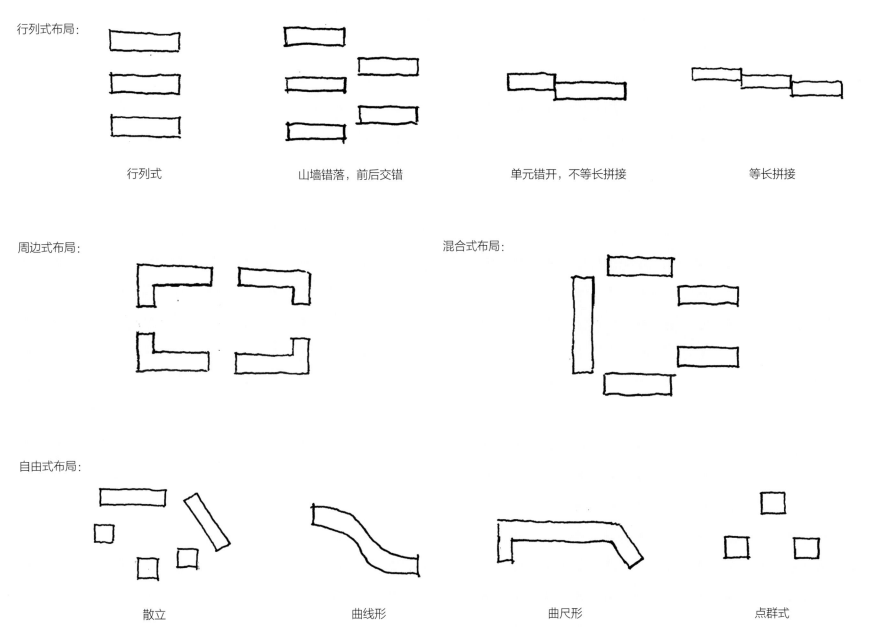

3.2 城市中心区

3.2.1 基本介绍

城市中心区是城市中供市民集中进行公共活动的地方，行政办公、商业购物、文化娱乐、游览休闲、会展博物等公共建筑集中于此，可以是一个广场、一条街道或一片地区，又称为城市公共中心。由于大城市、特大城市的公共活动中心趋向多样化和专业化，小城市的公共活动中心趋向集中化与综合化。因此，城市中心区会承担不同的城市功能，在规划设计中应注意各功能片区的融合协调。

按照城市中心的性质和功能，可以分为：

综合公共中心	三种或三种以上的公共活动内容及总的公共中心，又称城市综合体
城市行政中心	城市的政治决策与行政管理机构的中心，是体现城市政治功能的重要区域
城市文化中心	城市文化设施为主的公共中心，体现城市文化功能和反映城市文化特色的重要区域
城市商业中心	城市商业服务设施最集中的地区，与市民日常活动关系密切，体现城市生活水平以及经济贸易繁荣程度的重要区域
城市商务中心	城市商务办公的集中区域，集中了商业贸易、金融、保险、服务、信息等各种机构，是城市经济活动的核心地区
城市体育中心	城市各类体育活动设施相对集中的地区，是城市大型体育活动的主要区域
城市博览中心	城市博物、展览、观演等文化设施相对集中的地区，是城市文化生活特色的体现
城市会展中心	城市会议、展览设施相对集中的地区，是城市展示和对外交流的重要场所
城市休闲中心	城市休闲娱乐设施相对集中的地区，使居民活动、休闲、娱乐的重要场所

3.2.2 设计要点

1．功能结构布局

城市中心区强调地段空间结构是一个完整有序的空间体系，因而往往重点打造主要空间和主要轴线。

主轴线串联组织主空间；主空间包括入口空间、序列空间和核心空间等三个部分。最终在空间规划上，通过建筑群体空间组织形成中心区清晰的空间秩序和完整空间形象。

常用的空间布局形式有：轴线式（自然要素型、城市形态型、外部规划型），对称式，组团式。

2．道路交通组织

中心区道路交通的设计主要考虑两个方面：一、建立良好的对外交通联系；二、建立基地内不同功能区的交通联系。同时，根据用地规模和形态，设置不同功能和级别道路，避免人车干扰，强化人车分行设计理念。车行道出入口设置应满足规范要求，距道路交叉口不少于 70m，出入口一般不开在城市主干道上，防止中心区车流和城市道路车流的交叉干扰。步行出入口一般会设置在城市主干道的一侧。

增加城市支路将用地进一步划分（用地面积大、功能多的快题设计），每个地块面积控制在 4~5 公顷为宜。

机动车出入口因位于城市次干道和城市支路上，距城市干道交叉口距离不小于 70m。商业公共入口、商业货物出入口、居住入口建议分离设置。

3．绿化景观系统

绿化景观设计主要作用在于烘托设计主题、强化空间特色。中心区由于人流量较大，硬质铺装面积较大，要注重绿化空间的营造，发挥绿化、水体等景观作用。对于外部空间的营造要注重尺度均衡原则，避免单薄无变化的处理手法。

一般来说，城市中心区开放性的公共空间，可能是以硬地为主的广场，可能是以水、绿地为主的绿地空间，也有可能是两者的结合，主要空间形态分为三种：团状、带状和环状。

城市中心区开放性的公共空间，可能是以硬地为主的广场，可能是以水、绿地为主的绿地空间，也有可能是两者的结合，主要空间形态分为三种：团状、带状和环状。

4．建筑空间组合

中心区建筑类型多元，设计者要熟悉各种类型建筑的布局要求和形态尺度，灵活布局。商业建筑按照组合方式可分为点状式、线型式、面状式和体块式。其中点状式和体块式基本上是独立式商业建筑或是围绕内部中庭展开，或利用高层建筑在垂直方向上进行功能和形态组织。线型式和面状式相对应的是线型的商业街和复合商业街区的两种类型。在规划快题中可利用集中的商业聚合成空间节点（用裙房围合出空间感，用点缀的高层建筑满足容积率）。

利用商业街形成趣味性的步行空间。

现代商业步行街宜取 D/H=1~2.5 之间，D 值为 10~20m 为宜（注：由于商业步行街为商业店面临街面，故 H 值一般为商铺的高度或商业裙房的高度，上面的高程建筑应适当再后退。），从而形成良好的商业环境。

线型商业街布局自由，形态丰富。

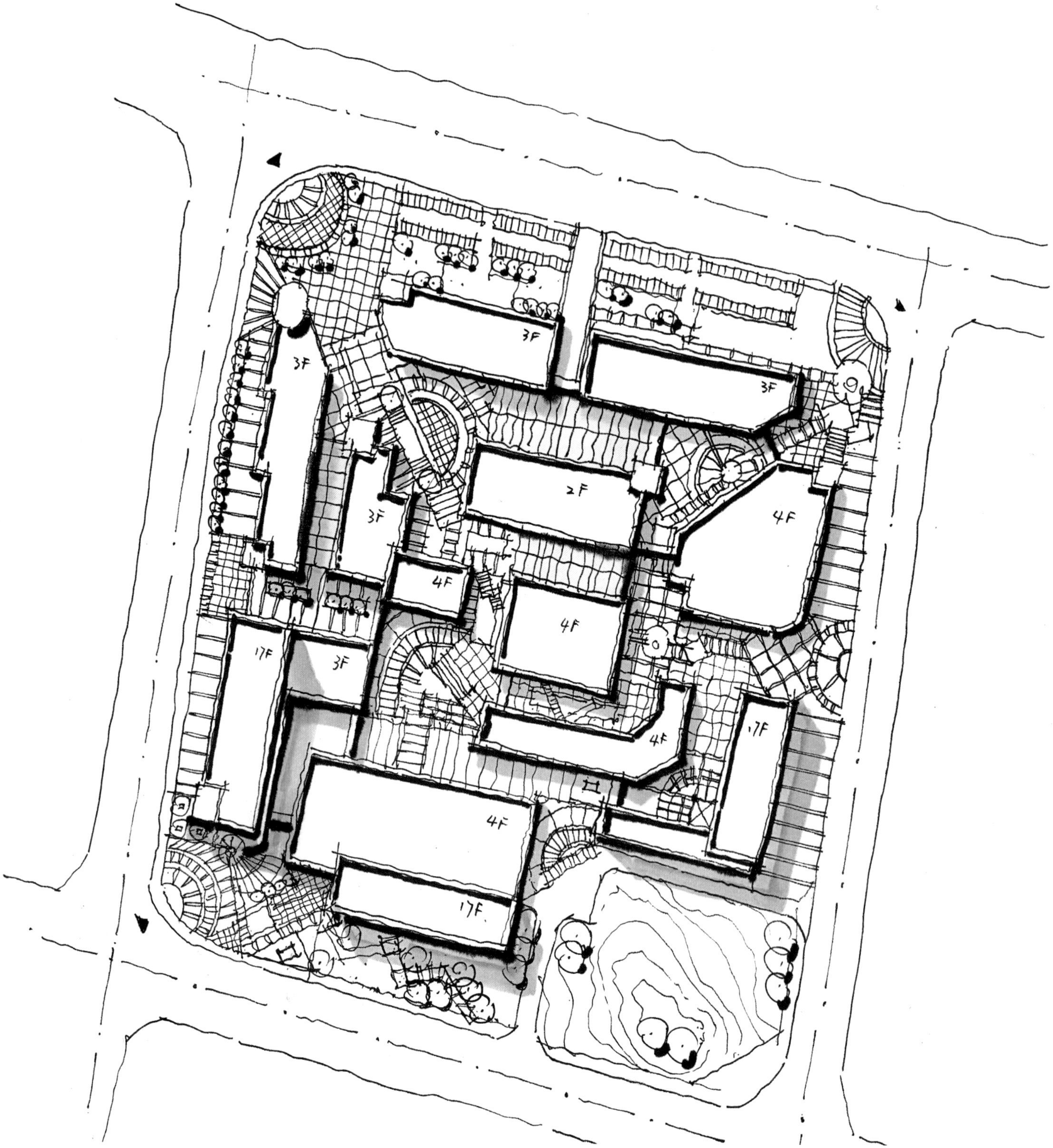
3F
3F
3F
3F
2F
3F
4F
4F
4F
17F
3F
4F
17F
4F
17F

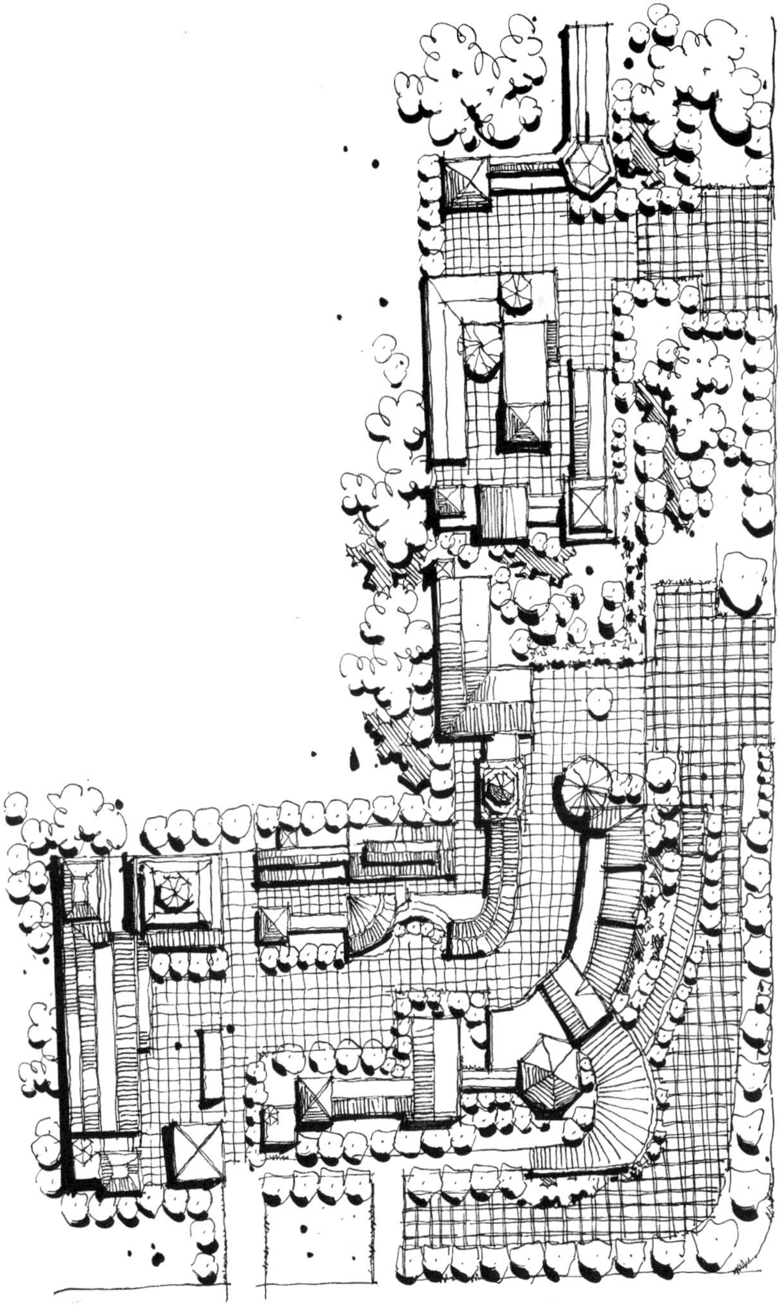

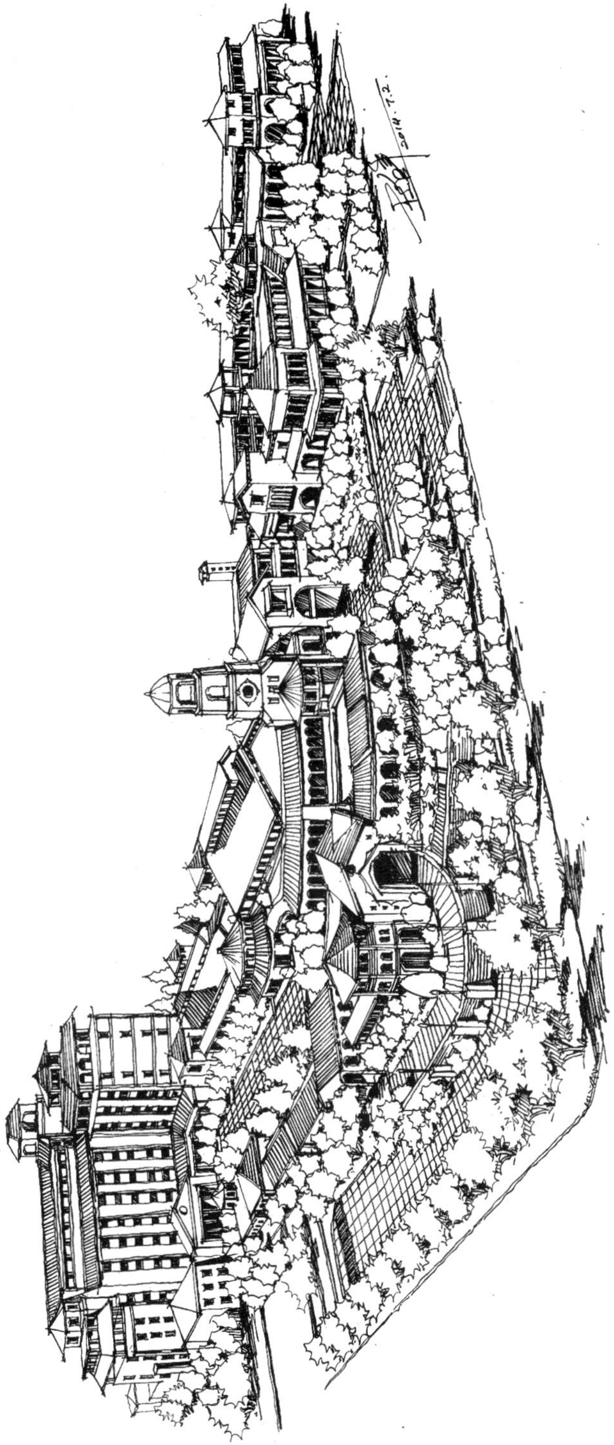

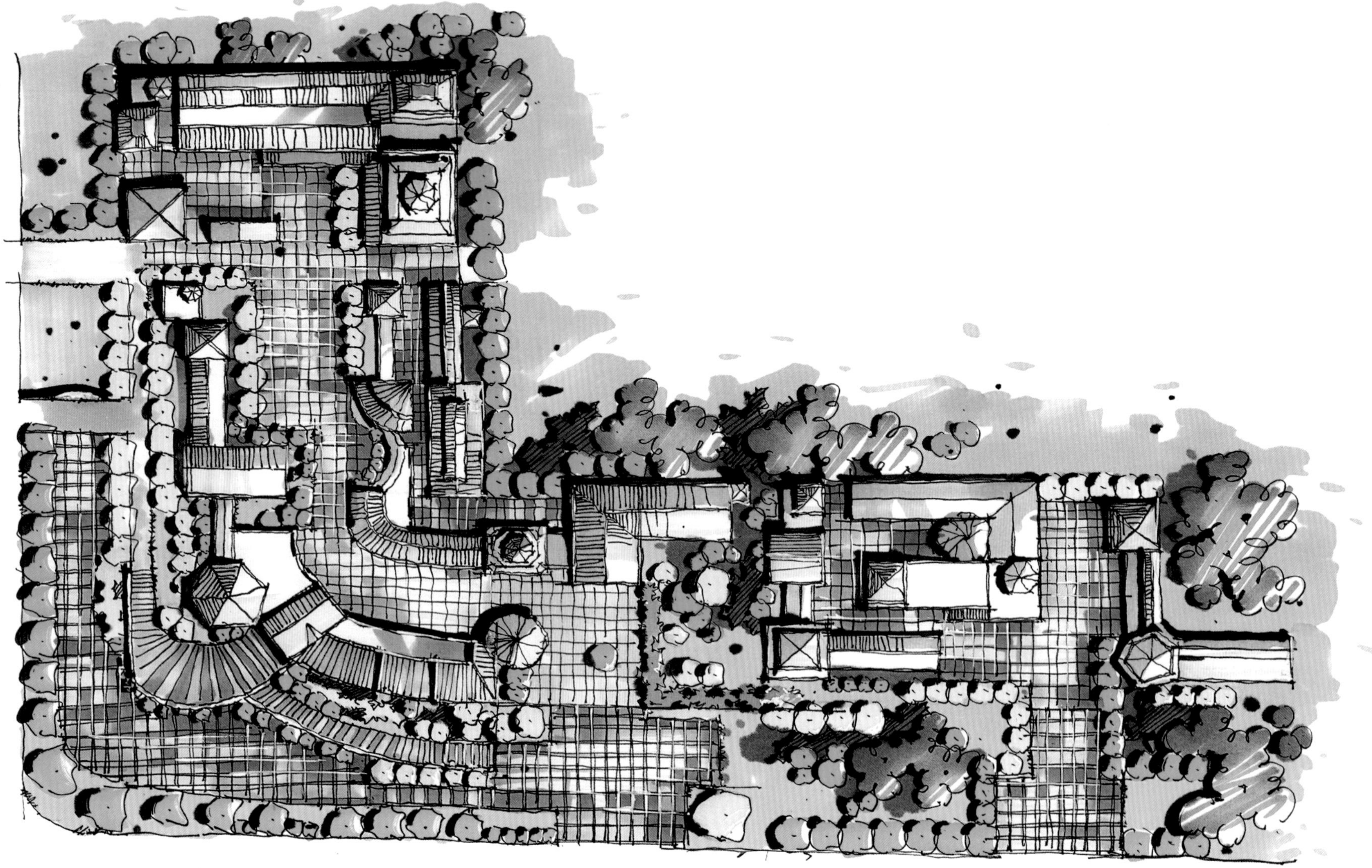

典型商业建筑群体街区示例（杜健手绘鸟瞰图）

→ 3.3 园区

园区快题设计主要包括校园、工业园区、科技园、文化园等设计类型。这里主要介绍大学校园、工业园区两类常见类型。

3.3.1 校园

1. 基本介绍

对于规划快题考试而言，一般涉及校园规划的类型是独立的中学校园规划，或大学校园部分规划（主要包括核心教学区）。校园规划设计主要以“人文主义”、“场所精神”为设计理念。强调校园空间环境的合理尺度，便于师生交流、交往室外空间环境的营造。

2. 设计要点

（1）功能结构布局

根据使用人群，校园主要包括行政办公区、教学区、生活区、文体区四大类：行政办公区一般位于主入口附近，作为校园的一个形象展示窗口，也防止外来车辆进入；教学楼、实验楼、科研楼等可各自成组，教学区一般位于核心区；宿舍区，靠近次入口，方便学生出入；运动区宜相对独立，不宜离教学区、宿舍区太近，避免噪声干扰。

常用的规划组织方式有：组团式、轴线式、格网式等。

通过轴线确定校园空间序列，尽量南北向，以保证校园内主要建筑的朝向。一般为“校门前广场——校门——主干道——主广场——主体建筑”的空间序列，主体建筑（图书馆、主教学楼等）围合形成主广场核心空间，且注意轴线两侧不能太空，需要有界面围合。

（2）道路交通系统

校园内道路交通要处理好车行和人行的关系，采用人车分行、局部人车共行的形式，常用的道路形式是外环或中外环的形式。校园内静态交通的处理主要包括人行和地面停车问题，在校园入口处、主建筑群、体育馆、宿舍区附近应设机动车停车场，主要建筑区域附近均可集中考虑设置自行车停车场，且每个建筑都应直接连接机动车道。步行系统应连续，联系主要生活、学习区。

（3）绿化景观处理

校园景观系统的处理，要考虑实际使用人群主要为学生和老师，在构建室外空间环境时要根据实际使用需求设置不同开放程度活动空间的层级。处理好景观轴线及核心景观区域之间的联系。校园的景观设计可以突出人文景观，体现丰富的校园生活。

（4）建筑空间组合

校园建筑切忌单体建筑布局零散，要成组团，有主次；注意单体建筑尺寸，避免体量失衡。教学楼、实验楼是校园的主体建筑之一，常用的组合方式有行列式、围合式，在行列式设计中要统一考虑建筑车行、步行入口，也可以通过连廊的形式，将单体建筑联系起来，形成半围合空间，既丰富了空间层次，也有助于形成院落、广场空间。

3.3.2 工业园区

1. 基本介绍

工业园区类快题设计考察相对较少。主要分为生产车间区、办公区、生活区等三部分，功能分区明确，特征突出，在做此类规划快题时处理好各功能分区之间的联系及组织好交通运输路线。注意与城市整体布局的关系及对周边环境的影响。

2. 设计要点

工业园区主要建筑为工业建筑，其群体空间布局，首要的问题是组织好人流、货流的交通。人流，主要指职工活动的流线；货流，包括原料的运入和成品的运出。好的交通运输路线组织必须保证流畅、短捷而又互不交叉干扰。各生产车间的布局应尽量符合生产工艺流程的需求，且对排出有害气体的车间应考虑对环境的污染，一般安排在下风向。工业建筑群体布局虽然受到生产工艺制约，但也不能忽视空间环境的处理。

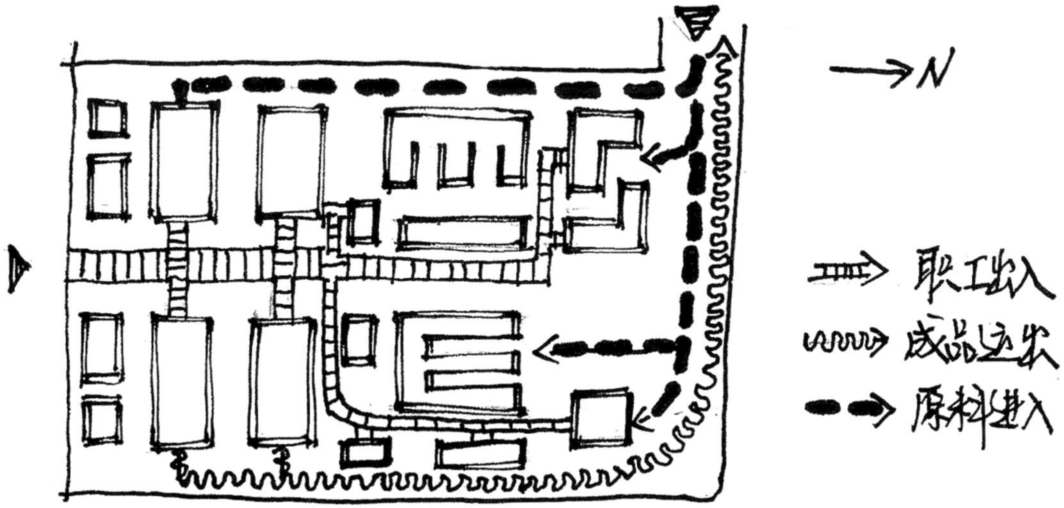

→ 3.4 城市历史地段及旧城改造

3.4.1 基本介绍

城市历史地段及旧城改造，概念投射到城市历史地段及旧城改造快题中主要分为：（1）城市历史街区设计。主要从尊重原有文脉出发，拓展未来发展可能，以规划设计纪念性的历史文化中心及配套特色商业街区、特色旅游休闲街区、特色文化产业基地等为内容的规划快题类型。（2）旧城更新。以住区规划、营造社区公共活动空间、商业开发等为内容的规划快题类型。

3.4.2 设计要点

1. 功能结构布局

历史街区中地段和街道的格局和空间形式；建筑物和绿化、旷地的空间关系；历史性建筑的内外面貌等，包括与自然和人工环境的关系，均应予以保护。现代建筑与地段中心的历史建筑拉开一段距离，从而突出历史建筑在地段的主体性。

2. 道路交通组织

建立以步行空间为主的交通空间系统的。注意在历史地段步行街入口处理交通衔接，例如公交车换乘点的设置，开辟相应的开放空间，设置适当的停车场地、入口标识设置等。

3. 绿化景观处理

可以通过不同形式的铺地、绿地设计，抬高和降低地坪等方式改变地界面的视觉感受，保持原有的尺度与比例关系。可以通过小品、树木、廊子等设计削弱新建建筑物的大尺度，以复合界面的方式延续旧有尺度关系。

4. 建筑空间组合

在道路、建筑物的转折或汇合的地方，空间的连续形态常常被打断，因此通过设置开放空间，保持这些空间之间的相互联系，而形成整体。注意保留原有的历史地段空间尺度和肌理。

→ 3.5 城市公园或风景区

3.5.1 基本介绍

规划快题基本不会以完整的公园或风景区为设计题目，但会涉及部分内容作为相关考点。例如中心游园其附属设施规划设计。做此类规划快题设计时，不同于景观快题，无须雕琢具体景观细部，只需进行整体的功能分区、道路交通组织，明确主要轴线空间与节点空间。

3.5.2 设计要点

1. 功能结构布局

城市公园功能考虑动静分区，一般综合性公园的内容应包括多种文化娱乐设施、儿童游戏场和安静休憩区，也可设游戏型体育设施。文化娱乐设施一般结合公共活动中心设置在主要出入口附近；在大型体育休闲类公共建筑附近安排集散广场空间；安静休憩区一般在规划用地内部。

2. 道路交通系统

公园道路交通系统主要分动态交通和静态交通两大部分。动态交通一般采用人车分行的模式，主要车行道常为环路形式。静态交通主要指停车设施，机动车停车主要有路边停车和集中停车两种形式，通常结合机动车出入口布置。非机动车停车常与步行系统结合，或在出入口附近集中设置。

3. 绿化景观系统

公园的绿化景观可谓公园设计的重头戏，所占比重高达70%以上。绿化景观系统主要结合步行轴线展开，分为硬质景观和软质景观两大类。硬质主要以地面铺装为主，软质主要包括绿化、水系等。然而，公园中绿化系统中各子系统并不是孤立的，设计时要综合考虑，衔接自然。

→ 3.6 站前区

3.6.1 基本介绍

关于站前区类快题设计出现频率似乎越来越高。主要包括轨道交通站区、汽车客运站区、火车站前广场等类型。其总平面布置应包括站前广场、站房、停车场、附属建筑、车辆进出口及绿化等内容。

3.6.2 设计要点

1．功能结构布局

站前广场应明确划分车流路线、客流路线、停车区域、活动区域及服务区域。要求分区明确，旅客进出站路线应短捷流畅。站前广场应与城市交通干道相连。布置紧凑，合理利用地形，节约用地，并留有发展余地，与周围建筑关系应协调。

2．道路交通系统

站前区规划尤其要处理好各类交通组织问题。站前区道路应按人行道路、车行道路分别设置。注意公共交通问题，要遵循公共交通优先的原则，安排公交车专用路线，避免与小汽车、出租车路线相互干扰。乘客上下车站点宜设于广场周边或靠近主要道路。考虑各种交通工具停车问题。

3．绿化景观处理

站前区的绿化景观主要结合站前区广场布置，广场以硬质铺装为主，划分主要功能用地，适当布置景观小品，结合题目要求，设置符合主要使用要求的绿化景观。

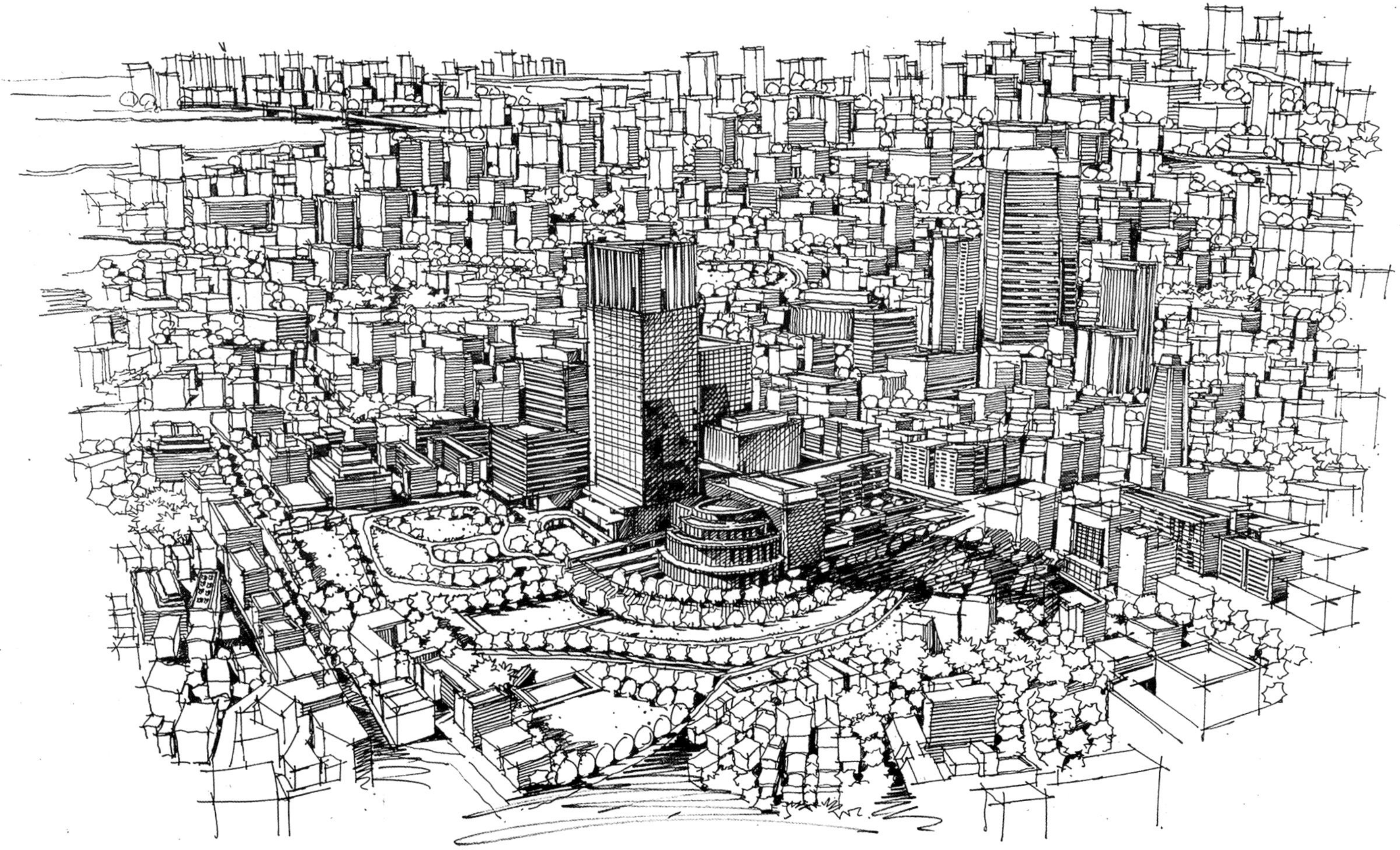

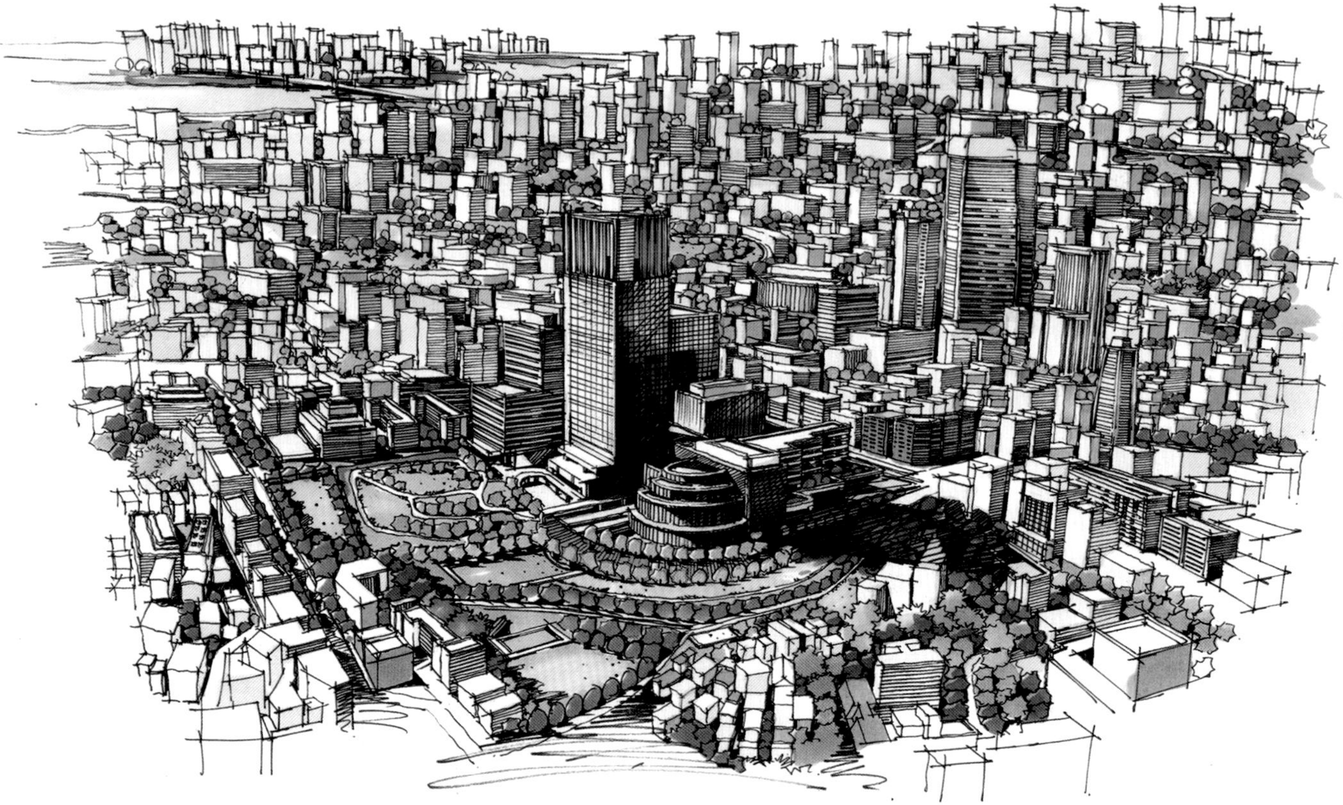

→ 3.7 其他

快题考试类型日渐丰富，例如城市广场设计、滨水景观带规划、服务区规划、体育中心规划等等，平时多训练不同类型快题，积累快题素材。不论何种快题类型，无外乎功能结构、道路交通、绿化景观、建筑空间组合等几大部分内容，根据基地具体条件和周边环境，分析从整体入手，各个击破。

第 4 章

城市规划快题常见
十大问题及常用规范附表

→ 4.1 城市规划快题常见十大问题

（1）尺度失衡：各类建筑尺寸、空间尺度不符合实际使用需求，快题设计中比例通常为 1∶1000，对图纸中每一段距离所代表的实际尺度要了然于胸，除了平面图中平面设计的尺度问题，还要注意建筑高度产生的三维空间感。

（2）道路交通问题：出入口位置的选择，道路系统组织、分级衔接问题，包括人行系统与车行交通的合理有效组织，在中心景观节点、主要景观轴线区域内，机动车流线与步行流线应当相互独立、避免干扰。

（3）停车问题：停车主要包括地面停车和地下停车。地面停车主要采取路边停车，或集中地面停车位设置，地下停车主要是修建地下停车库。停车属于道路交通问题，单独列出来是由于常常被忽略，出错率较高。

（4）配套服务设施布置：包括生活配套设施和市政基础设施。配套设施一般未在题中直接给出，易遗漏（如居住小区中垃圾收集点、配电站等市政服务设施），且其位置的布置也需合理。

（5）大型公共建筑布置：如电影院、展览馆等大量人流、车流集中的地方，容易忽略的是关于集散空间、停车位的考虑，以及主入口设置。

（6）建筑形态问题：建筑形体要能反应功能类型，常见的建筑类型有住宅、商业建筑、文化建筑、办公建筑、校园建筑，他们形态因功能需求各异，虽说不需要达到建筑设计的深度，但也需结合功能适当推敲。同时建筑彼此之间的联系与协调，体现建筑对城市空间的围合作用与城市形象的整体塑造。

（7）题目中特殊条件的未加考虑：如地块附近或局部有高架桥、高压线通过，必须考虑隔离或视线避让；地块内有需要保留的建筑、自然山体等，应在方案中提出相应对策。

（8）设计硬伤：如建筑密度、容积率显著错误，日照间距、建筑朝向等低级错误，以及规范不正确，规划快题中常用规范要熟知，如消防、尽端路、人行通道设置等。

（9）图纸内容不完整：三图三字，指北针，比例尺，建筑名称，建筑层数，主次入口标识，道路中心线，消防通道等相关标注及必要的文字说明。

（10）缺少闪光点：闪光点是高分快题必备。

4.2 常用规范附表

居住小区常用规范	
序号	内容
1	住宅侧面距离：条式住宅，多层之间不宜小于 6m；高层与各种层数住宅之间不宜小于 13m
2	小区内主要道路至少应有两个出入口
3	居住区内道路与城市道路相接时，其交角不宜小于 75°
4	尽端式道路的长度不宜大于 120m，并应在尽端设不小于 12m × 12m 的回车场地
5	机动车道对外出入口间距不应小于 150m。沿街建筑物长度超过 150m 时，应设不小于 4m × 4m 的消防车通道
6	人行出入口间距不宜超过 80m，当建筑物长度超过 80m 时，应在底层加设人行通道；
7	无障碍通道设计中，通行轮椅车的坡道宽度不应小于 2.5 m，纵坡不应大于 2.5%
8	居住区内地面停车率（居住区内居民汽车的停车位数量与居住户数的比率）不宜超过 10%
9	居民停车场、库的布置应方便居民使用，服务半径不宜大于 150m
10	建筑物面向小区路，无出入口时不小于 3m，有出入口时，不小于 5m

校园建筑常用规范	
1	两排教室的长边相对时，其间距不应小于 25m
2	教室的长边与运动场地的间距不应小于 25m
3	学校主要教学用房的外墙面与铁路的距离不应小于 300m；与机动车流量超过每小时 270 辆的道路同侧路边的距离不应小于 80m，当小于 80m 时，必须采取有效的隔声措施
4	运动场地的长轴宜南北向布置，场地应为弹性地面
5	学校的校门不宜开向城镇干道或机动车流量每小时超过 300 辆的道路。校门处应留出一定缓冲距离
6	每六个班应有一个篮球场或排球场

城市中心区常用规范	
1	大中型商店基地内，在建筑物背面或侧面，应设置净宽度不小于 4m 的运输道路
2	步行商业街长度不宜大于 500m 并在每间距不大于 160m 处，宜设横穿该街区的消防车道
3	商业步行区道路的宽度可采用 10~15m，其间可配置小型广场
4	商业步行区距城市次干路的距离不宜大于 200m；步行区进出口距公共交通停靠站的距离不宜大于 100m
5	基地应有不小于 1/4 的周边总长度和建筑物不少于两个出入口与一边城市道路相邻
6	停车场少于 50 个停车位，可设一个出入口；50~300 个停车位，应设两个出入口；大于 300 个停车位，出口和入口应分开设，两个出入口之间的距离大于 20m

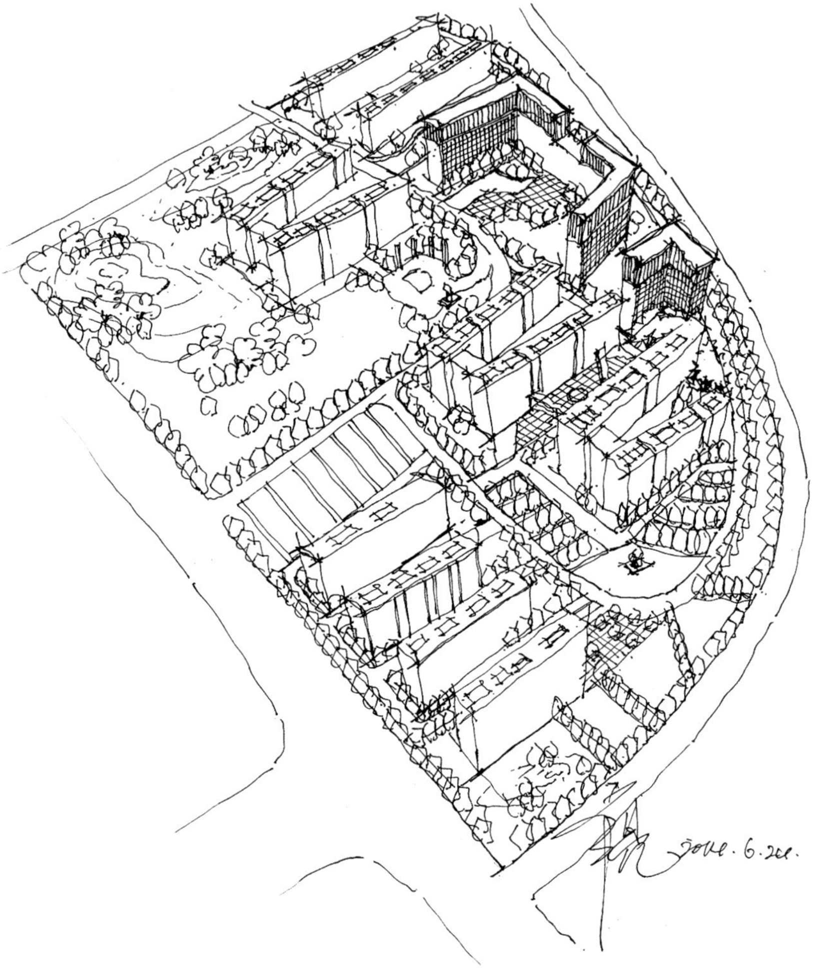

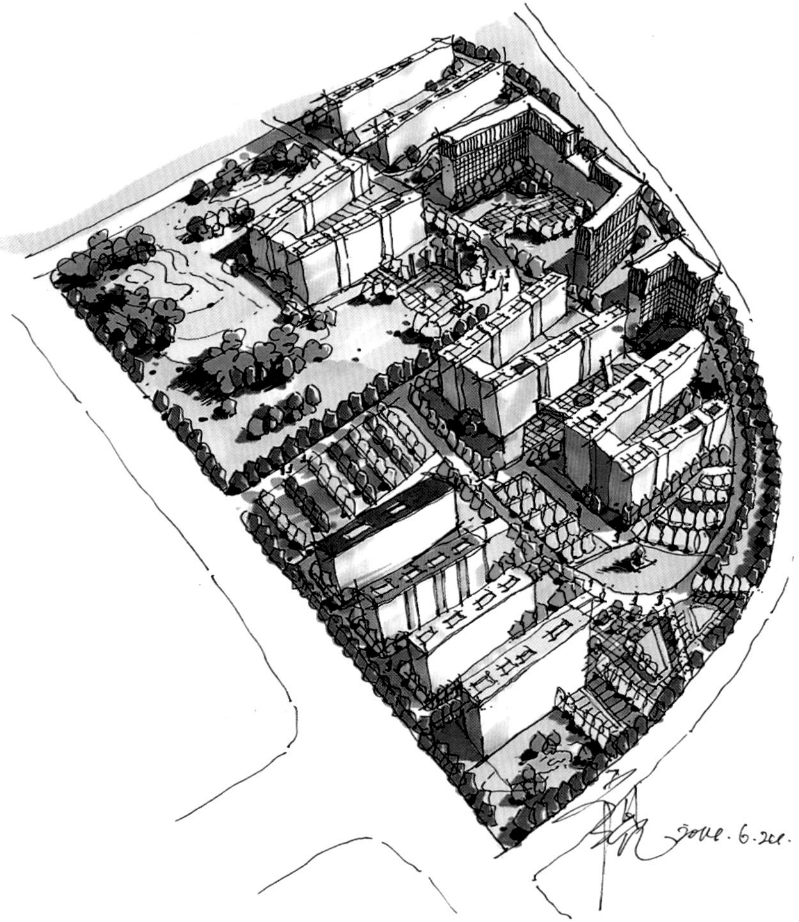

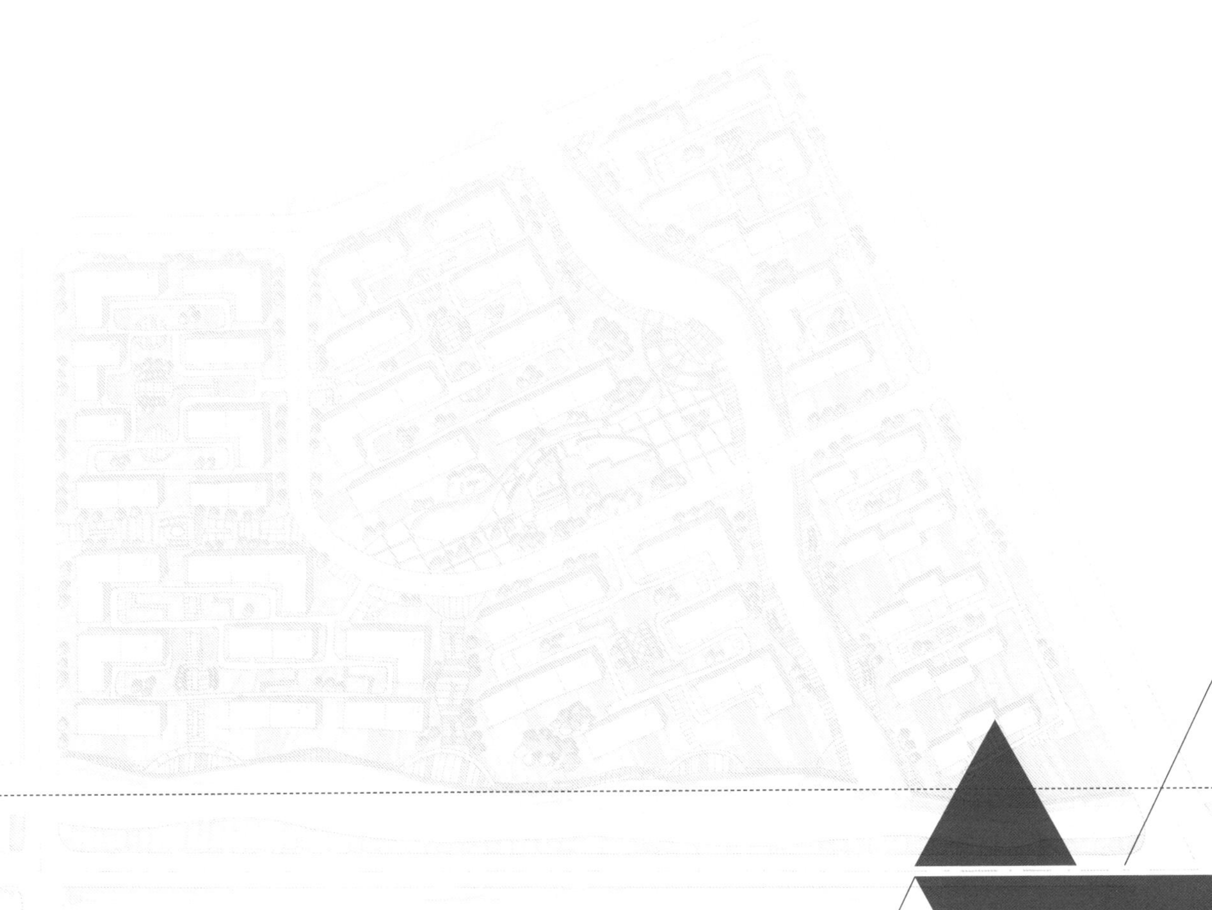

第5章

真题解析

5.1 厂区

5.1.1 上海船厂地区城市更新概念设计

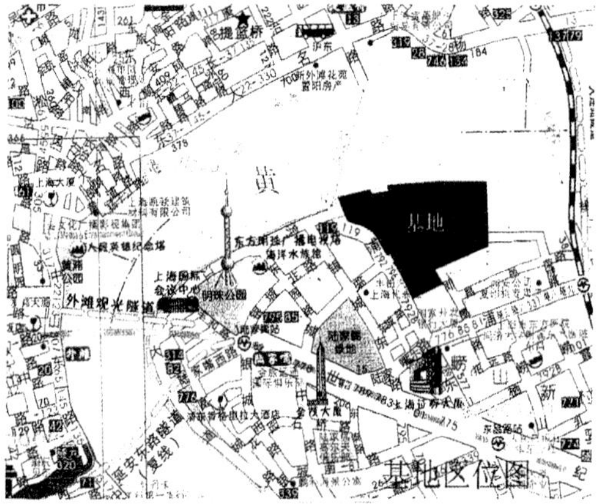

基地区位图

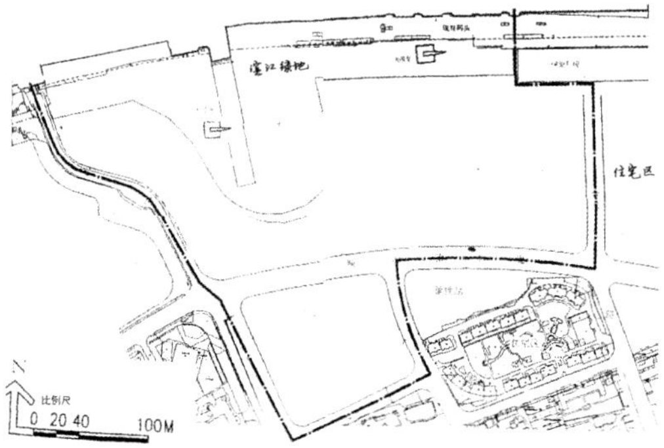

1. 基地概况

具有 130 余年历史的上海船厂基地北靠黄浦江，西邻上海浦东陆家嘴中央商务区，是十分重要的城市中心滨水区。计划在船厂搬迁后，进行全面的城市更新，形成高品质的混合功能区，成为陆家嘴 CBD 的有机延续部分。沿河村庄的民居已计划迁移。

2. 规划设计条件

（1）基地西侧和南侧分别为公交站和地铁站；基地的现状地面标高为 4m，滨江防汛的规划标高为 7m（具体位置由设计方案确定），其他情况详见区位图和地形图。

（2）规划用地性质：商务办公、休闲购物、文化、娱乐、居住、观光等。

（3）允许建设内容：办公楼群、星级酒店、商业街区、娱乐中心、住宅、博物馆、展厅、滨江休闲公园等。

（4）特别要求：保留并积极利用向江倾斜的船台（长 228m、宽 30m）。

3. 规划要求

（1）总体概念清晰；

（2）功能布局与交通组织合理；

（3）体现地区的历史文化脉络；

（4）城市空间形态具有鲜明特点。

4. 成果要求

（1）总平面图 1：1000；

（2）表达设计概念的分析图（比例不限，必须包含规划结构、功能布局、交通组织和空间形态的概念表达）；

（3）简要说明（不得超过 300 字）。

5. 时间要求

设计时间为 3 小时。

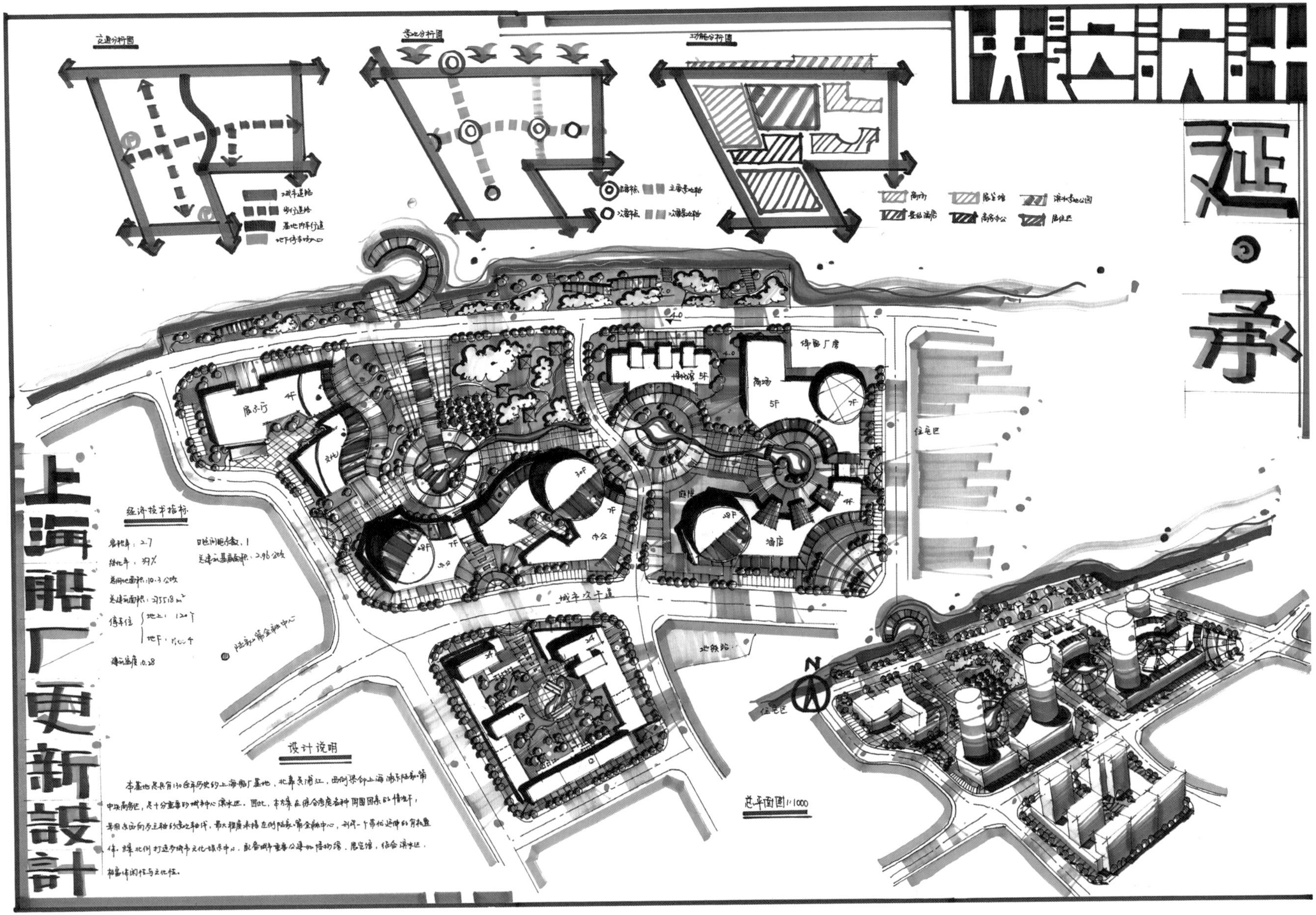

解答❶点评

优点:

(1)整体功能布局合理，结构清晰;

(2)建筑形态丰富，建筑群体之间彼此呼应，界面完整，形成具有较强围合感的空间;

(3)方案手绘表达能力尤为突出。

缺点:

(1)北边商业地块开发强度太低，与地块区位环境不符;

(2)道路系统不够完善，周边城市道路交通压力大。

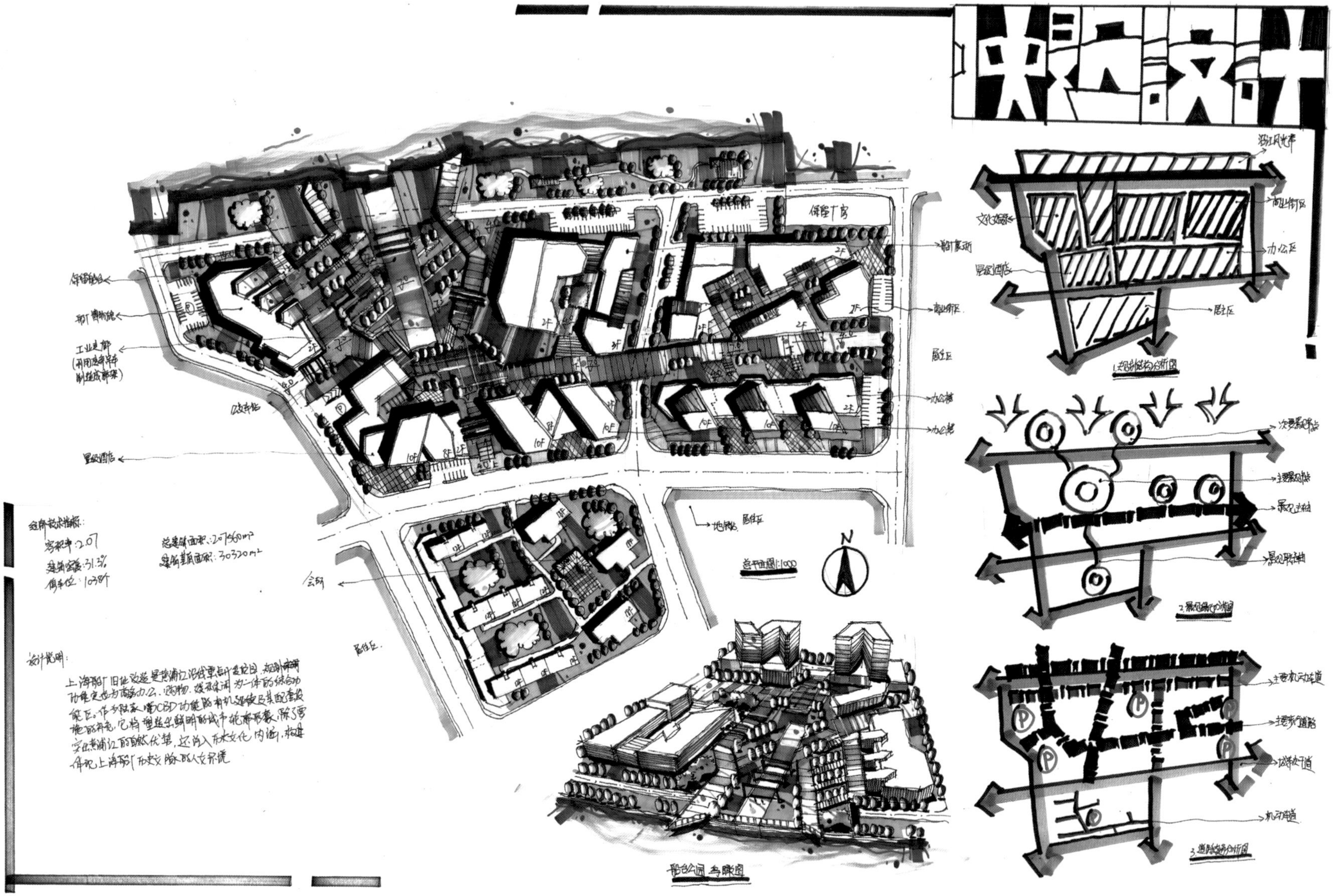

解答❷点评

优点：

（1）在充分理解题意的基础上，进行合理的功能布局与适度的空间开发；

（2）整体空间布局富有特色，建筑形态灵活，有较强的整体感；

（3）景观空间层次丰富，主要围绕"船台"设置中心节点空间，重点突出，主次分明；

（4）图面整体效果表达突出。

缺点：

（1）缺少次级道路系统；

（2）沿江防洪要求考虑不完善。

5.2 居民区

5.2.1 南方某城市边缘区居住区规划设计

（关键字：城市边缘区居住区、现状水域处理）

1. 名称

南方某中等城市边缘区居住区规划设计

2. 深度

详细规划

3. 场地

参见附图（考生自己按照图上提供的尺寸放大），所处城市气候条件为：夏季主导风向为东南风，冬季主导风向为西北风。

4. 规划设计条件

（1）规划区范围内用地面积 13.5 公顷，其中，水域面积 2.1 公顷，城市道路用地面积 1.4 公顷；

（2）基地内建筑高度不超过 24m；

建筑密度不小于 30%；

绿地率大于 40%；

容积率不大于 1.3；

住宅建筑正南北向日照间距为 1.2H；

机动车停车位配建指标为 3 辆 /10 户，小区内必须安排一定数量的室外停车位。

（3）建筑退后东面规划道路红线 5m；

建筑退后南面梅溪河河岸线 5m；

建筑退后西面规划道路红线 3m；

建筑退后北面规划道路红线 3m。

（4）住宅户型由考生自己确定，按规划人口规模及周边环境确定社区服务设施的项目、规模与位置，规划配建一所六班幼儿园。

5. 设计成果要求

（1）总平面图（1：1000）：

要求住宅建筑朝向布局合理，合理组织交通，标明住宅层数和主要建筑物的名称，表达建筑、道路、停车与绿化环境之间的关系。

（2）鸟瞰图或局部地段的透视图（图幅尺寸与表现形式有考生自定）。

（3）简要文字说明及技术经济指标。

（4）结构分析图、交通分析图等分析图数量由考生根据表达的需要自定。

以上图纸总数最低不少于 2 张 1 号图。

6. 分数分配标准

（1）总平面图占 60%；

（2）鸟瞰图或局部地段的透视图占 20%；

（3）分析图占 10%；

（4）文字说明及技术经济指标占 10%。

7. 时间

6 小时。

城市规划与设计快题设计基地图

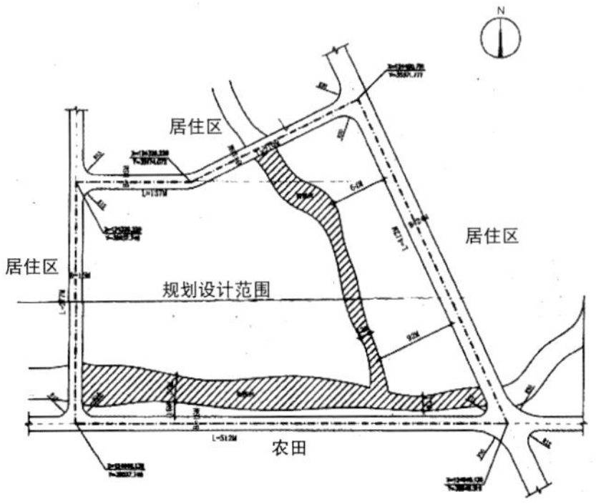

注：L 表示道路中心线之间的长度；

R 表示转弯半径单位为 m；

B 表示道路红线宽度（段面尺寸由考生自定）

规划区范围内场地标高与四周道路标高一致。

解答❶点评

优点：

（1）轴线布局创新性强，中心广场突出；

（2）建筑摆放灵活，空间塑造活泼。

缺点：

（1）公共建筑过于偏基地内中央，其配套车行交通未妥当解决；

（2）主要景观轴线周边建筑摆放过于随意，未形成良好的视线引导；

（3）地面停车场处理不当。

修改建议：

（1）中部集中停车场另设一开口连接小区主干道，满足公建的车行交通，也便于停车车辆出入；

（2）其他居住组团需布置少量的分散地面停车位；

（3）地块西北角主要景观轴线与道路交叉处设置一个小型的活动广场，可起到空间序列的作用；同时调整建筑摆放，形成良好景观视线。

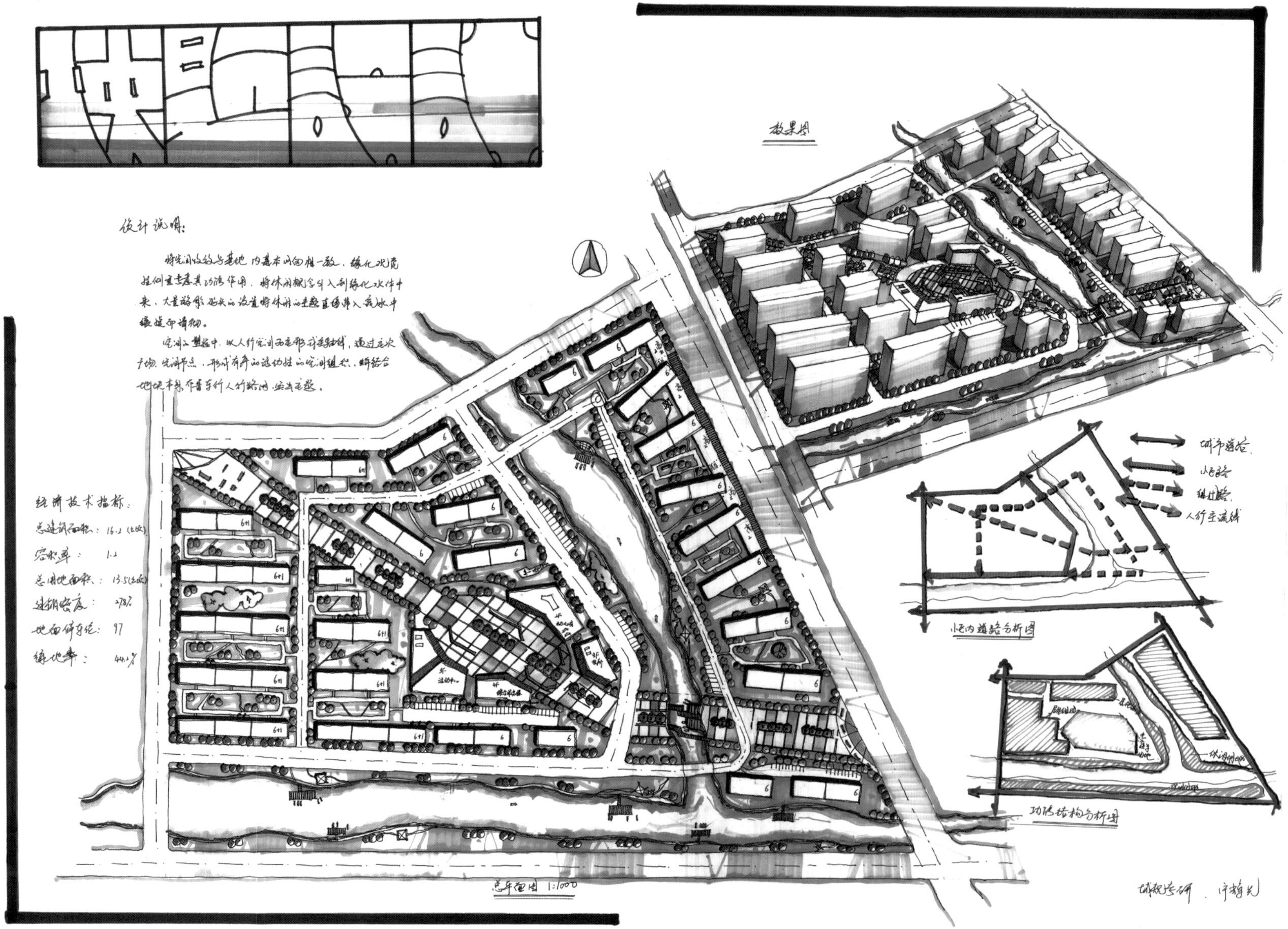

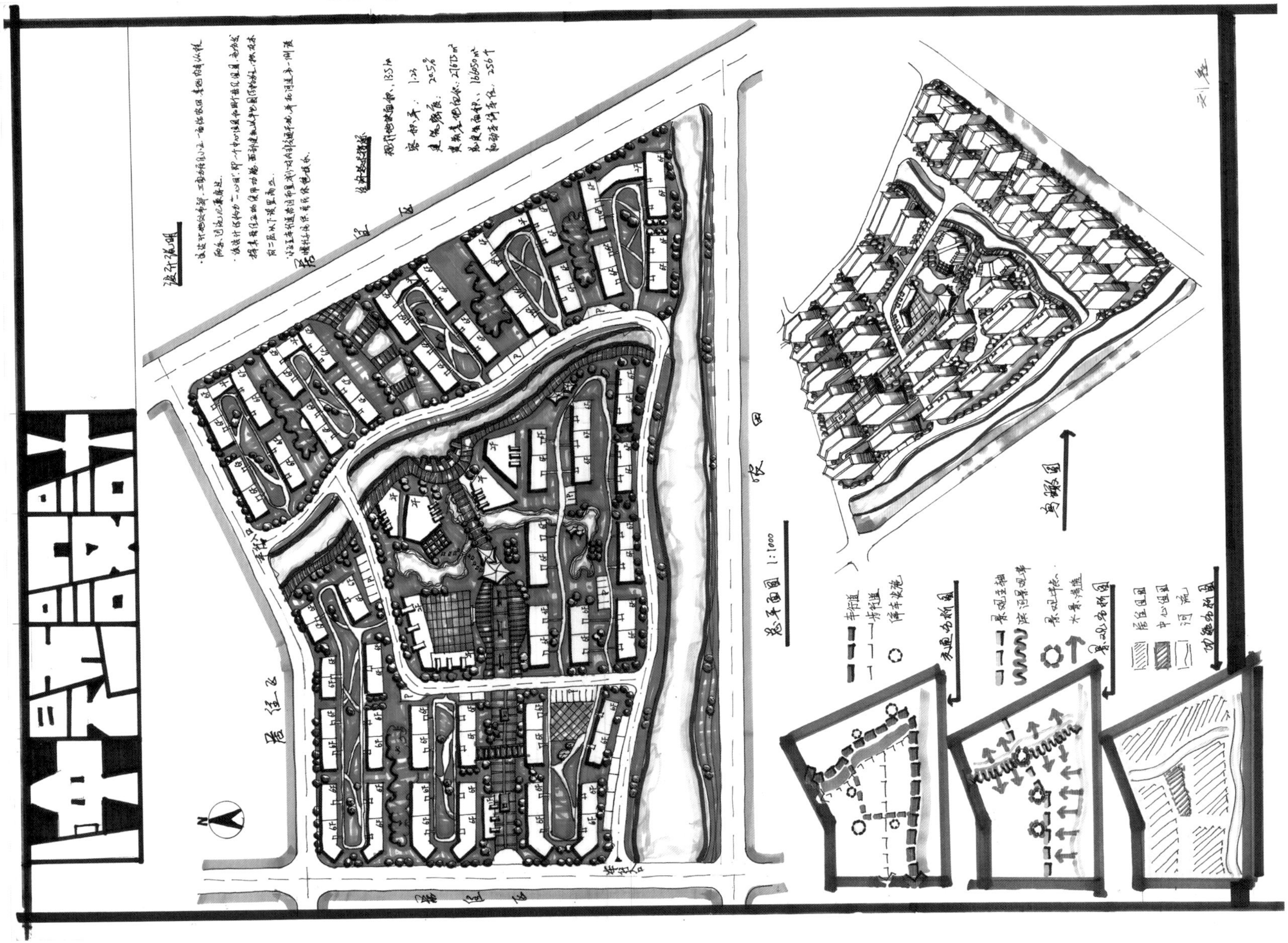

解答❷点评

优点:

（1）功能组团明确，路网布局合理；

（2）通过引水造景和滨水空间的处理，公共建筑和公共空间布局发挥了滨水的特色；

（3）各组团中心空间各具特色，景观层次丰富。

缺点:

（1）公共建筑配套停车位不足；

（2）由于河流的阻隔，往东侧的人行联系性不强；

（3）南部滨水空间未利用。

修改建议:

（1）公共活动中心用地北侧、靠道路侧设置配套集中停车场；

（2）河流两侧设置 2~3 个亲水平台，并相互呼应；

（3）东侧用地塑造 2~2.5m 宽的南北向亲水步道景观，联系整块用地；

（4）通过设置亲水平台或观景小亭来塑造南部滨水空间。

解答③点评

优点：

（1）总体结构清晰，各居住组团明确；

（2）道路等级清楚，人车分流；

（3）景观空间层次丰富，且考虑了以滨水作为主要景观轴线。

缺点：

（1）居住建筑出现东西向朝向；

（2）基地东侧的联系性不强，缺乏人行景观次入口；

（3）基地东侧组团路与小区主干路接口过于靠近小区车行入口

（4）公共建筑面积略少。

修改建议：

（1）居住建筑东西向调整为南北向，或去除东西向部分；

（2）将基地中部的主要景观步行道跨河延伸到基地东侧，并在东侧开设人行次入口；

（3）基地东侧组团路入口往基地内部调整，避开同小区车行入口过于靠近；

（4）在基地东侧布置小面积的广场和公建，并在西侧中心广场公建呼应布局。

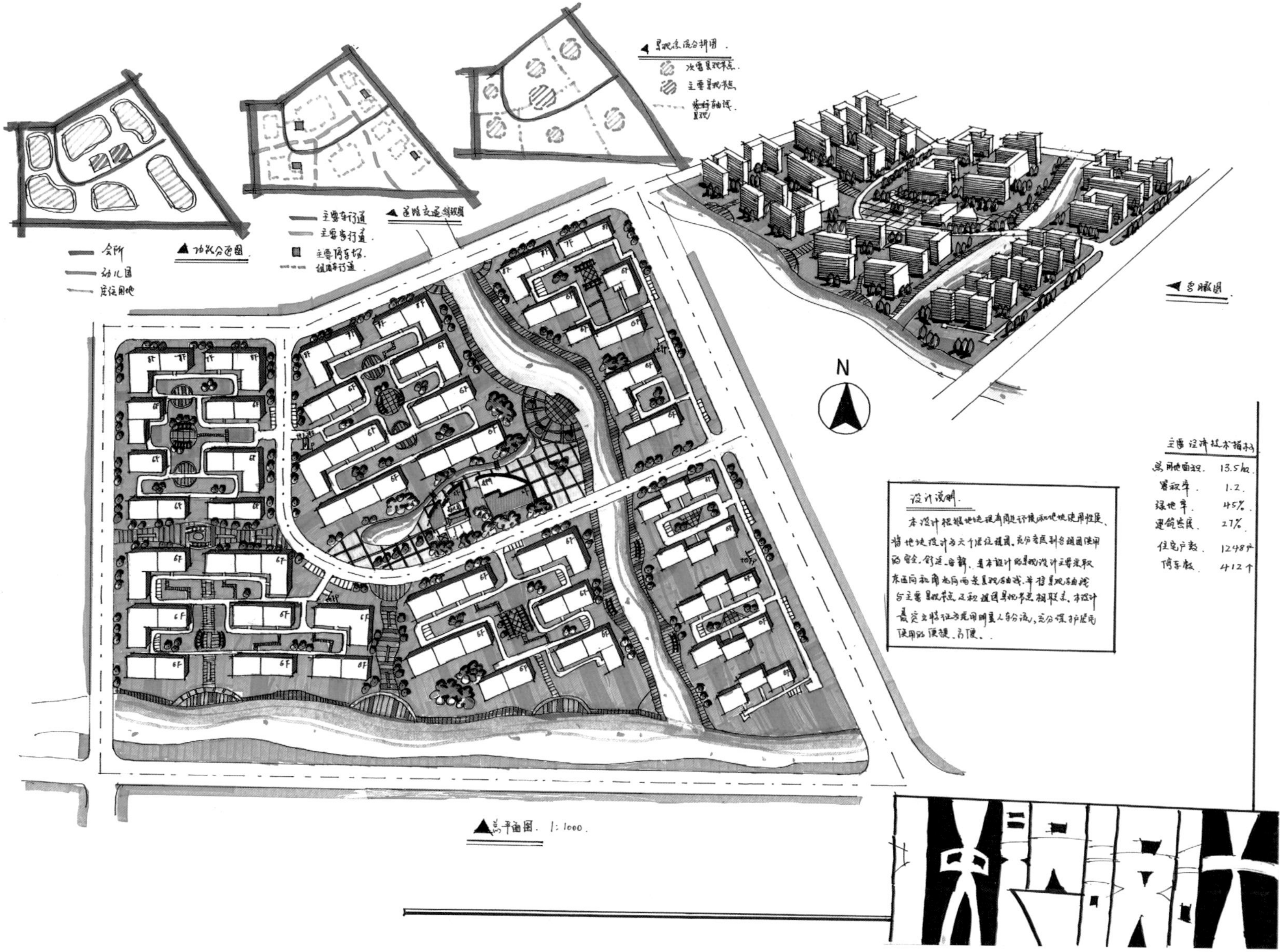

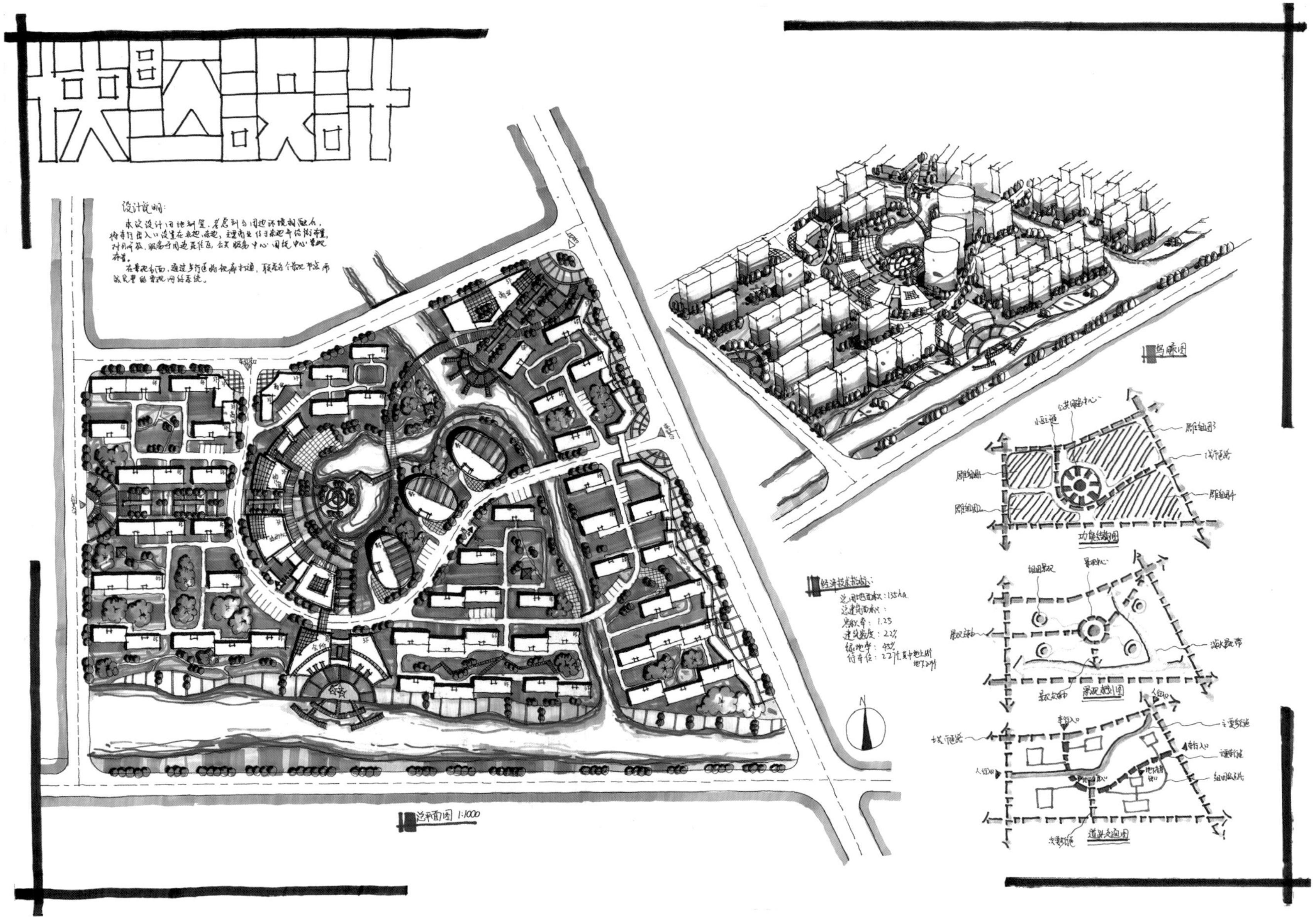

解答4点评

优点：

（1）组团布局灵活多样，中心突出，商业配套充足合理；

（2）建筑摆放韵律感强，空间围合多变，公共建筑富有设计感；

（3）景观轴线清晰，滨水景观营造收放自如。

缺点：

东南角道路交通路线有待改进，且离小区主干路较偏远。

修改建议：

东南角小区组团路不要跨河连通，可分隔河两侧两个组团，避免交通干扰。

解答 5 点评

优点：

（1）组团明确，小区中心突出；

（2）居住户型多样；

（3）公共空间丰富，中心景观空间刻画详细。

缺点：

（1）道路网过密，有些道路重复，而只设有一个单独的人行出入口；

（2）建筑摆放过密，造成各层次景观空间之间的联系生硬；

（3）公共建筑尺度过小。

修改建议：

（1）基地北侧车行入口处平行设置一个小区步行入口和步行次轴线，并延伸至中心广场；

（2）可去除一个居住建筑，将基地西北侧景观空间同中心景观空间连通；

（3）选择合适尺度大小的公共建筑。

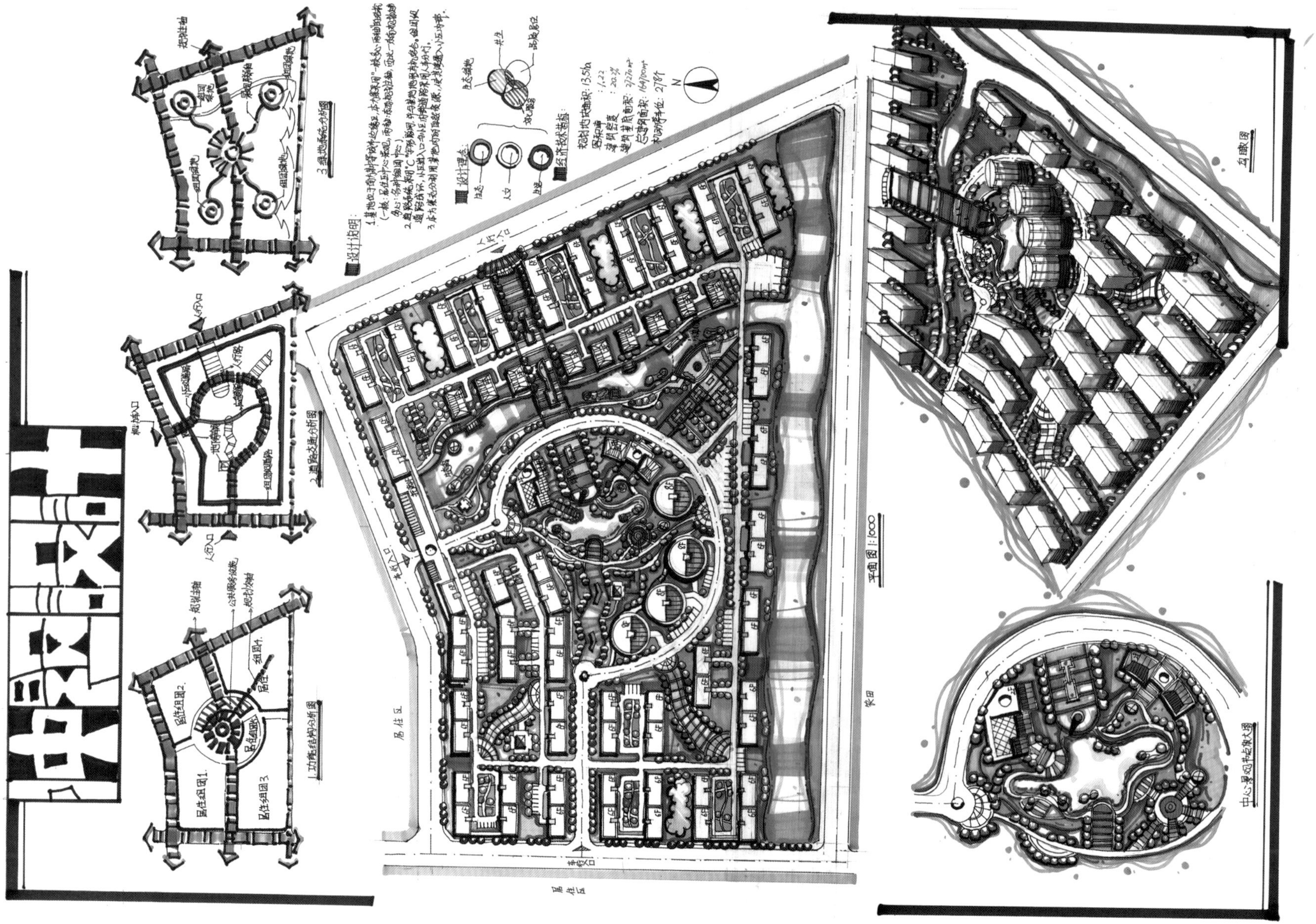

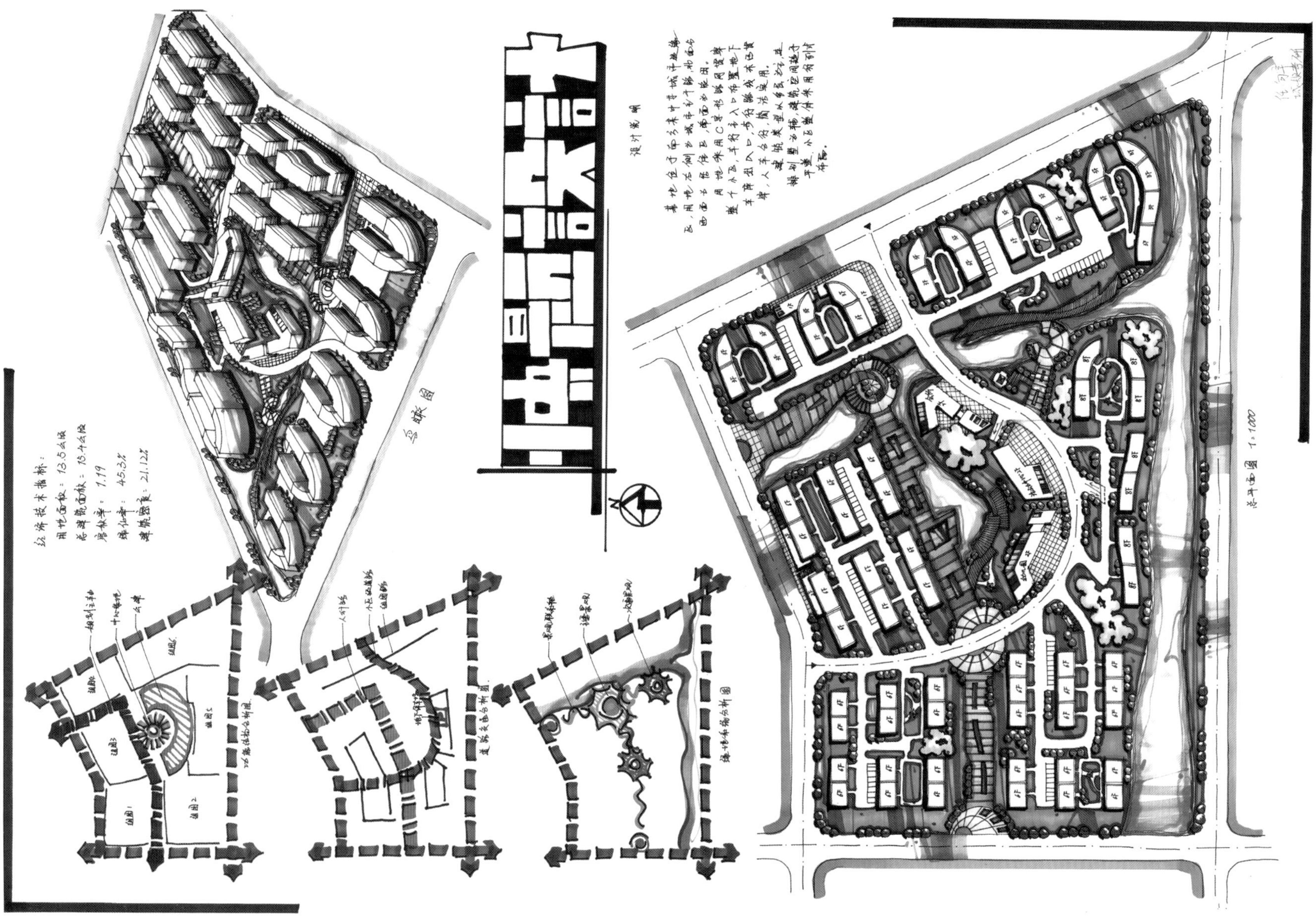

解答❻点评

优点：

（1）功能组团清晰，中心突出，建筑布局组织明快；

（2）人车分行设置清晰，地面和地下停车设置合理；

（3）滨水景观布置合理。

缺点：

（1）各组团景观需进一步细化和增强整体性联系；

（2）公共建筑与中心广场空间搭配性不强。

修改建议：

（1）增加组团景观种类和层次，建造一些小亭子、廊架以及儿童沙场等；

（2）调整公共建筑形态，使其主要开口朝向建筑北侧公共活动中心，设置广场铺装来连接建筑。

解答 7 点评

优点：

（1）各组团布局清晰，整体联系性强；

（2）道路交通网设计成熟，人行车行开口合理；

（3）景观空间布置层次丰富，基地东西侧联系紧密。

缺点：

滨水景观欠进一步深化考虑。

修改建议：

（1）引入基地内部的线状景观溪河上建造一些跨越溪河的景观平台，从而避免溪河对地块南北向的阻隔；

（2）南部公建所处的广场铺装上色与主轴线景观铺装上色统一，使该处的公共活动空间更为显眼和协调。

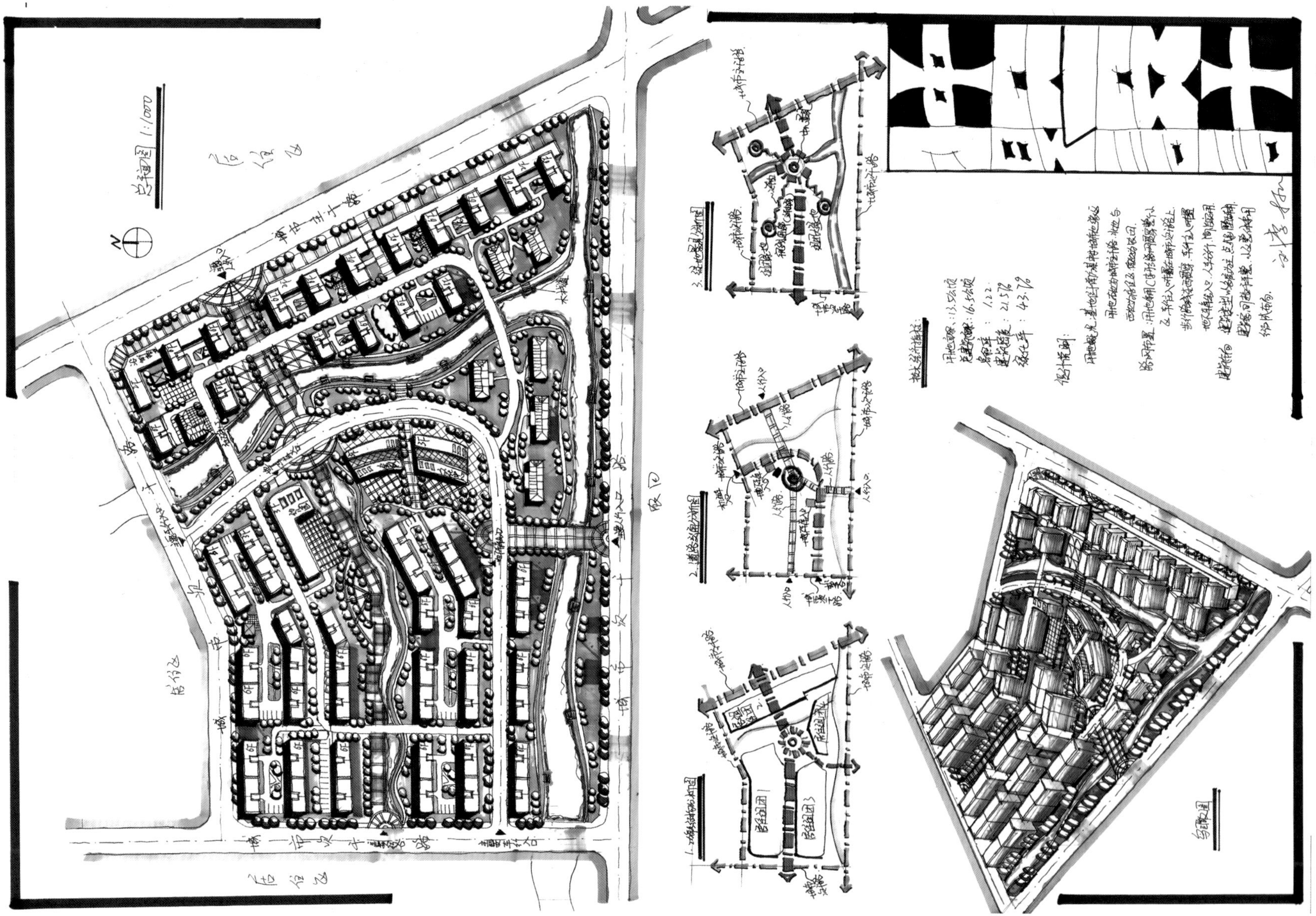

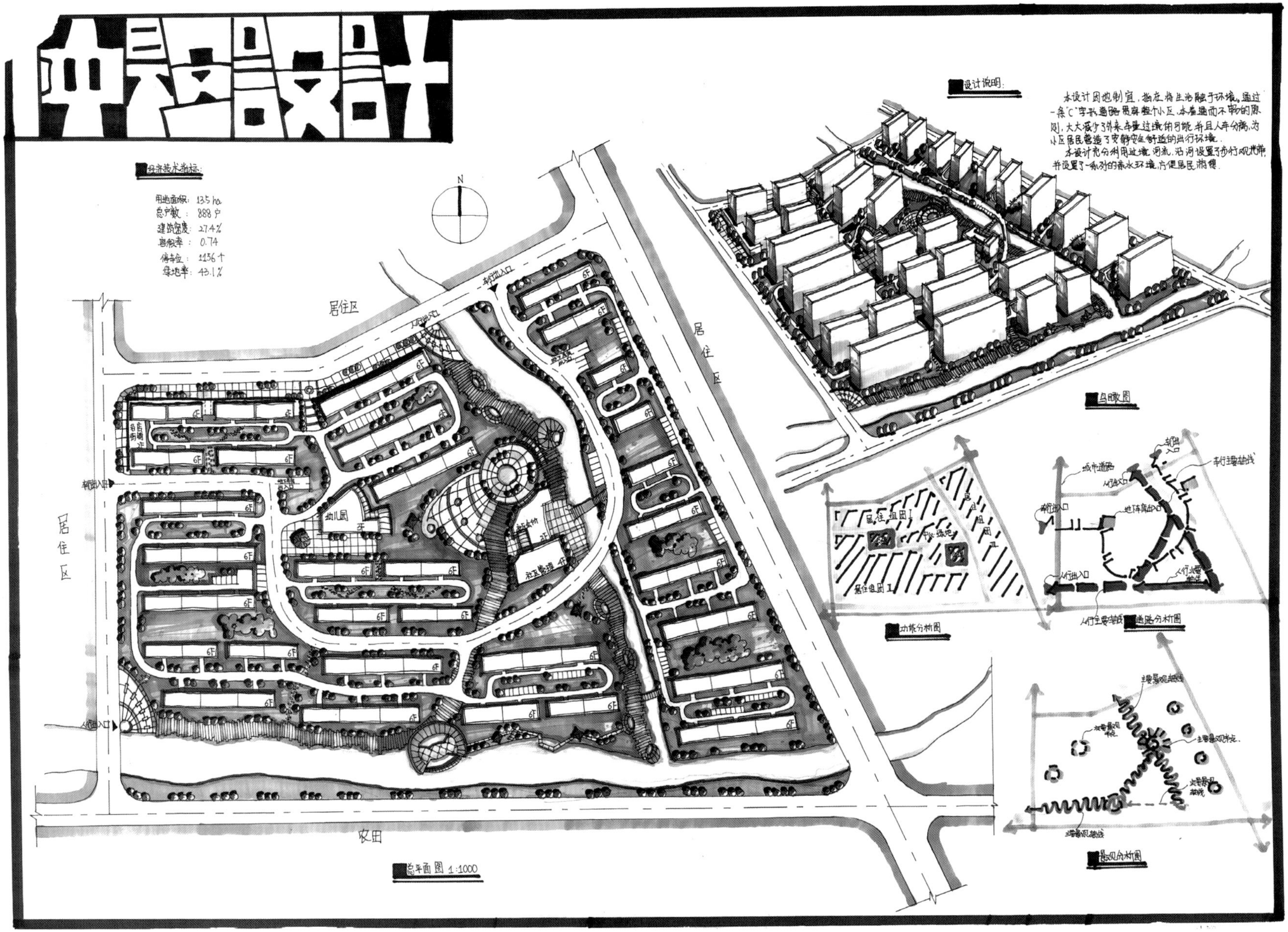

解答 8 点评

优点：

（1）组团明确，中心广场突出；

（2）滨水景观要素充分利用，沿河设置主要景观轴线和人行出入口，人车分行。

缺点：

（1）道路走线出现直角弯，小区主干道开口过多；

（2）基地内部人行可达性不强，特别是河东侧组团缺乏景观人行道，较为封闭。

修改建议：

（1）将小区主干道拉直，西侧车行入口往南移；

（2）组团中心绿地可添加一些辅装小广场和小品，基地需规划一条东西向的景观轴线。

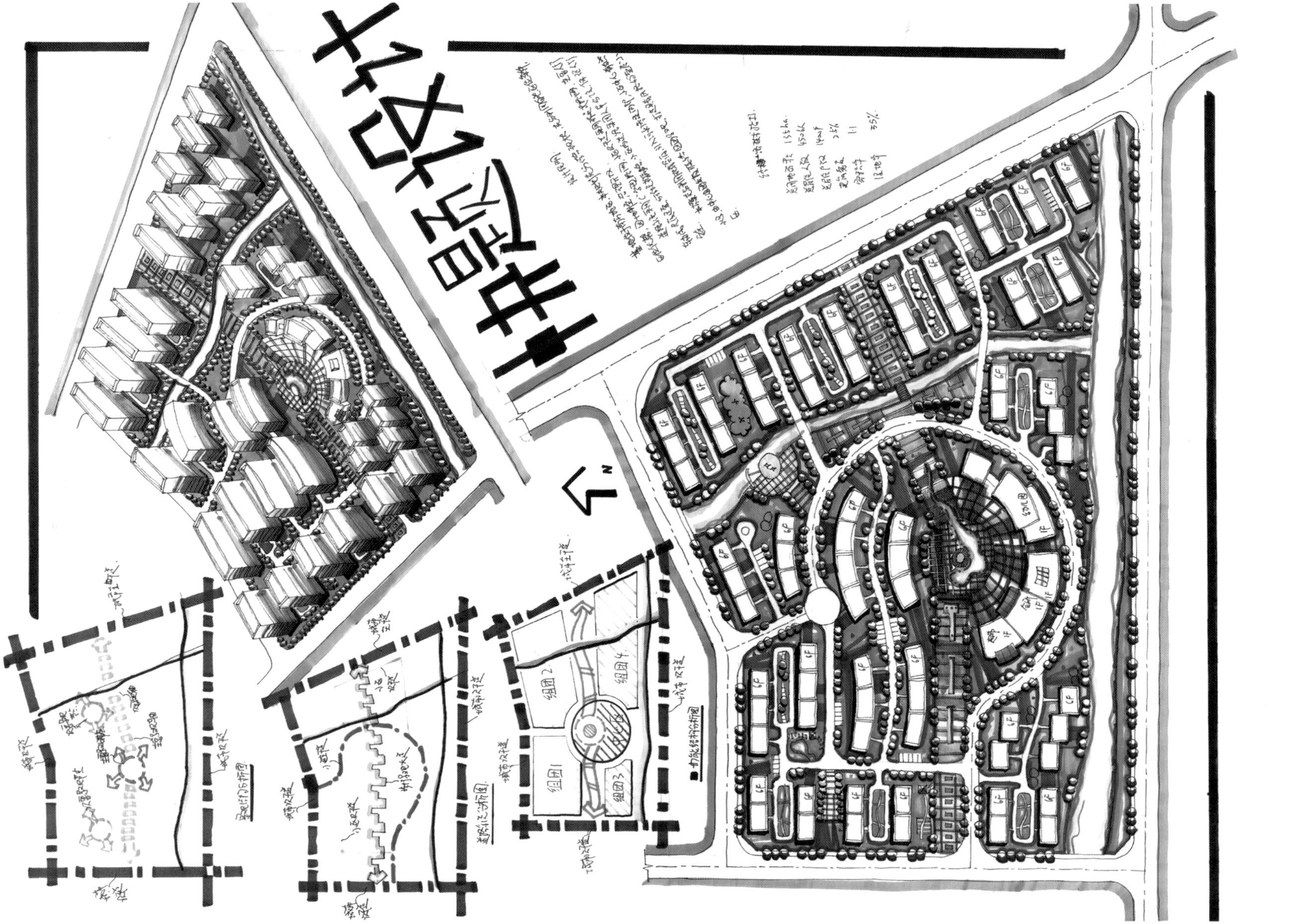

解答❾点评

优点:

(1)组团明确,中心广场空间突出,公共建筑组合围合感强;

(2)人车分行,出入开口合理;

(3)主景观轴线清晰。

缺点:

(1)道路层次不太清楚,基地中间部分道路重复;

(2)公共建筑停车未考虑。

修改建议:

(1)去除中心组团内与小区主干道重复的组团路,该组团路可采用尽头路+回车场的形式;

(2)在公建附近、主干路南侧边角空间处设置停车场;

(3)基地南侧设置滨水步道和亲水平台,增加亲水空间。

5.2.2 某市居民区详细规划设计

1. 基地概况

本项目基地位于泰和路和锦绣路交叉口的东北角，东、北边由莲花巷河和莲花河围合，由两个地块构成，规划设计范围总用地 14.79 公顷（见图），基地内有一条 5m 宽的小河通达莲花巷河和莲花河。

2. 规划设计目标

保留基地内 5m 宽的小河，营造一处具有水乡风格特点的居住、生活、娱乐、休闲、购物场所。

3. 规划设计要求

（1）地块建设指标：

①地块一的用地性质为商业、宾馆、娱乐等具有兼容性质的 C2/C3，用地面积为 1.2 公顷，建筑密度不大于 40%，建筑高度不大于 24m，绿地率不小于 25%，容积率不高于 2.0，建筑后退城市道路红线距离均应不低于 8m。

②地块二的用地性质为二类居住用地 R2，用地面积为 12.3 公顷，建筑密度不大于 25%，建筑高度不大于 36m，规划居住建筑的层数应为多层、中高层、高层适当搭配，中高层、高层居住建筑的建筑面积不得超过总居住建筑面积的 40%，绿地率不小于 30%，容积率不高于 2.2，建筑后退城市道路红线距离均应不低于 5m。多层居住建筑间距为 1 : 1.2，高层居住建筑间距为 24m ± 0.2H，H 为建筑高度。

（2）建设项目要求：

地块一的建设项目类型只要符合用地性质的要求即可，可自定项目。地块二中必须规划有 6 班幼儿园，用地面积 0.4 公顷，建筑面积 1800m^2；社区综合服务中心，用地面积 0.25 公顷，建筑面积 1500m^2。规划小区中心公共绿地不小于 1000m^2。

（3）其他设计要求：

C2/C3 类建筑的停车位配建指标为 0.3 车位 /100m^2 建筑面积，地块一中必须配建一处独立的公厕，建筑面积不小于 200m^2。地块二居住小区中必须配建垃圾收集点、门卫等生活、安全必需的设施。住宅的停车位配建指标为 1 位 / 户，其中地面停车位指标应不小于总配建停车位数量的 30%。图纸表达须达到修建性详细规划设计的深度，必须标注关键尺寸和必要的文字。

4. 设计成果要求

（1）图纸为规划结构、交通、景观等分析图，剖面图，鸟瞰图或局部节点效果图，比例自定；

（2）总平面图。比例为 1 : 1000，图幅为 1 号图纸；

（3）简要说明与主要经济技术指标。

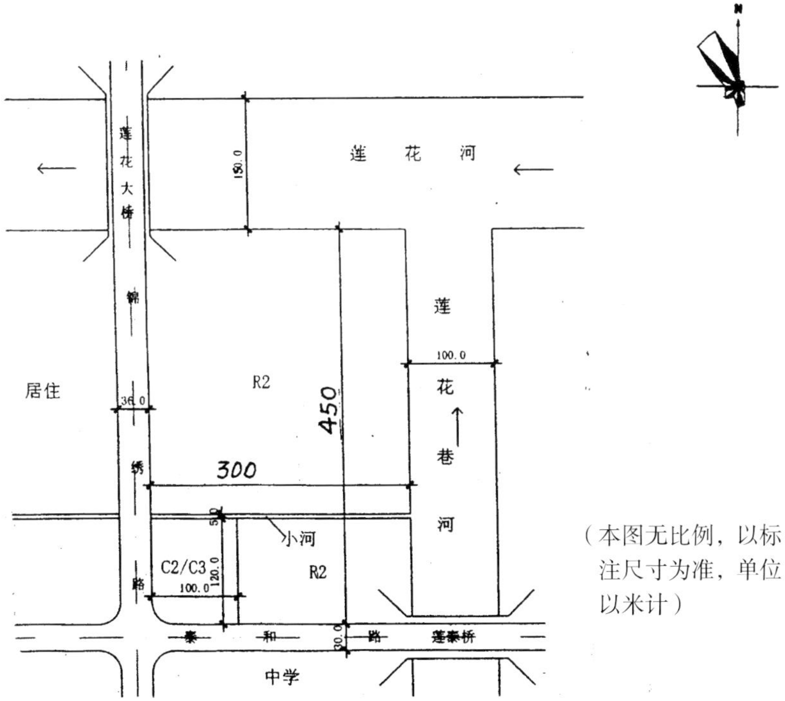

（本图无比例，以标注尺寸为准，单位以米计）

解答❶点评

优点:

(1)方案整体布局紧凑;

(2)居住组团分区明确。

缺点:

(1)南北向轴线不明确;

(2)中心绿地不够开敞,硬质铺装面积过大;

(3)缺少相应的地面停车。

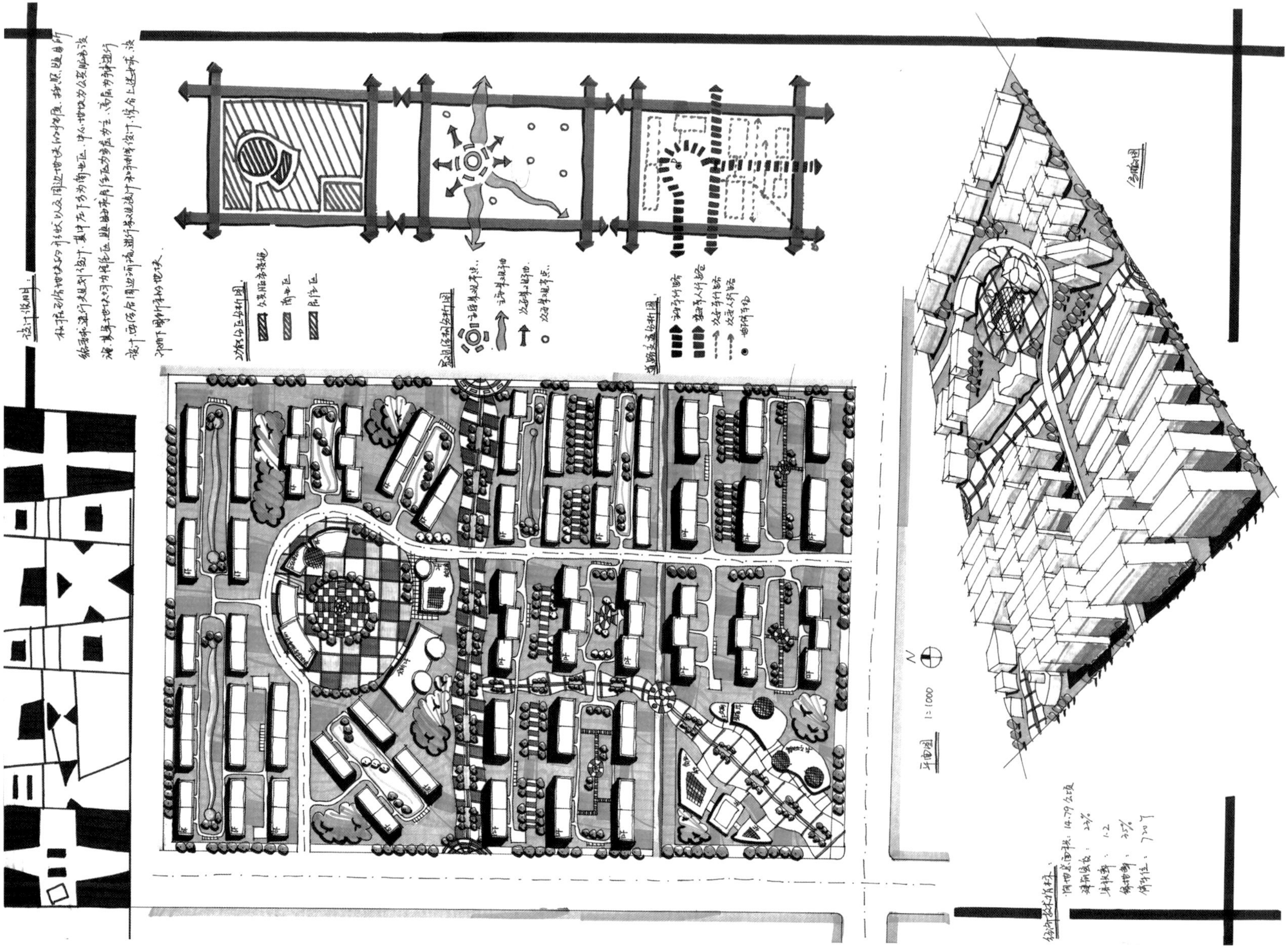

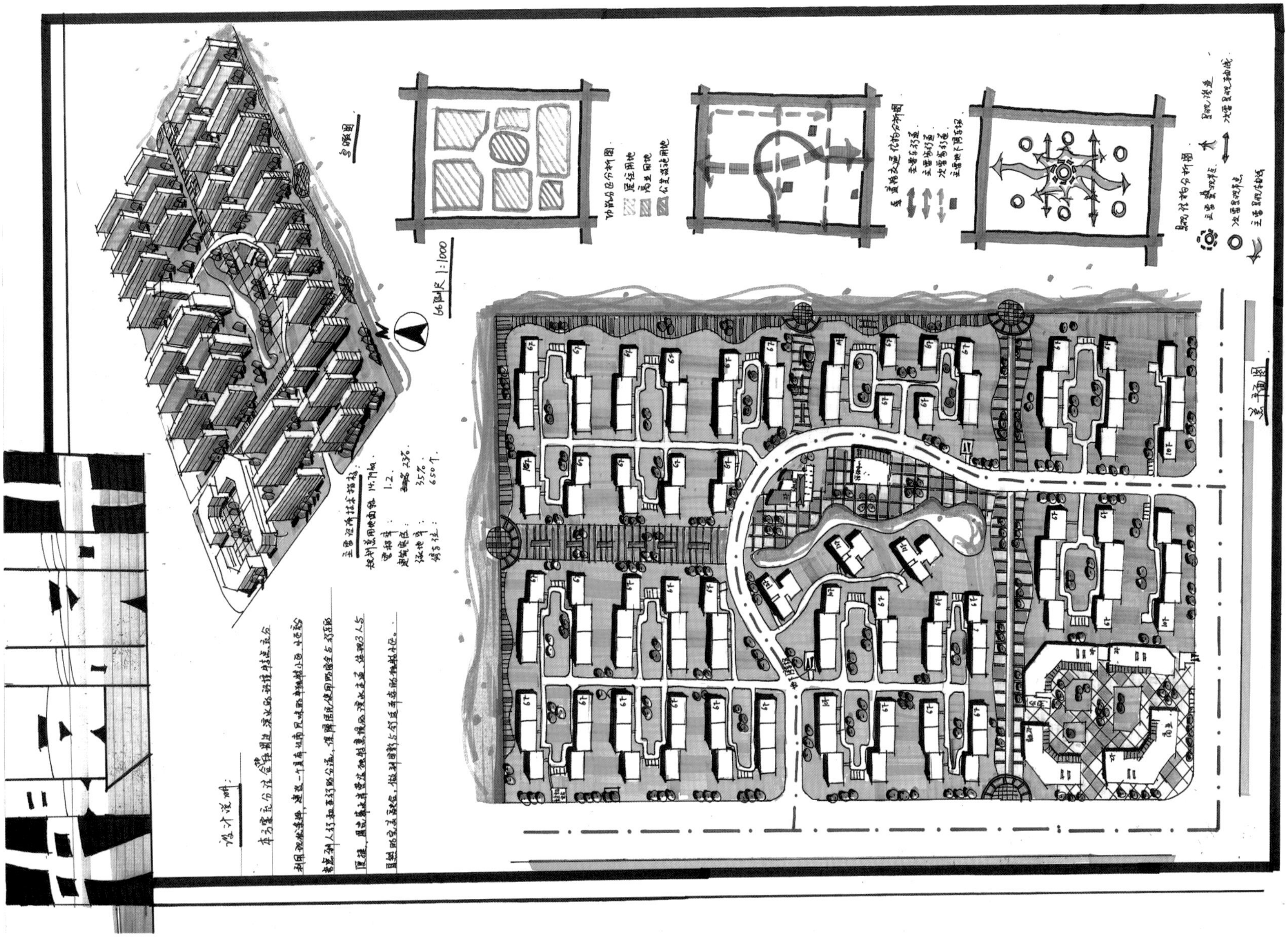

解答②点评

优点:

(1)方案结构清晰，布局合理紧凑；

(2)路网层级清晰，采用人车分离的道路系统，主要步行空间结合水系形成主要景观轴线；

(3)滨河步行道联系主要步行景观轴线，形成小区内部良好的步行景观系统。

缺点:

(1)幼托布置不宜过于开敞，考虑适当隔离；

(2)小区公建设施明显不足；

(3)西南角商业区建筑形态稍显单一。

解答③点评

优点：

（1）方案构思有一定特色，充分利用水系资源，营造水乡风格住区；

（2）景观空间层次丰富，重点突出；

（3）主、次轴线通过垂直轴线和半圆弧形式的表达有一定的创新性；

（4）图面表达完整、清晰。

缺点：

（1）住区建筑整体布局过于零碎，商业区建筑布置略显粗糙；

（2）路网面积所占比例偏高；

（3）滨水景观利用不足。

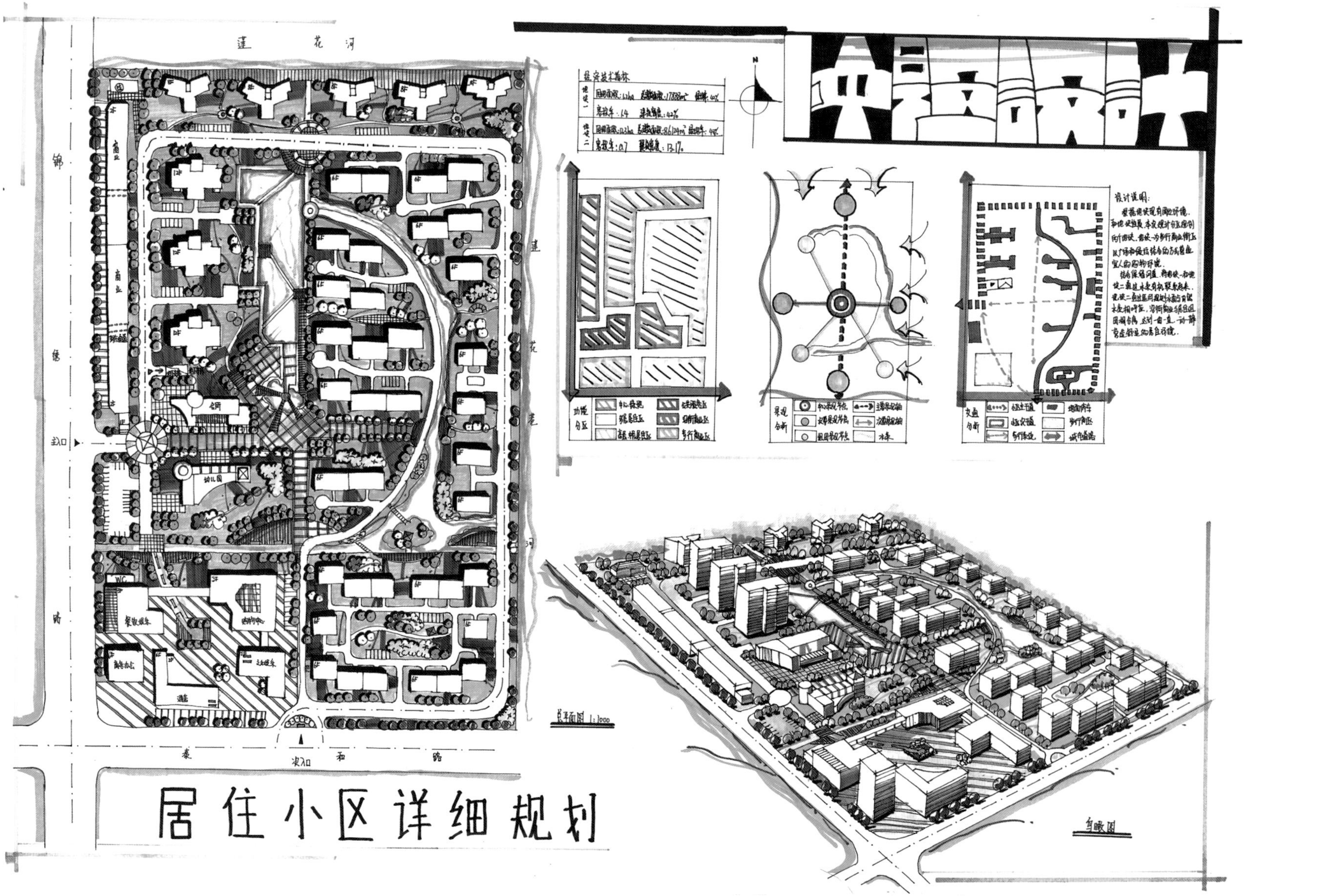

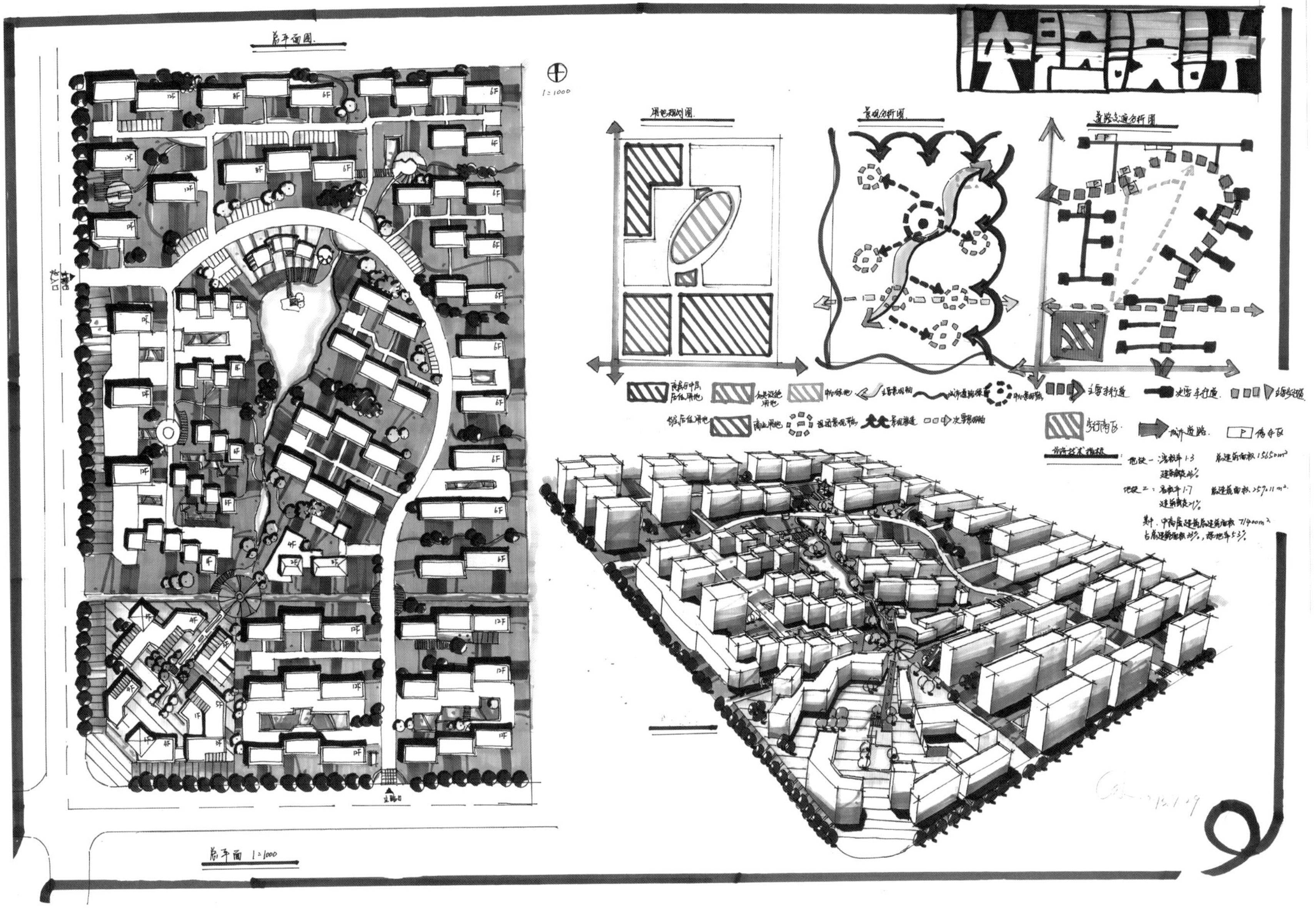

解答4点评

优点：

（1）规划整体结构清晰，通过主要道路及轴线划分的各居住组团分区明确；

（2）路网组织合理，层级清晰，利于人车分流；

（3）建筑整体布局灵活多变，形态丰富；

（4）图面整体表达效果好。

缺点：

（1）中心水体面积偏大，小区级公共活动场地过小；

（2）幼儿园用地未区分硬质铺装活动场地和绿化面积。

5.2.3 城市住宅区规划设计

（关键字：保留古树、东侧河道，西侧主干道，南侧公园）

1. 基地概况

中南地区某大城市拟新建一处城市住宅区，占地面积为 117000m^2，现要求进行小区规划方案设计。

小区用地地势平坦，拟拆除全部现存零星建筑。小区西侧有 60m 宽的城市主干道，南侧为 45m 宽的城市道路，北侧为 18m 宽的道路及居住区，东侧有 50m 宽的河道。小区基地内有两棵古树需要保留。

2. 规划要求

（1）小区以多层住宅为主，适当安排高层和小高层建筑；

（2）小区内主要配套公建为托儿所一处、文化活动中心一处、集中菜市场一处，其余公建及市政设施按规划要求布置，不配置小学；

（3）小区内的机动车停车位按总户数的 35% 考虑，自行车停车位按每户 1.5 辆安排；

（4）小区的经济技术指标要求：人口毛密度不小于 400 人 / 公顷，总平均容积率为 1.2，平均每户建筑面积为 100m^2，每户按 3.5 人计算。

3. 成果要求

（1）小区规划总平面图 1：1000（标注主要公建和设施的名称及建筑层数）；

（2）规划构思图；

（3）小区中心放大平面图；

（4）表达设计意图的表现图；

（5）简要说明文字（200 字），应包括主要经济技术指标（总人口、总户数、人口毛密度、平均容积率、绿地率及小区用地平衡表）。

供设计选用的住宅户型

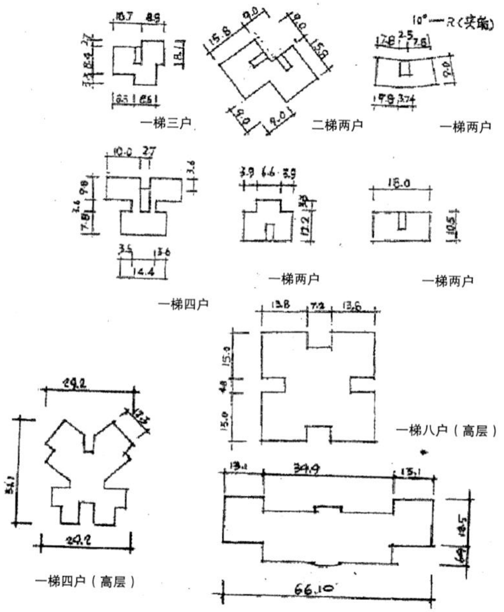

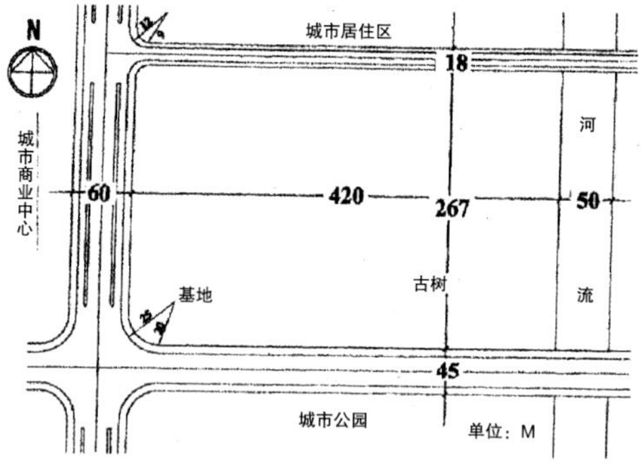

4. 时间要求

设计时间为 6 小时。

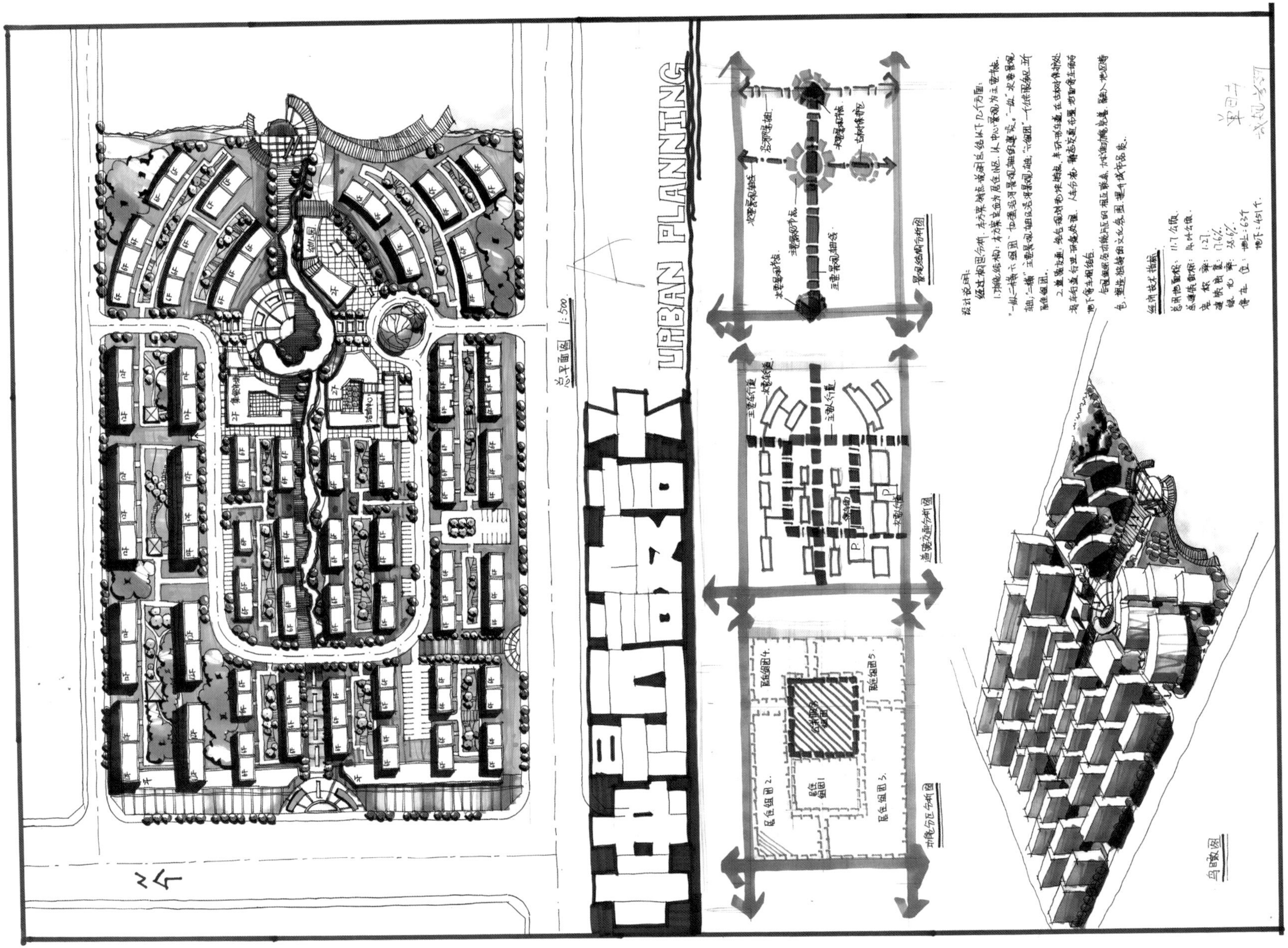

解答❶点评

优点：

（1）组团布局合理，公共活动中心突出，公共建筑围合感强；

（2）道路交通规划清晰，人车分行，车行流线舒畅，人行空间富有层次；

（3）滨水景观设计层次丰富，引水进入中心广场造景，滨水设置广场栈道等景观小品；

（4）东侧弧形交错和扇贝状的建筑组团，既有利于住宅对水面的良好朝向，也有利于中心广场的向心性，值得借鉴。

缺点：

（1）主干道 90° 转弯过多，应考虑转弯半径；

（2）南北向人行轴线缺乏。

修改建议：

（1）地块北侧主干道 90° 转弯处应增大转弯半径，或设置跟南面一样的环岛形式；

（2）可将地块西南角的景观轴线继续向北延伸，在与东西主轴线交叉处设计一个小广场，从而增加小区公共活动空间的层次性。

解答❷点评

优点：

（1）功能组团清晰，中心突出，公共建筑搭配协调；

（2）人车分行，出入口设置合理，交通组织层次分明；

（3）景观轴线充分考虑内外因素影响，沿河点式高层有利于水景渗透，各组团绿地各具特色。

缺点：

（1）会所、幼儿园等公建附近应设置一些停车位；

（2）考虑到南部毗邻城市公园，南侧人行入口空间需强化。

修改建议：

（1）南侧入口空间可通过设置人行入口小广场来突出；

（2）滨河景观空间可通过建设亲水步道，小广场等方式进一步多层次细化。

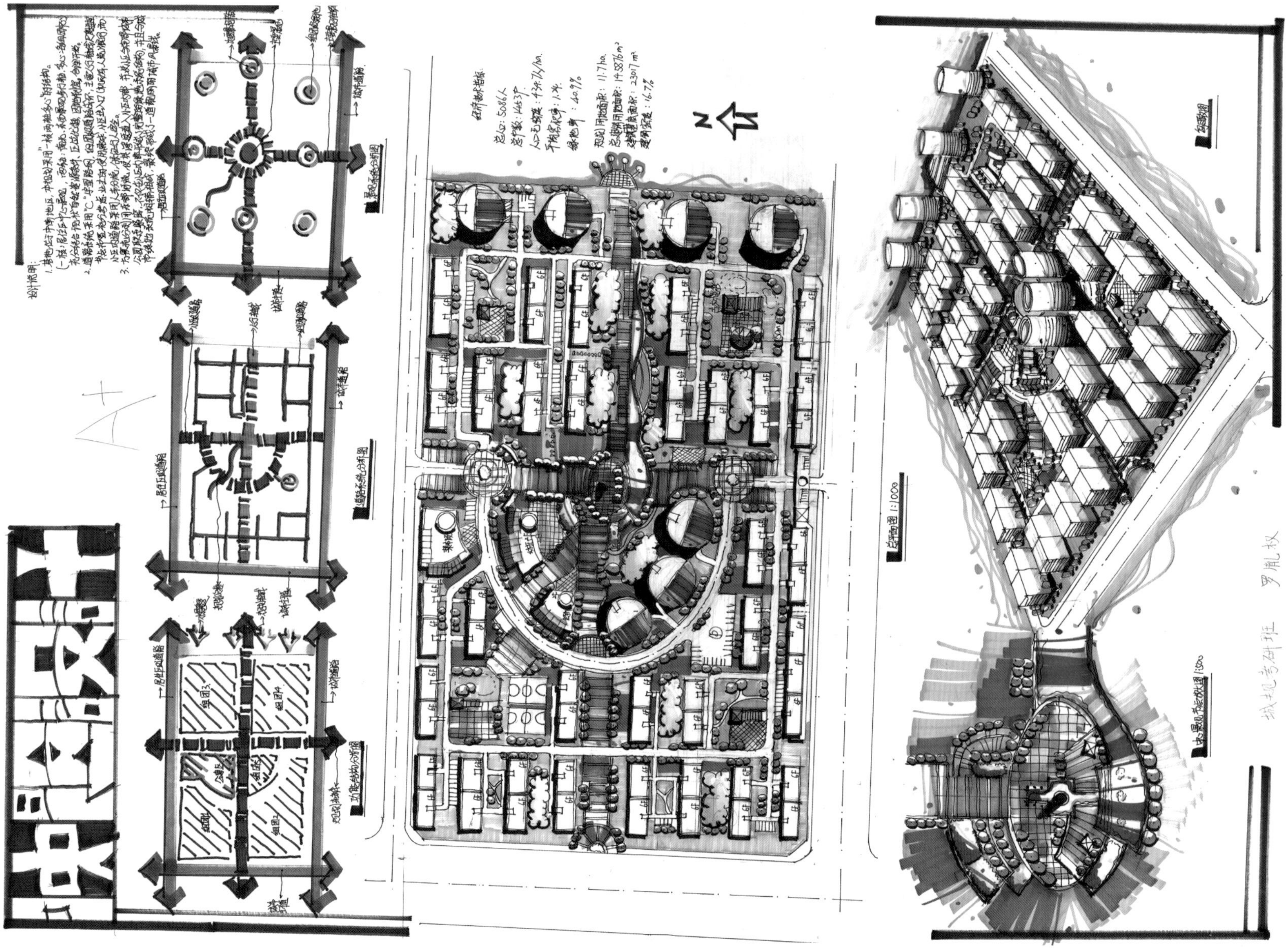

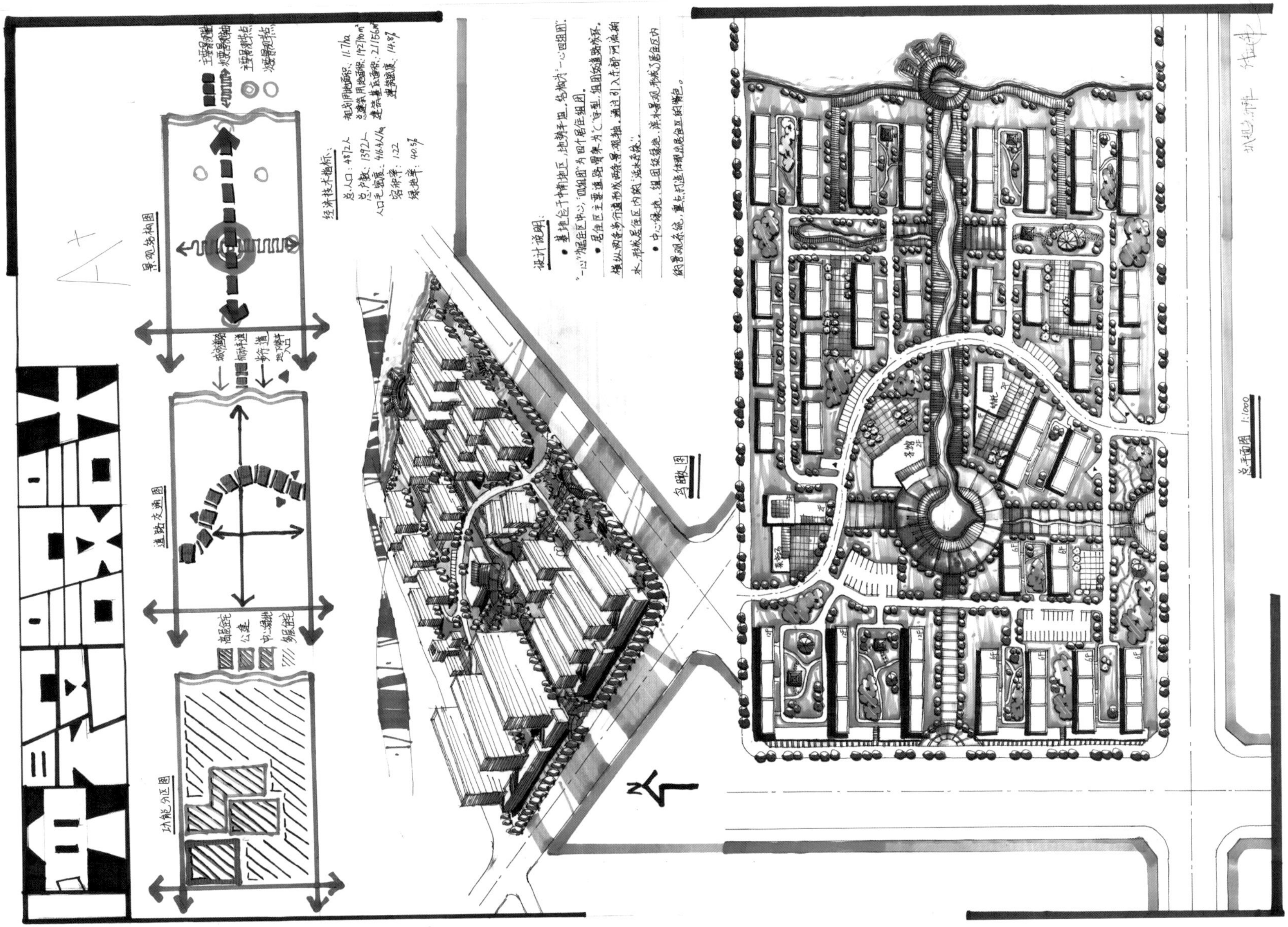

解答3点评

优点:

(1)组团清晰，功能布置合理;

(2)人车分行，道路等级分明，出入口设置合理;

(3)滨水景观设计颇具匠心。

缺点:

(1)中心广场尺度偏大，公共建筑围合感不强;

(2)景观横向主轴线用水过多，阻隔基地南北通畅;

(3)停车位设置西侧集中过多，东侧严重不足。

修改建议:

(1)调整菜市场建筑，在菜市场处设置居住区北侧人行入口广场，并与南北轴线联系;

(2)沿着景观主轴线，在基地东侧中心地块设置一个次中心活动广场(建议以小型的圆形广场为突出)，增加主轴线的空间层次感，同时有助于联系基地南北;

(3)考虑在东侧南北两大组团结合组团绿地设置停车场。

解答 4 点评

优点:

(1) 组团布局合理, 主要轴线清晰;

(2) 人车分流, 出入口设置合理;

(3) 位于小区主干道内环路内的中心公共活动空间, 功能突出, 有益于与各居住组团空间进行良好的分区和联系;

(4) 设置滨水广场和步道等景观, 滨河空间处理得当。

缺点:

(1) 内环小区主干道开口过多, 道路等级层次不明确;

(2) 公共中心铺装广场面积过小, 公共建筑尺度过小, 围合度不高, 缺乏凝聚力;

(3) 西侧商业裙房过长, 超过 150m 注意留消防安全通道。

修改建议:

(1) 合并主干道上不必要的开口, 以 "小区主干道—组团路—宅间路" 次序安排车行路。此方案为典型的 "四菜一汤" 布局, 因此小区主干道的开口可以调整为只有四个;

(2) 公共中心将广场结合水面布置, 减少水域面积, 增加可达性; 设置较大集中空间的铺装广场 + 水面景观, 同时与各个轴线连接;

(3) 集中菜市场配套设置广场空间, 并可规划人行轴线联系北侧, 可与北部另一居住区呼应, 共享公共资源。

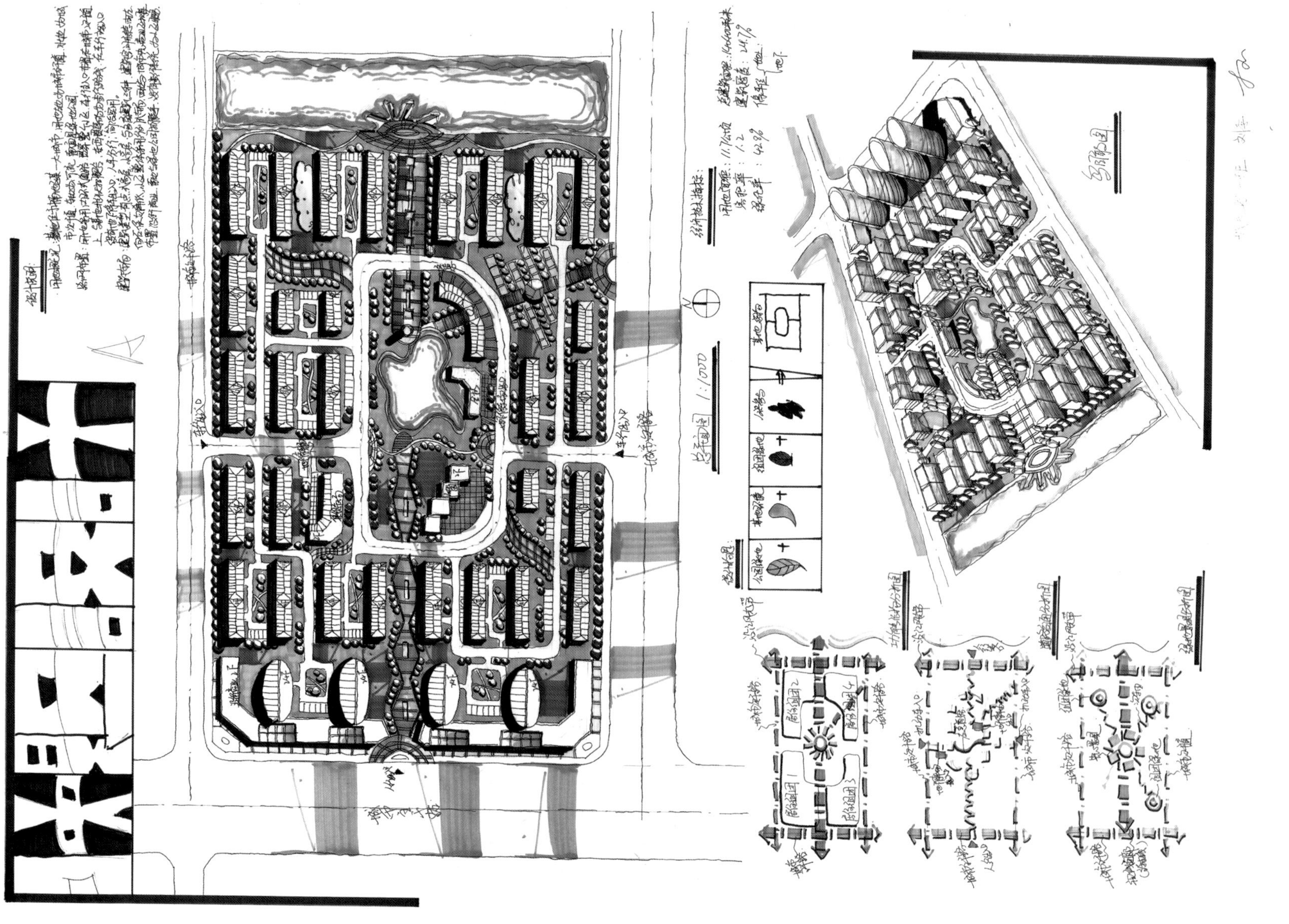

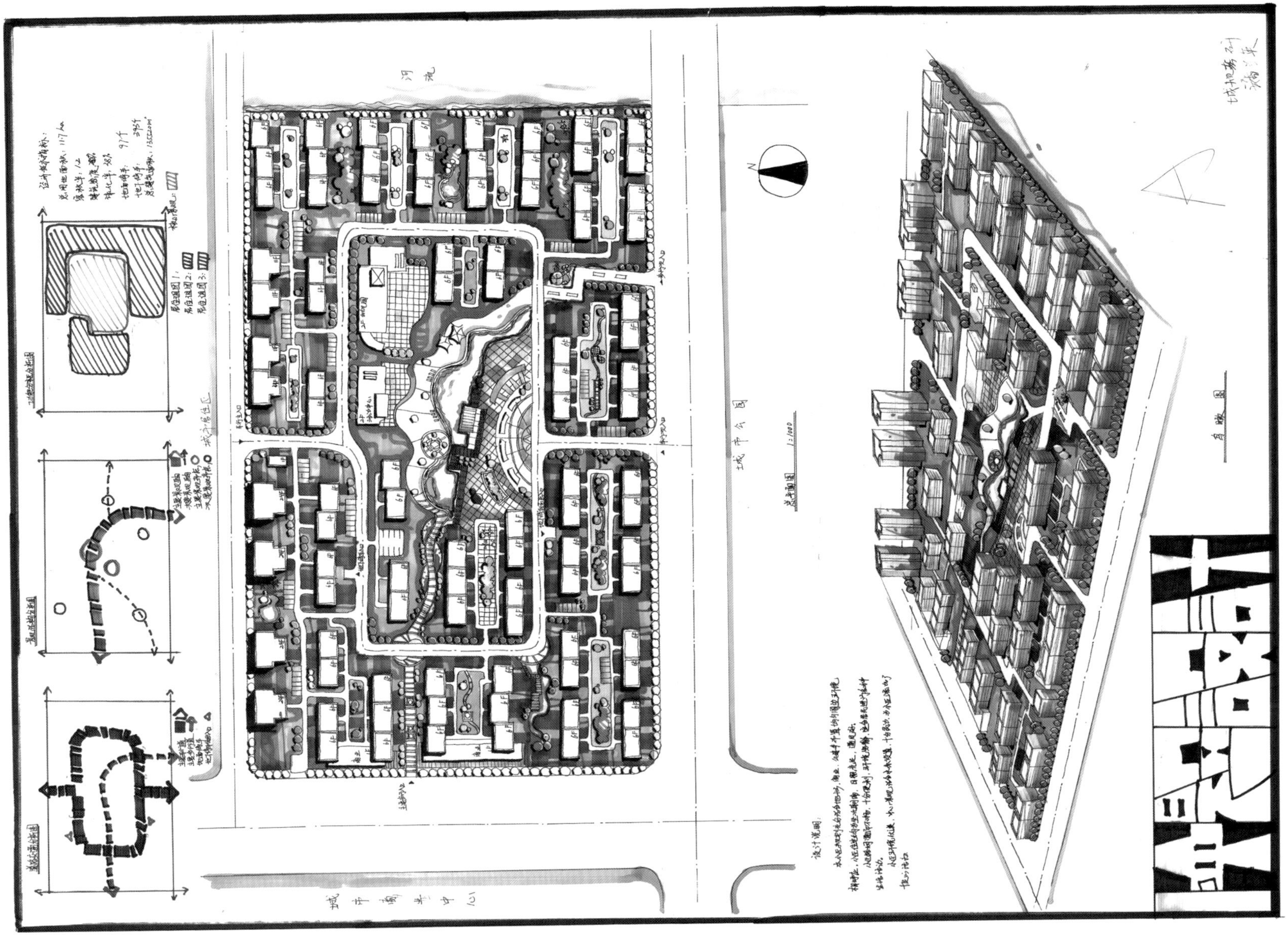

解答5点评

优点：

（1）道路等级清晰，中心广场突出；

（2）功能分区明确，住宅组团感强；

（3）北侧设置高层建筑有助于合理提高住区容积率。

缺点：

（1）人行出入口不明显；

（2）景观主轴线过于简单，未考虑沿河开放空间，缺乏水景渗透；

（3）中心广场偏大，缺乏与公共建筑的联系，公共建筑停车位设置不足；

（4）缺少集中的菜市场。

修改建议：

（1）人行出入口处通过设置小广场来突出，南侧人行入口增添铺装并上色与外部城市道路区分开；

（2）主轴线步行空间拓宽，扩大西侧与小区主干道交叉的广场，从而突出该处节点；

（3）中心广场主要铺装空间往北移，与公共建筑结合；

（4）中心水景观与外部河流连接，并结合水道设置由中心广场向河流延伸的景观轴。

解答❻点评

优点：

(1)组团明确，中心突出，人车分流，出入口设置合理；

(2)考虑到城市公园的人流量，在基地南侧设置了沿街商铺和带状步行广场；

(3)景观空间类型多样，滨水空间充足，沿河开放利于水景渗透。

缺点：

(1)内环道路过小，导致开口过多，道路等级复杂；

(2)部分景观轴线零散断断续续，且基地南侧轴线未深入小区内部；

(3)主轴线广场铺装过多。

修改建议：

(1)合并小区主干道内环上不必要的开口，西南居住组团开口可以同集中停车场合并；

(2)在主轴线上设置一些树木和草地景观，避免图面太空；

(3)增加中心广场铺装面积，扩大活动空间，另可开辟东南角往中心广场的次斜轴；

(4)将幼儿园和菜市场位置调换，菜市场布置于中心组团北部，有利于联系北部外部居住区。

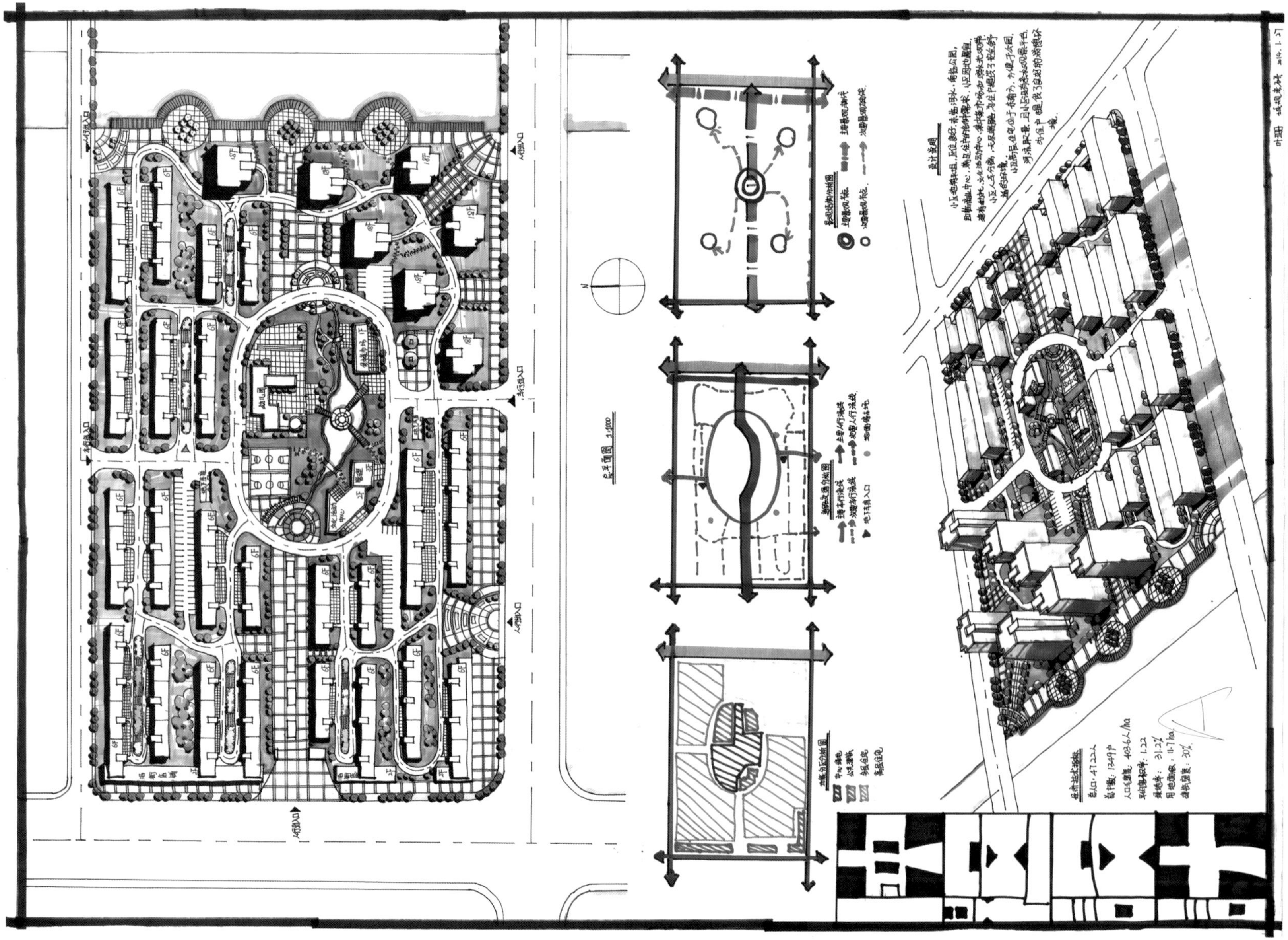

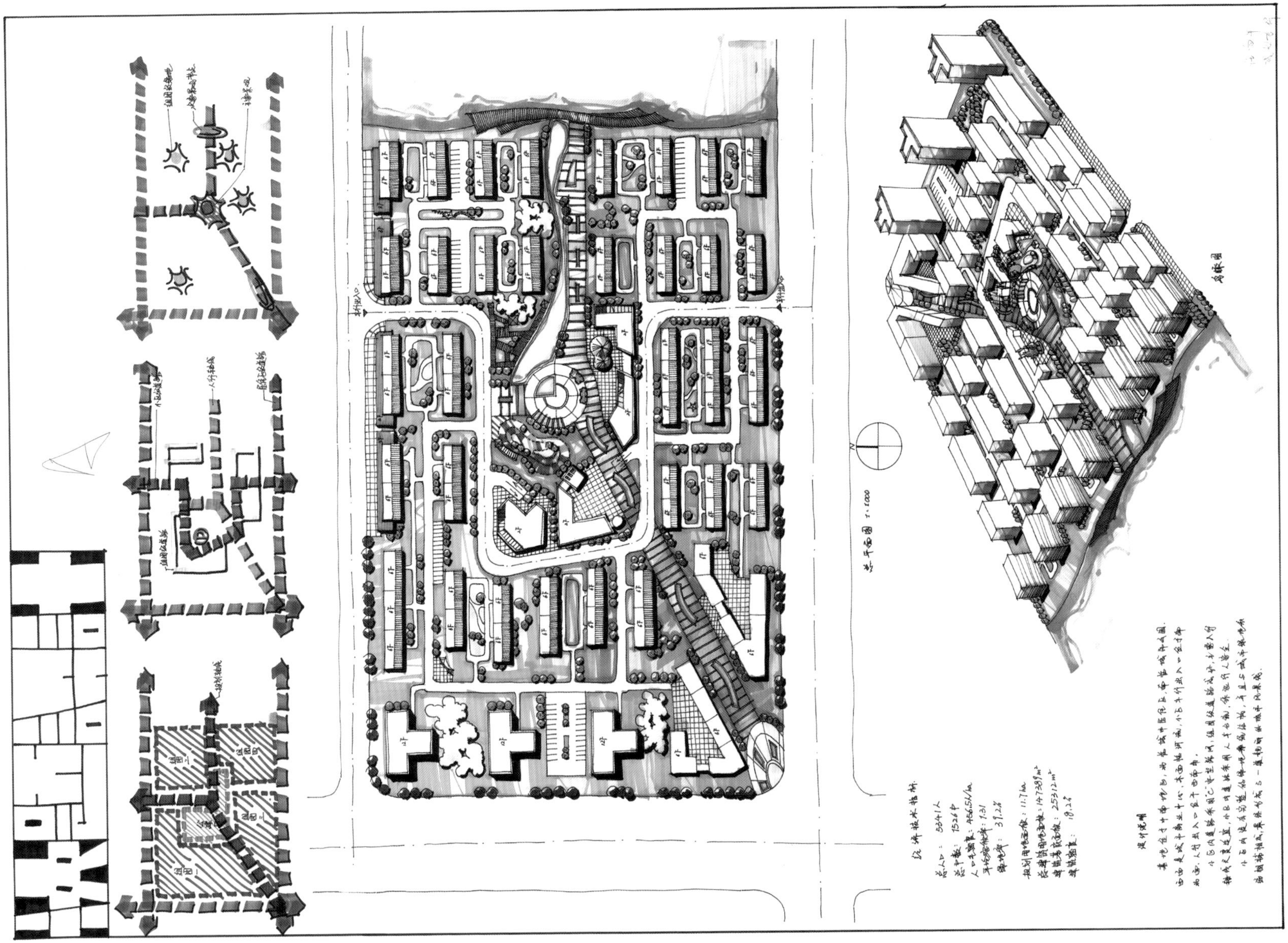

解答 7 点评

优点：

（1）形成了较明显的组团，公共活动中心突出；

（2）景观层次丰富，中心广场尺度宜人。

缺点：

（1）小区规划主轴线生硬，缺乏南北向连接；

（2）西南侧人行主入口设置不合理，且部分“底商上住”商住住宅建筑车行交通不便；

（3）未标明公建名称，部分公建配套地面停车不足。

修改建议：

（1）在西南侧人行入口附近可结合商业裙房设置一个小型的广场，增加主轴线空间层次；

（2）提高连接西南侧两个商住组团的车行道路等级，保证组团路覆盖，并配置适量的停车设施；

（3）基地北侧可通过设置连接各组团的景观副轴，从而开拓从西南角往中心广场的另一条人行景观途径。

5.2.4 江南某城市居住小区规划设计

1. 规划任务与条件

长江三角洲某大城市中心地区拟建设一城市住宅小区，基地总用地面积约为 11.3 公顷。北侧为城市主要景观大道，其他为城市支路；基地外围西侧为商住用地，西南为公园水面，南侧为海拔 60m 的城市山体公园（远期规划为高尔夫球场），北侧为商务办公区，其他为已建成住宅小区。景观大道上设有公交站点，未来在基地北侧有地铁经过并设有地铁站，地铁站的位置未定，考生应结合自己的规划方案，提出地铁站适合建设位置。另外，基地内有现状鱼塘、古井和密林（详见附图）。

2. 规划设计条件

（1）住宅建筑以多层为主，可适当的考虑高层；

（2）住宅层高 2.8m，户型以 $90m^2$ 为主；

（3） 容积率 1.0，绿地率大于 35%，日照间距不小于 1：1.2，建筑高度不大于 35m；

（4）建筑后退主干道红线不小于 8m。后退支路红线不小于 5m；

（5）小区住宅需按每户 0.8 配置小车停车位，1/4 以上的停车位设在地面；

（6）按照小区特点配置基本公共设施（应设置幼托设施）。

3. 规划设计要求

（1）应充分协调基地周边环境；

（2）有机组织小区的内部空间结构；

（3）充分尊重基地现状地形环境，营造富有特色的现代中高档小区。

4. 规划设计成果要求

（1）总平面图 1：1000；

（2）规划构思与分析图若干；

（3）总体鸟瞰图；

（4）主要技术经济指标；

（5）简要设计说明（应以体现设计者的构思和方案特点为宜）；

（6）图纸表现方式不限。

5. 规划设计时间

6 小时。

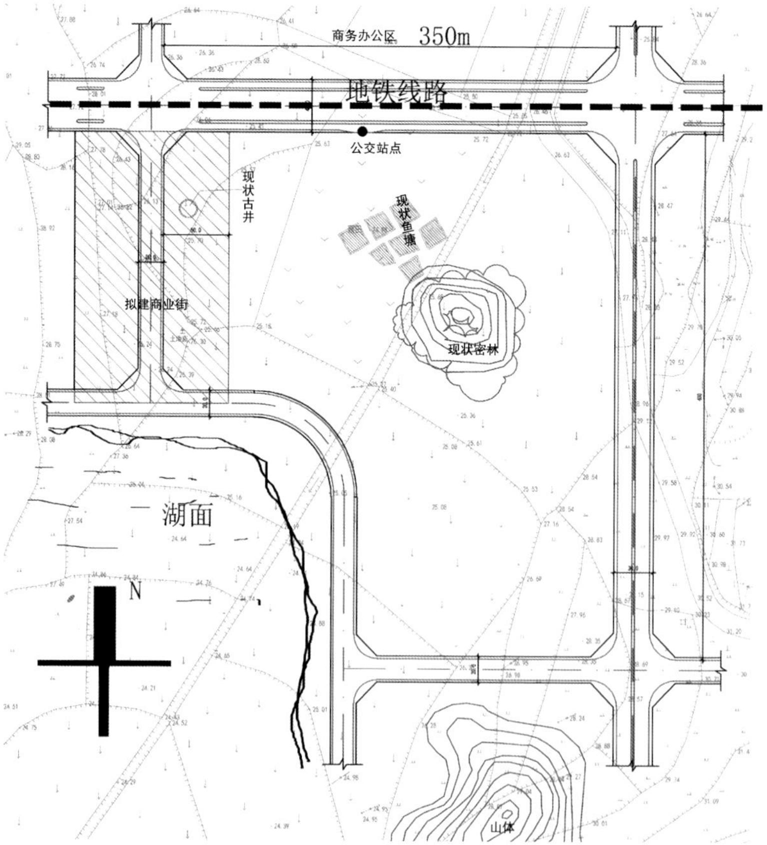

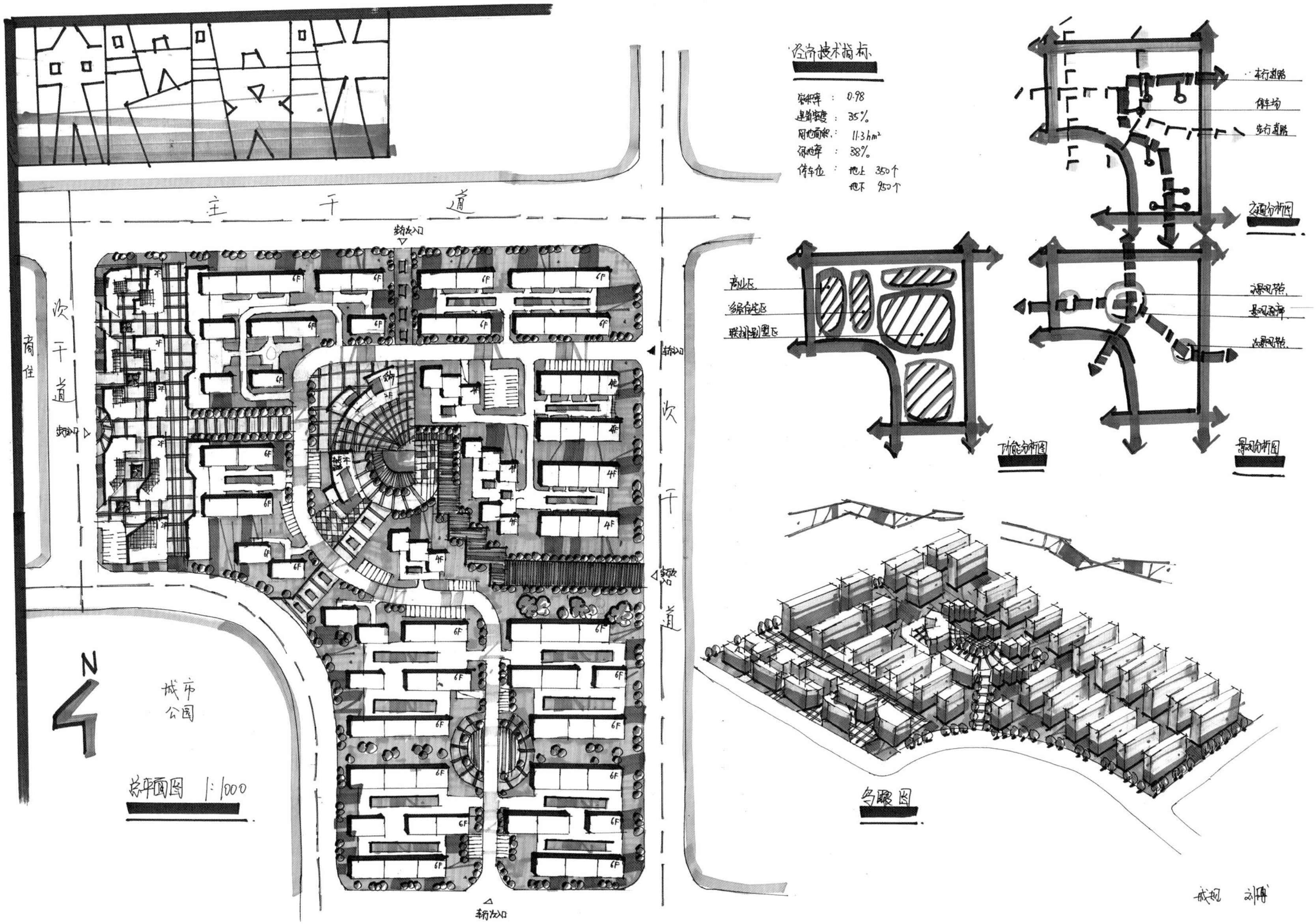

解答 1 点评

优点:

(1) 方案整体感强，布局合理，结构清晰;

(2) 设计手法较为灵活，使得各组团具有较强识别性。

缺点:

(1) 二级路网有待梳理;

(2) 公共活动中心绿化面积不足。

解答2点评

优点:

(1)结构清晰，总体布局合理;

(2)利用小区公建结合中心绿地方式，形成核心公共空间。

缺点:

(1)主要步行轴线均被小区主路穿越，轴线较为生硬;

(2)小区道路系统有待完善;

(3)中心组团建筑布局零散。

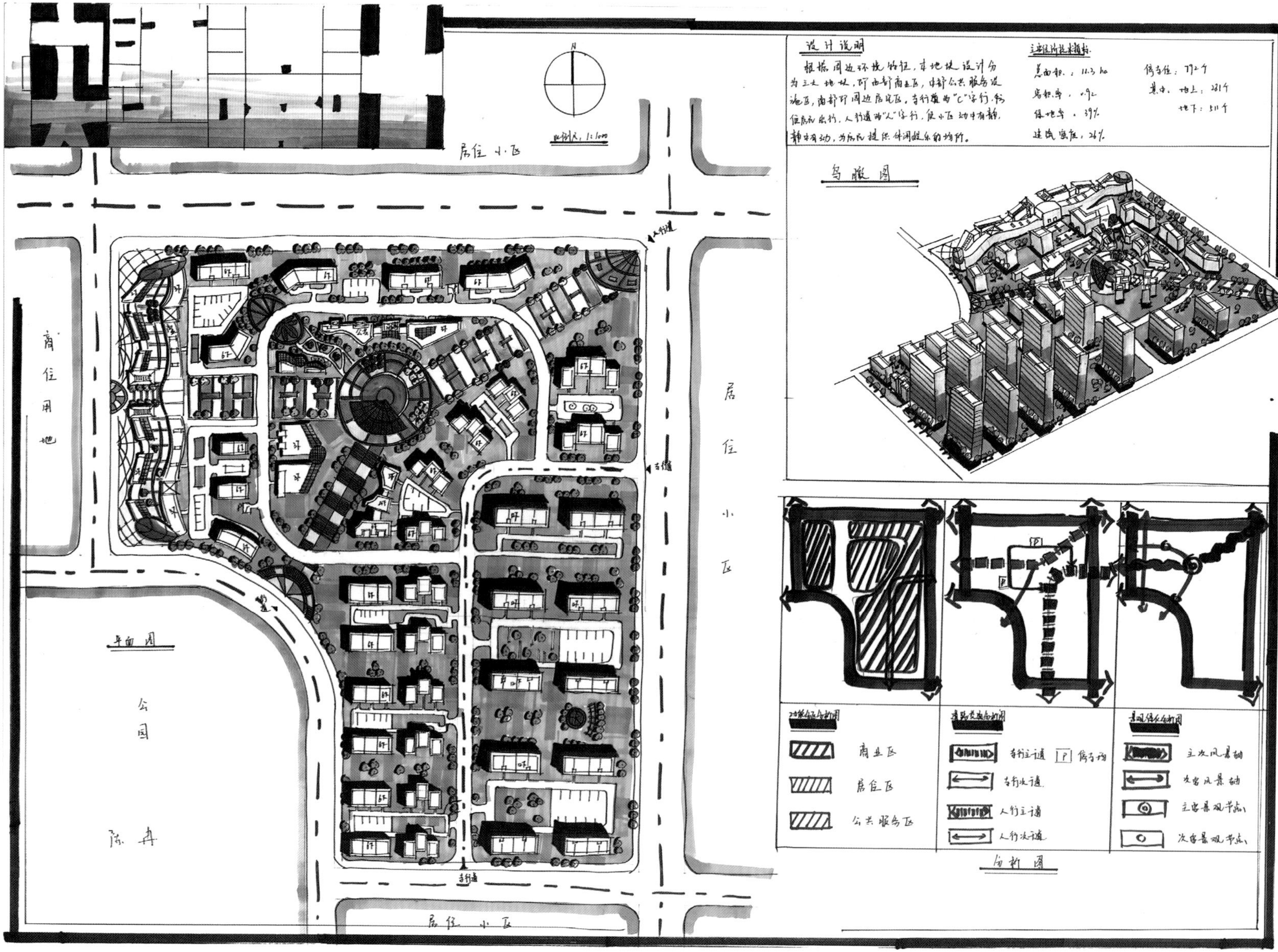

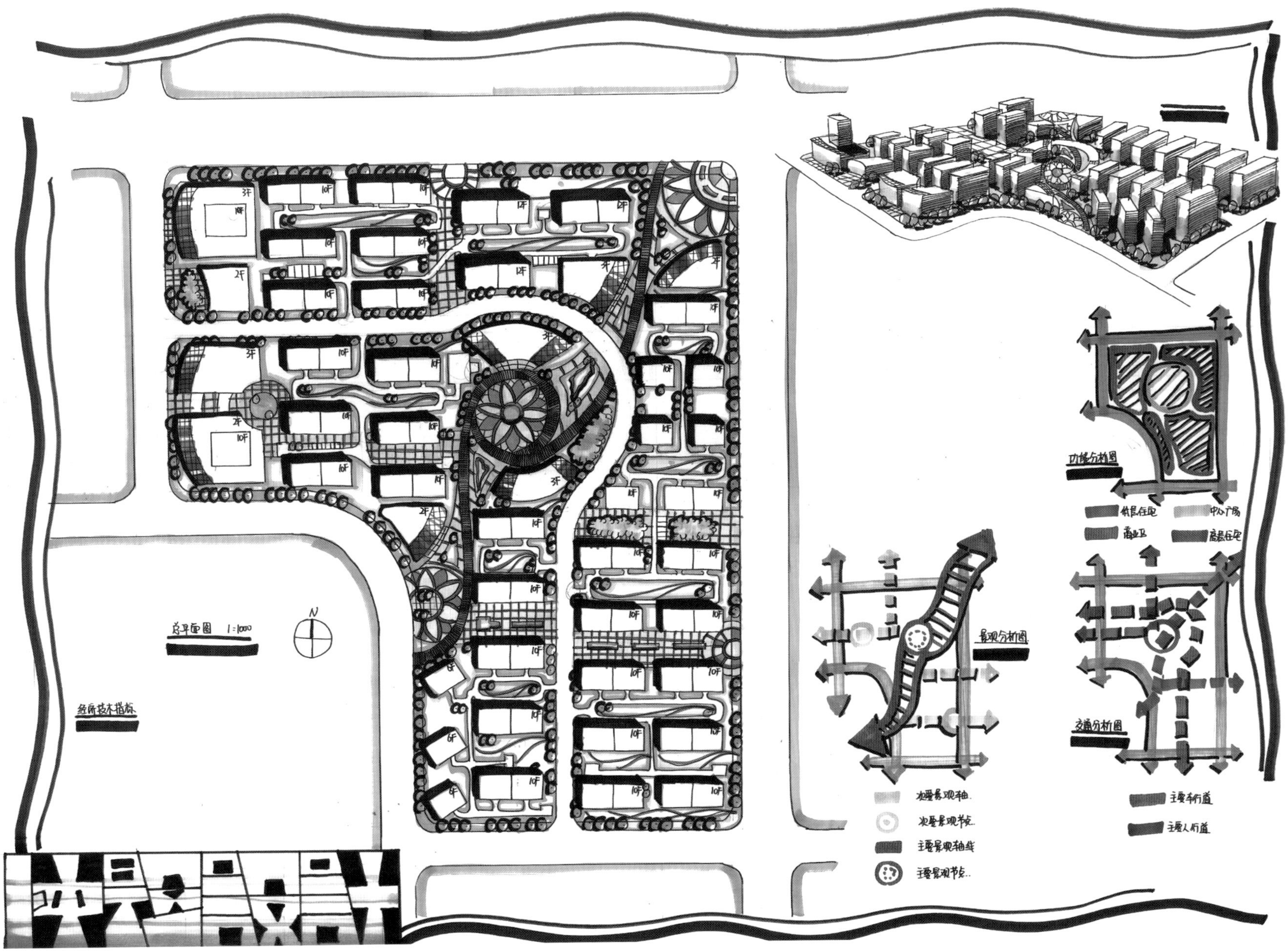

解答❸点评

优点:

（1）功能分区合理，结构清晰；

（2）利用周边公园的景观资源，形成极具特色的步行景观轴线。

缺点:

（1）缺少组团级公共绿化；

（2）地面停车明显不足，缺少地下停车出入口的表达；

（3）大量采用双拼住宅不经济；

（4）公建设置未满足相关规范要求。

解答❹点评

优点：

（1）平面布局基本满足要求；

（2）组团结构清晰。

缺点：

（1）居住建筑组织略显呆板，缺少变化；

（2）道路表达不规范；

（3）步行景观系统不连续。

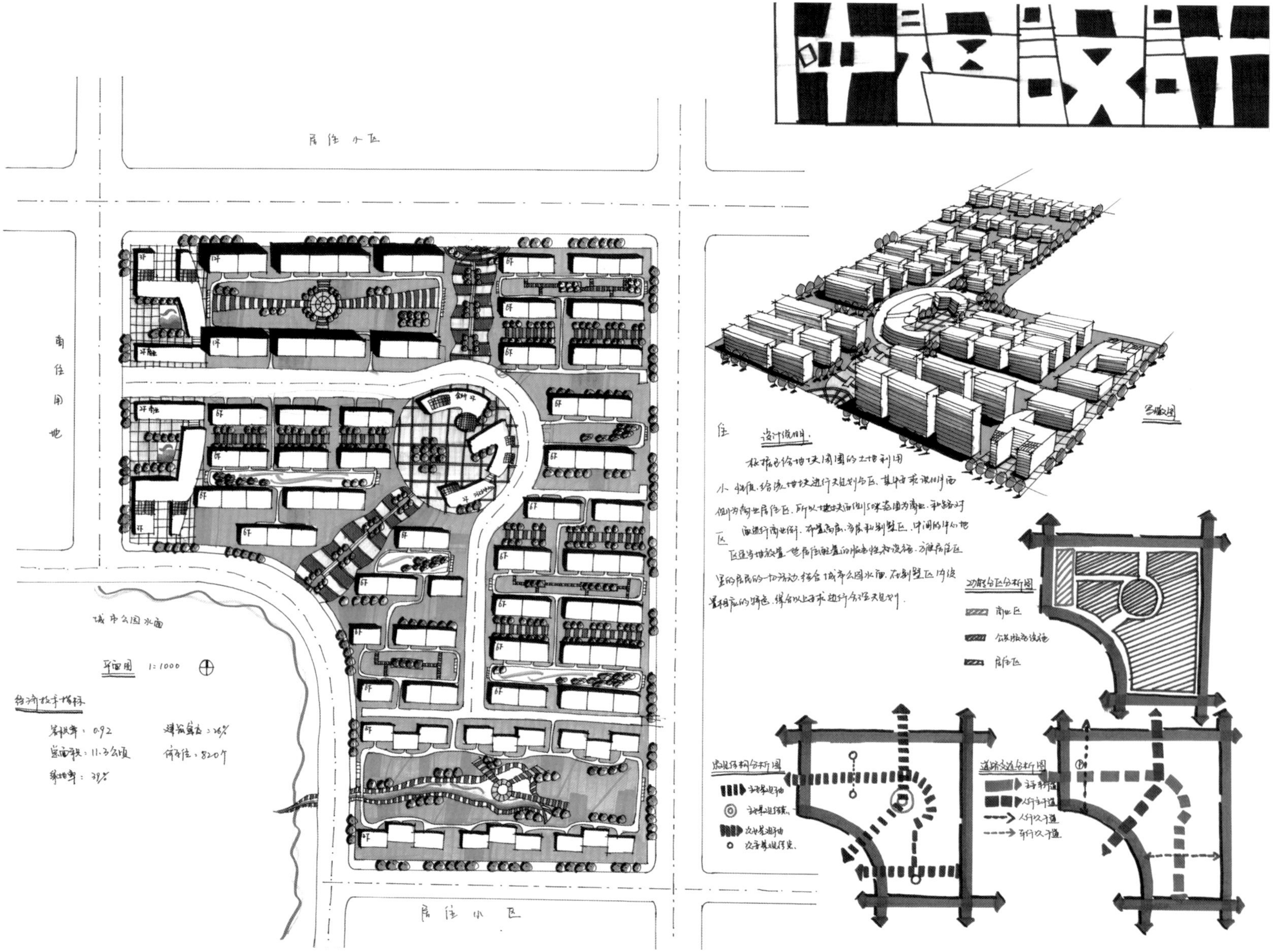

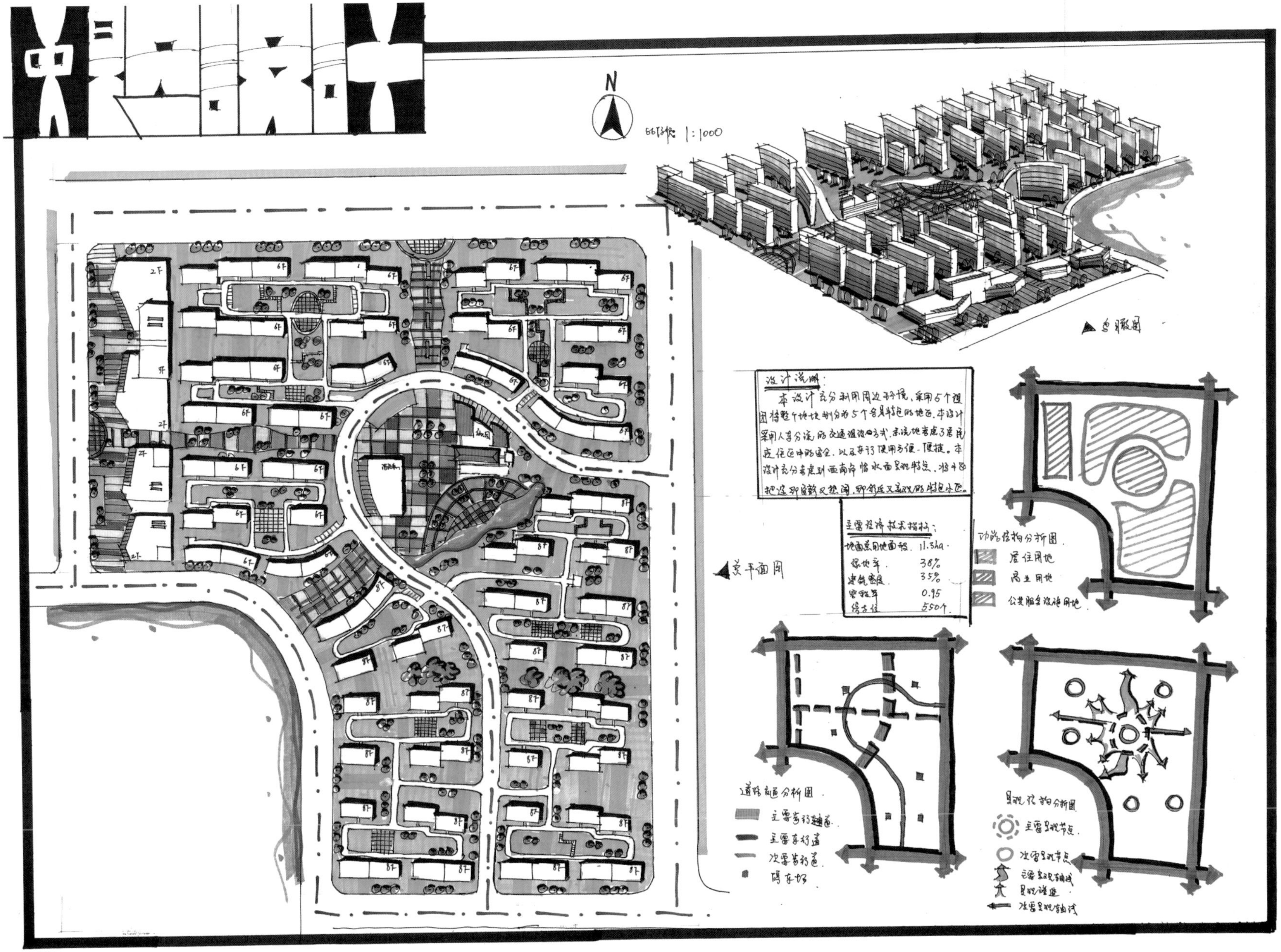

解答❺点评

优点：

（1）整体布局合理，平面重点突出；

（2）建筑局部错落，富有变化。

缺点：

（1）二级路网有待梳理；

（2）南部居住组团独栋住宅过多，零碎且不经济；

（3）主要步行轴线过短，不利于景观渗透及景观均好性表达。

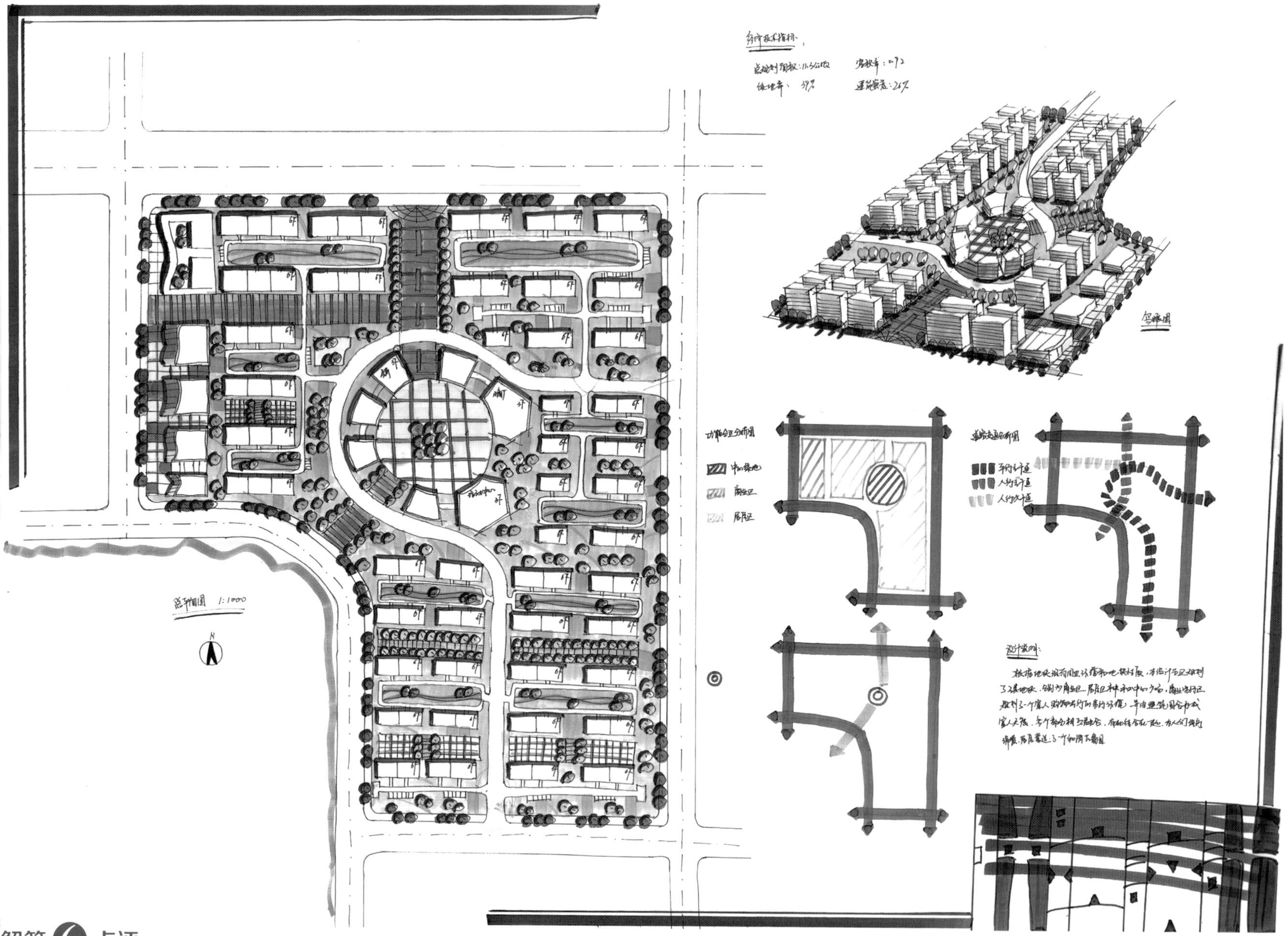

解答⑥点评

优点：

（1）结构清晰，分区明确；

（2）路网组织较为合理；

（3）构思灵活，富于变化。

缺点：

（1）中心景观过于封闭，且硬质铺装面积过大；

（2）局部道路有待改善。

解答 7 点评

优点:

(1) 方案构思有一定特色，公共建筑结合中心景观形成完整而富有趣味的空间环境;

(2) 分区明确，组织合理;

(3) 环形主路方便联系各功能组团。

缺点:

(1) 容积率偏低;

(2) 商业、公建不宜全部采用条状组合，缺少较大的面空间。

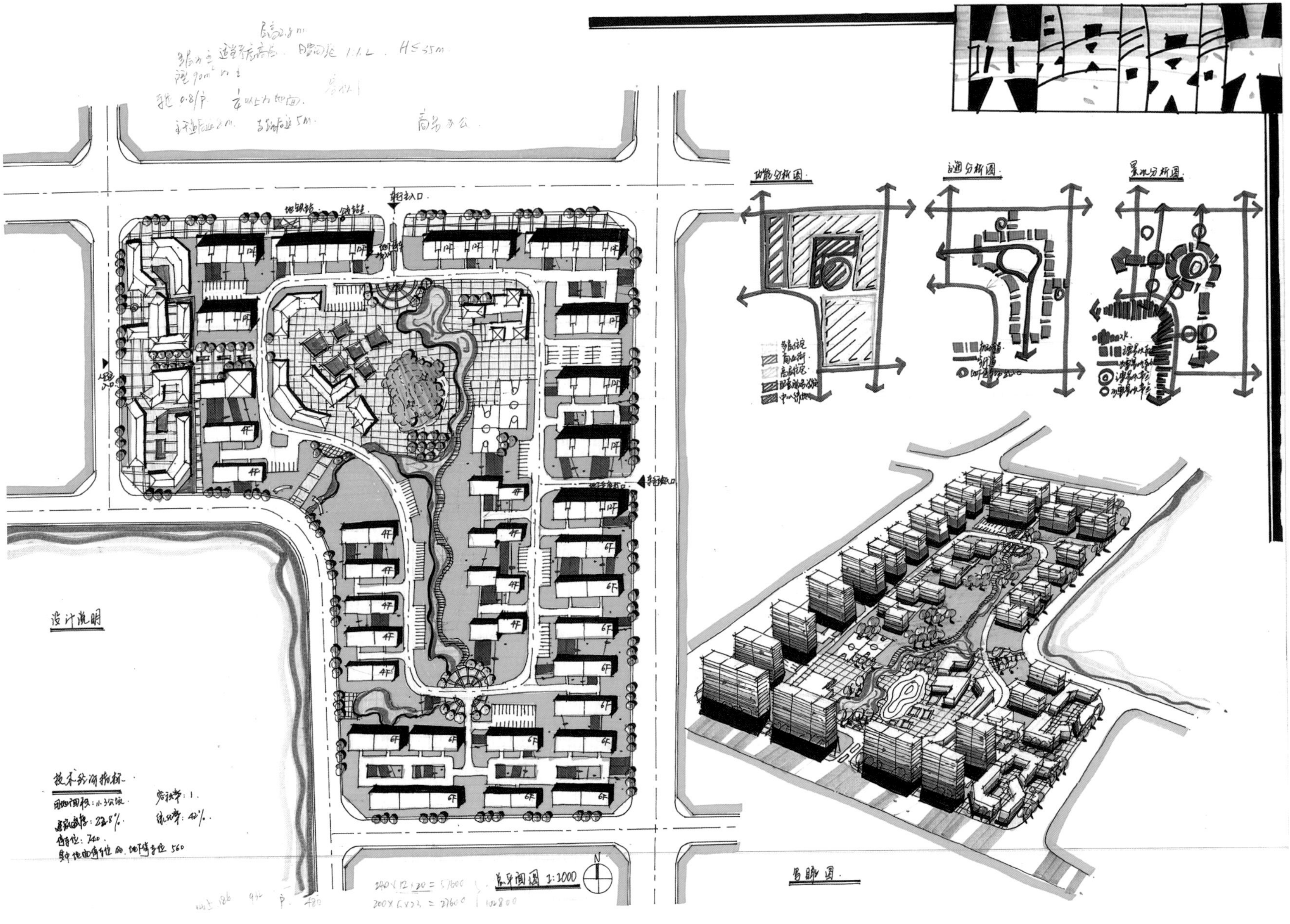

5.2.5 综合小区修建性详细规划

（关键字：居住小区＋商业街（四星级酒店、地区购物中心）、北侧开放式公园）

1. 基地概况

基地位于珠江三角洲地区某城市中心，总用地面积为 79940m^2（净用地面积）。西面临 45m 宽的城市主干道，北面、东面临 20m 宽的城市道路，南面为城市滨河路。该地区常年主导东南风。

2. 规划内容

（1）居住小区（注明房型及层数）；

（2）250 间房的四星级酒店，建筑面积为 25000m^2，用地面积不超过 20000m^2；

（3）地区购物中心，建筑面积为 6000m^2。

3. 规划要求

（1）建筑密度不小于 25%。

（2）总容积率（*FAR*）应小于或等于 2.8 。

（3）绿地率不小于 30%。

（4）建筑间距（平行布置的高层居住建筑之间的间距）

①南北向布置的间距为 24+0.3（*H*s-30）m（*H*s 为南侧建筑高度）；

②东西向布置的间距为 24+0.2（*H*-30）m（*H* 为较高建筑的高度）

（5）停车位：1200 个（含酒店），以地下为主，需布置不少于 50 个地面车位。

（6）居住小区配套公建：幼儿园（6 班，用地面积为 2000m^2，建筑面积为 1600m^2）；小区会所（建筑面积为 3000m^2）；社区综合服务用房（建筑面积为 2000m^2）

（7）后退城市主干道红线大于 8m，后退城市次干道及支路大于 5m。

4. 成果要求

（1）总平面图，1 ∶ 1000；

（2）空间效果图或轴测图；

（3）分析图；

（4）文字说明和主要经济技术指标。

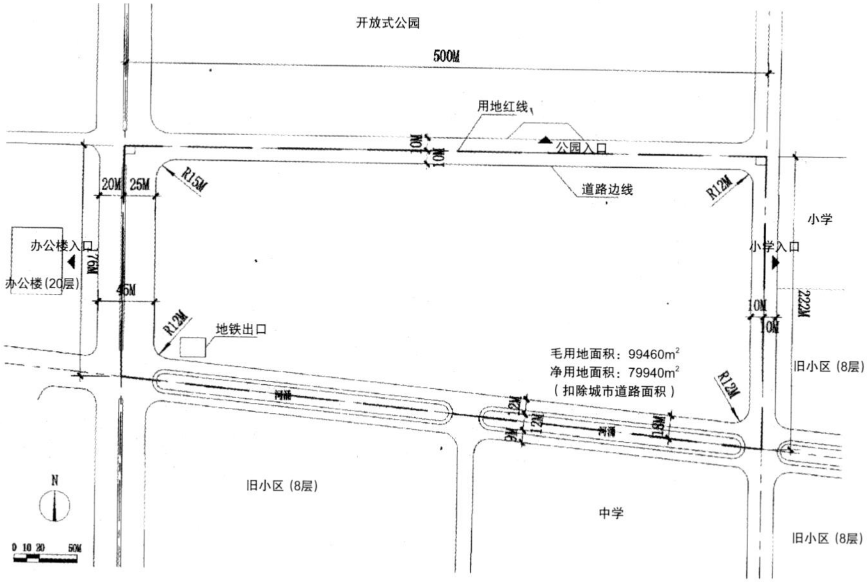

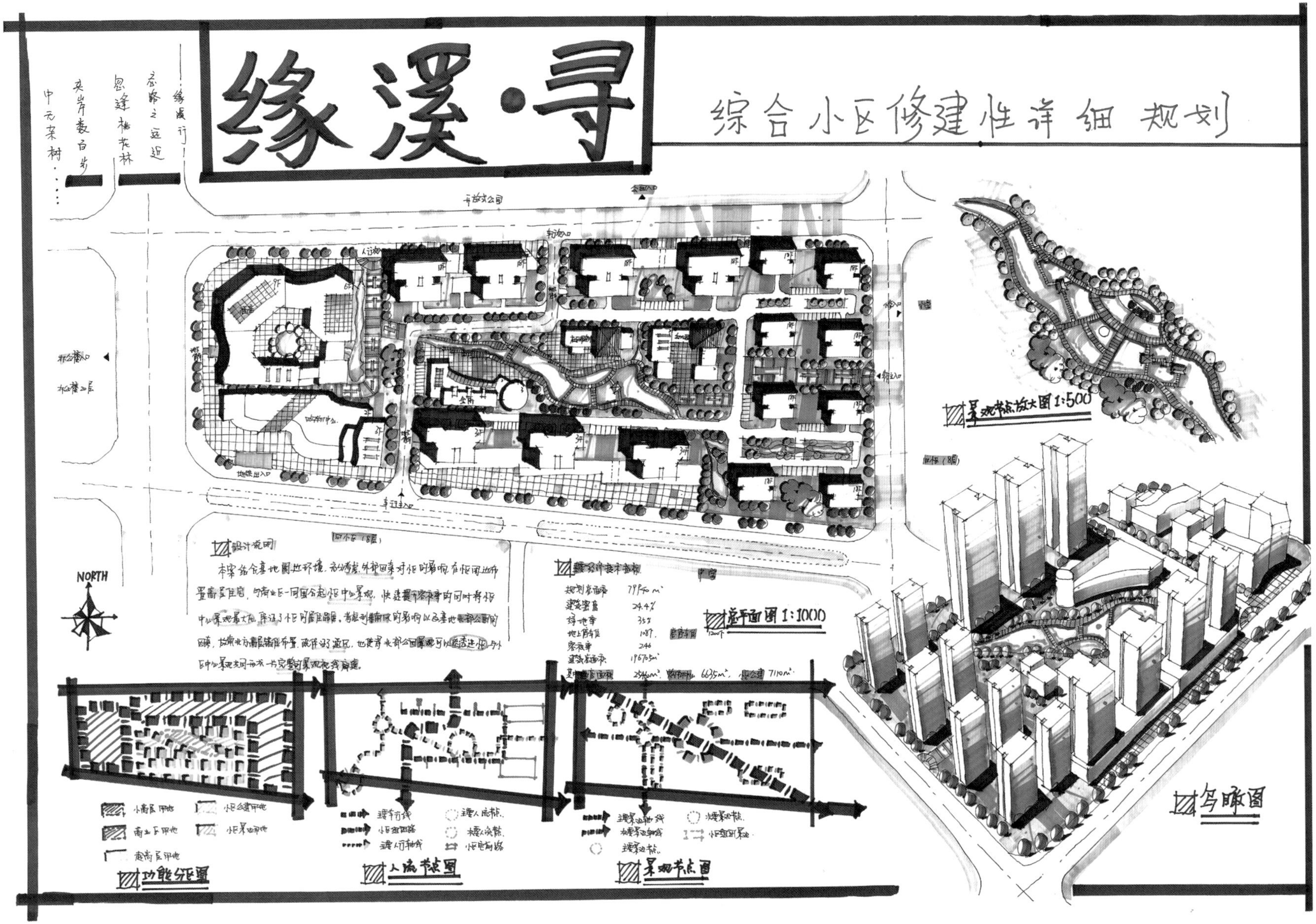

解答 1 点评

(1) 整体表现出色，以灰色系为主，结合部分暖色，明快而重点突出。

(2) 版面布局完整，表达到位。

(3) 以环形路网组织整体交通，组织合理，分区明确，规划结构清晰。

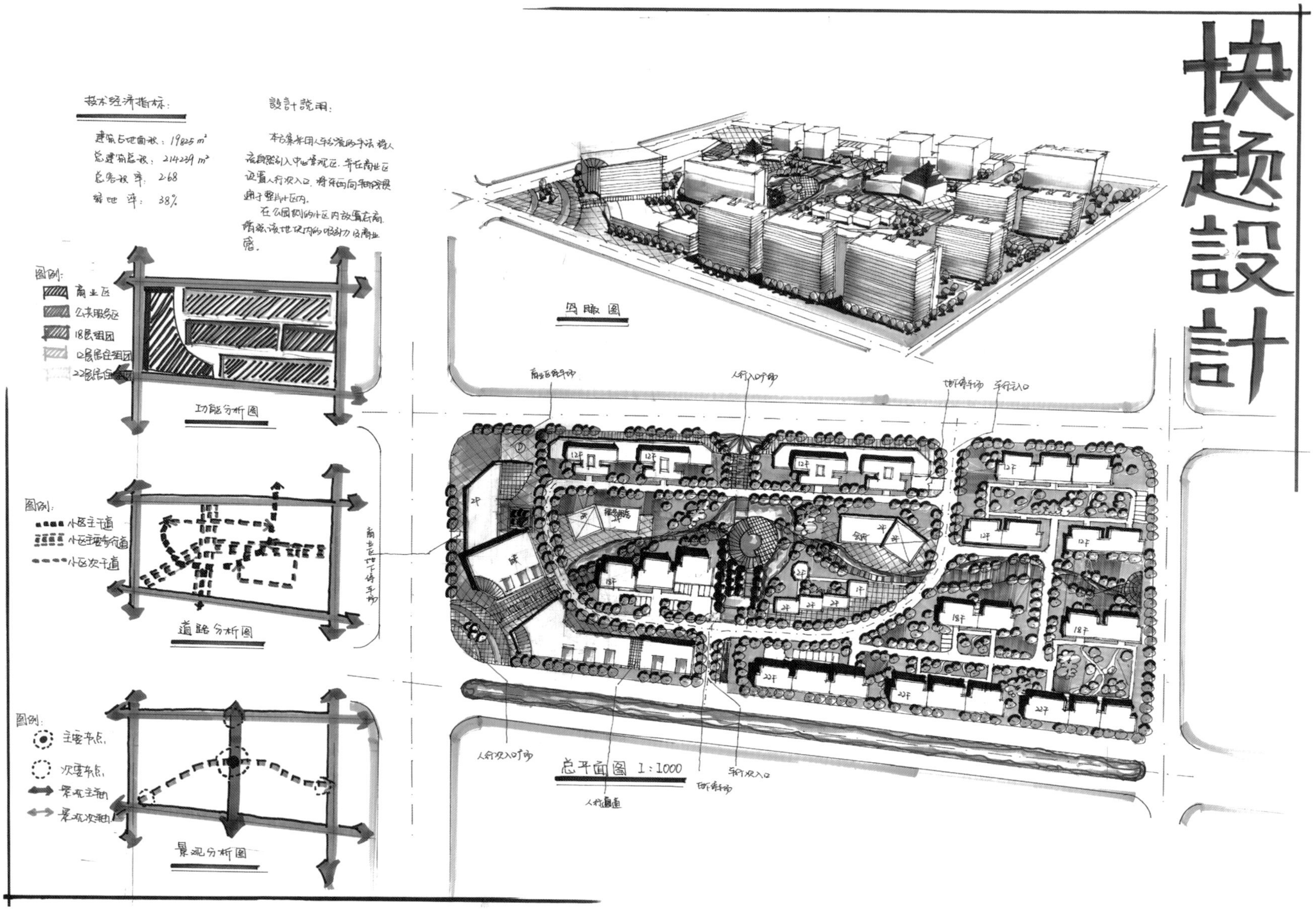

解答❷点评

优点:

(1) 功能布局合理，动静分区处理得当，商业区放在西南角接近办公区，位置选择合理；

(2) 交通组织清晰，停车布置均匀适当；

(3) 人车分流，且主要车行和人行入口选择恰当。北侧考虑到开放公园的景观效益，设置人行主入口；考虑到西南角商业区的联系设置人行次入口，地块东侧开口联系外部居住区；

(4) 开放空间层次丰富。主景观步行主轴空间成“商业入口空间—中心广场空间—组团中心空间”序列分布。

缺点:

(1) 商业区内部交通组织有待细化，地下停车场出入口不应开在城市主干道旁；

(2) 会所和幼儿园附近应考虑少量停车需要。

修改建议:

(1) 将商业区地下停车位结合规划地面停车场统一布置，并开口设置在北侧城市道路；

(2) 跨越小区主干道，利用幼儿园东边绿地设置地面集中停车场，满足公建配套停车需要。

5.3 商业区

5.3.1 某海滨城市新区文化中心规划设计

1. 基地概况

该地块位于某海滨城市的新区，是新区中心的重要组成部分，总规划用地面积约为 136000m^2。

2. 规划内容

（1）图书馆约为 15000m^2；

（2）美术馆约为 10000m^2；

（3）文化广场约为 10000m^2；

（4）商务办公建筑占地面积不小于 10000m^2；

（5）住宅区约为 80000m^2；

（6）其他需要设置的设施（结合规划设置）。

3. 规划要求

（1）协调基地周边环境；

（2）有机组织内部功能；

（3）充分尊重基地地形环境，营造特色空间景观。

4. 成果要求

图纸尺寸为 A1 规格，表现方式不限。

（1）总平面图，1：1000；

（2）规划结构及交通流线（含静态交通）分析图，比例不限；

（3）局部鸟瞰图或透视图，比例不限；

（4）经济技术指标及设计说明。

5. 时间要求

考试时间为 6 小时。

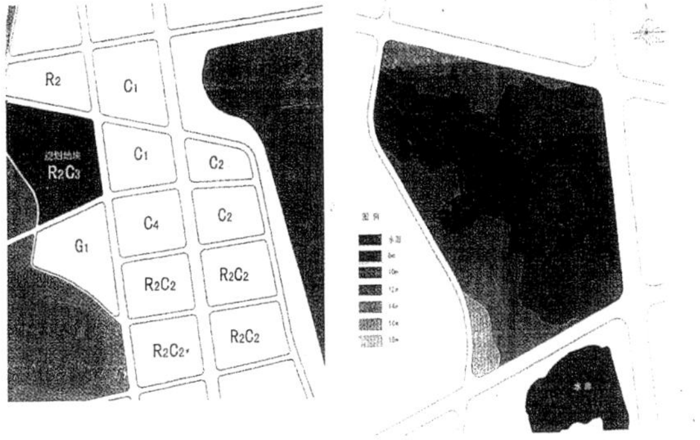

规划基地区位图

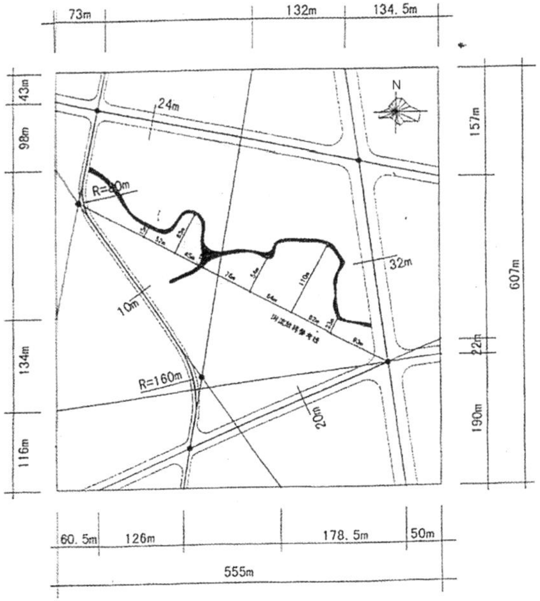

规划基地尺寸图

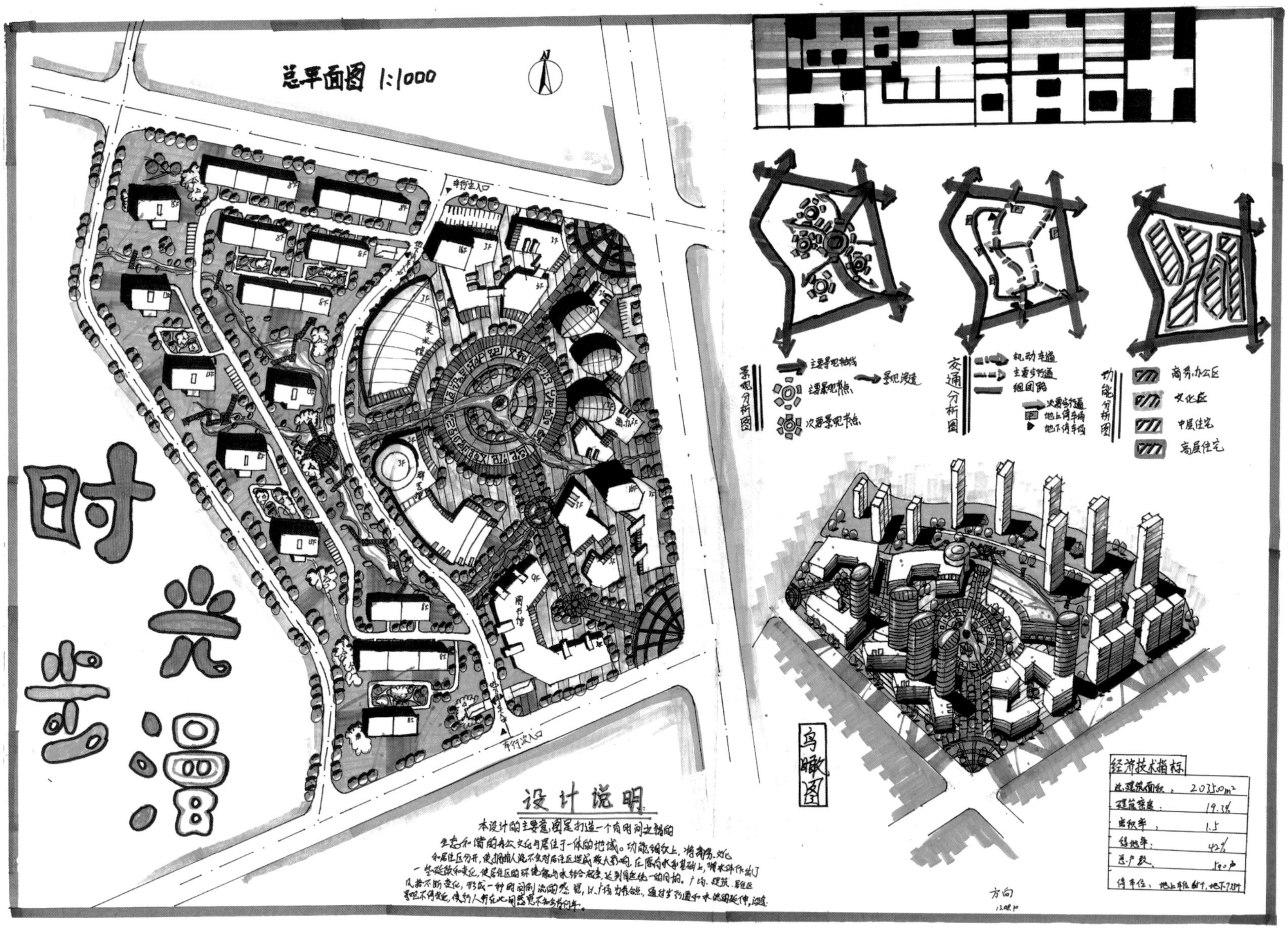

解答❶点评

优点:

(1)整体功能布局合理，主干道路系统组织清晰;

(2)建筑形体和景观空间表达丰富，值得肯定的是设计赋予中心文化广场一定文化意义的表现形式;

(3)设计思维较为活跃，表达充分。

缺点:

(1)居住组团缺少相应公建;

(2)大型商业文化建筑未充分考虑集散空间和停车布置。

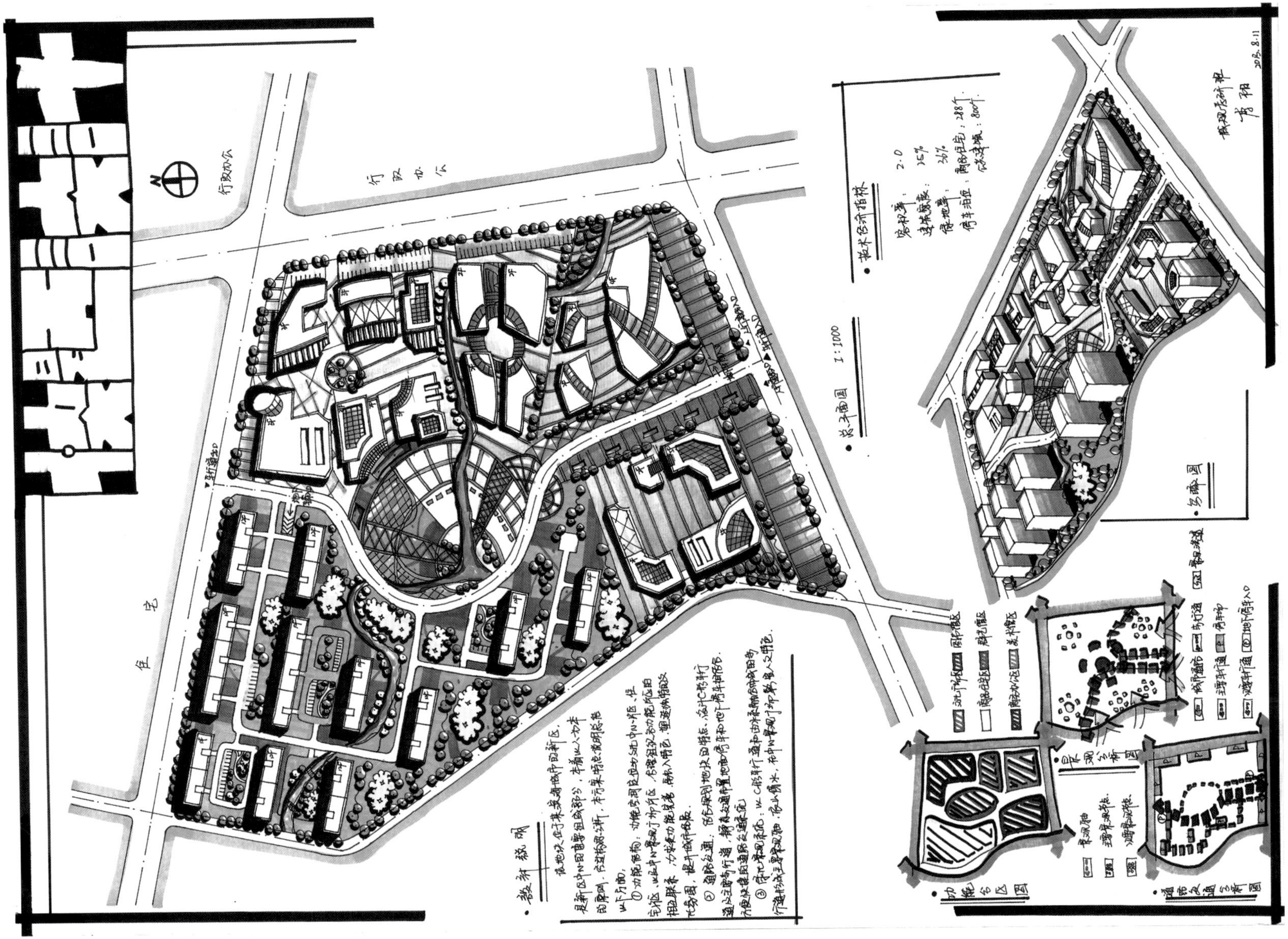

解答❷点评

优点：

（1）规划结构清晰，各地块功能分区明确，组织合理；

（2）大型商业文化类建筑布局整体性强，建筑形态丰富，灵活多变，有一定的表达深度；

（3）有较强的手绘表达与方案设计能力。

缺点：

（1）居住组团缺少必要的配套设施；

（2）不适宜沿主要城市道路全部布置地面停车。

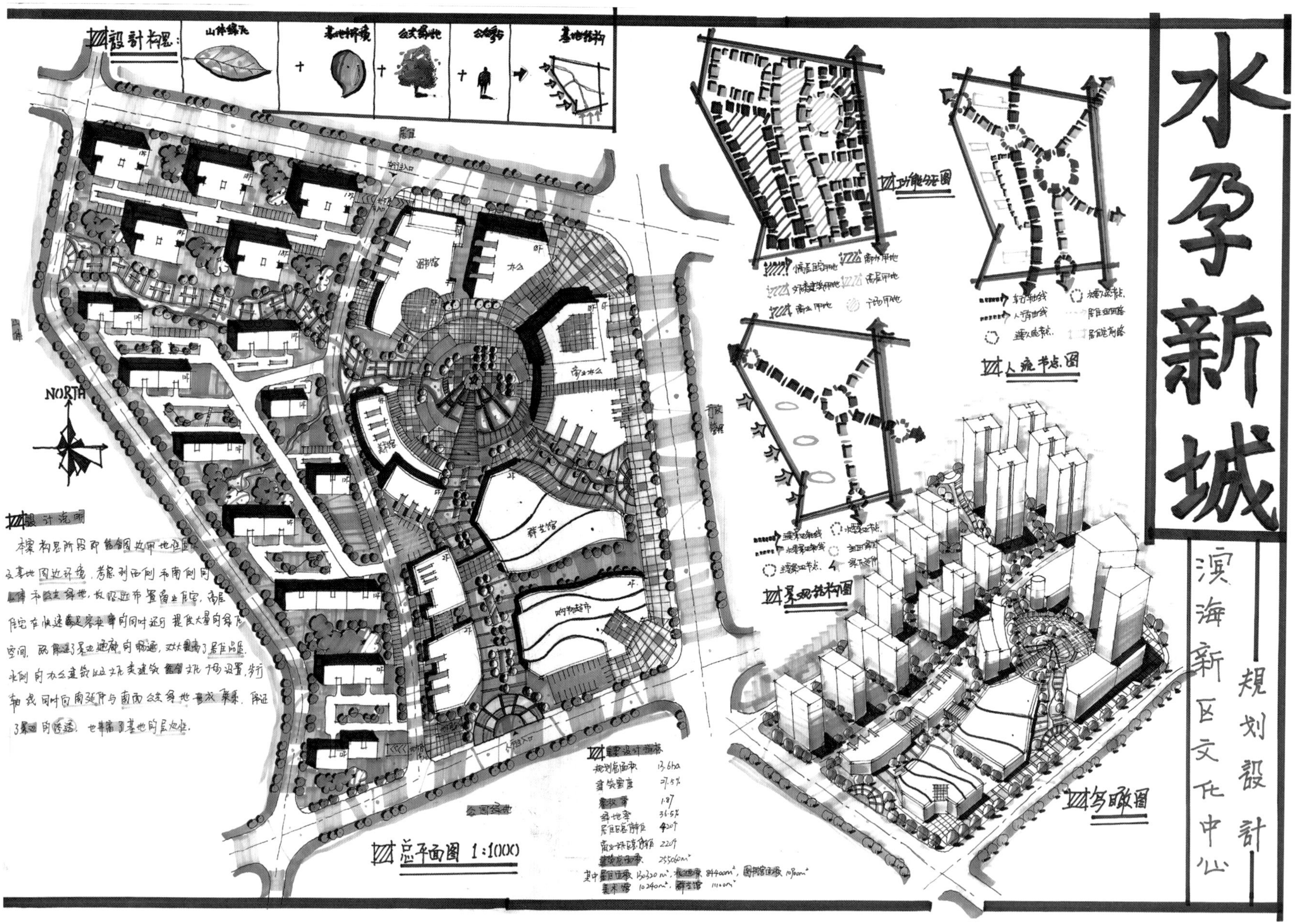

解答❸点评

优点：

（1）方案设计有一定想法，图面表达丰富；

（2）整体功能组织较为合理，建筑空间组织较为整体。

缺点：

（1）居住组团缺少配套的公建设施，且道路开口较多；

（2）文化广场与部分文化建筑联系性较弱；

（3）商业文化区硬质铺装面积偏多，且缺少地面停车。

解答④点评

优点：

（1）方案构思灵活，有较强的创新性；

（2）各功能地块分区明确，又相互联系，有较强的整体感；

（3）主要文化广场结合原有水系，局部扩大形成地块中心节点，进行重点设计，有较强的凝聚力，广场有一定的功能分区，景观手法表达娴熟；

（4）建筑形态统一而富有变化。

缺点：

（1）居住组团用地面积偏小；

（2）中心区商务建筑交通可达性较弱。

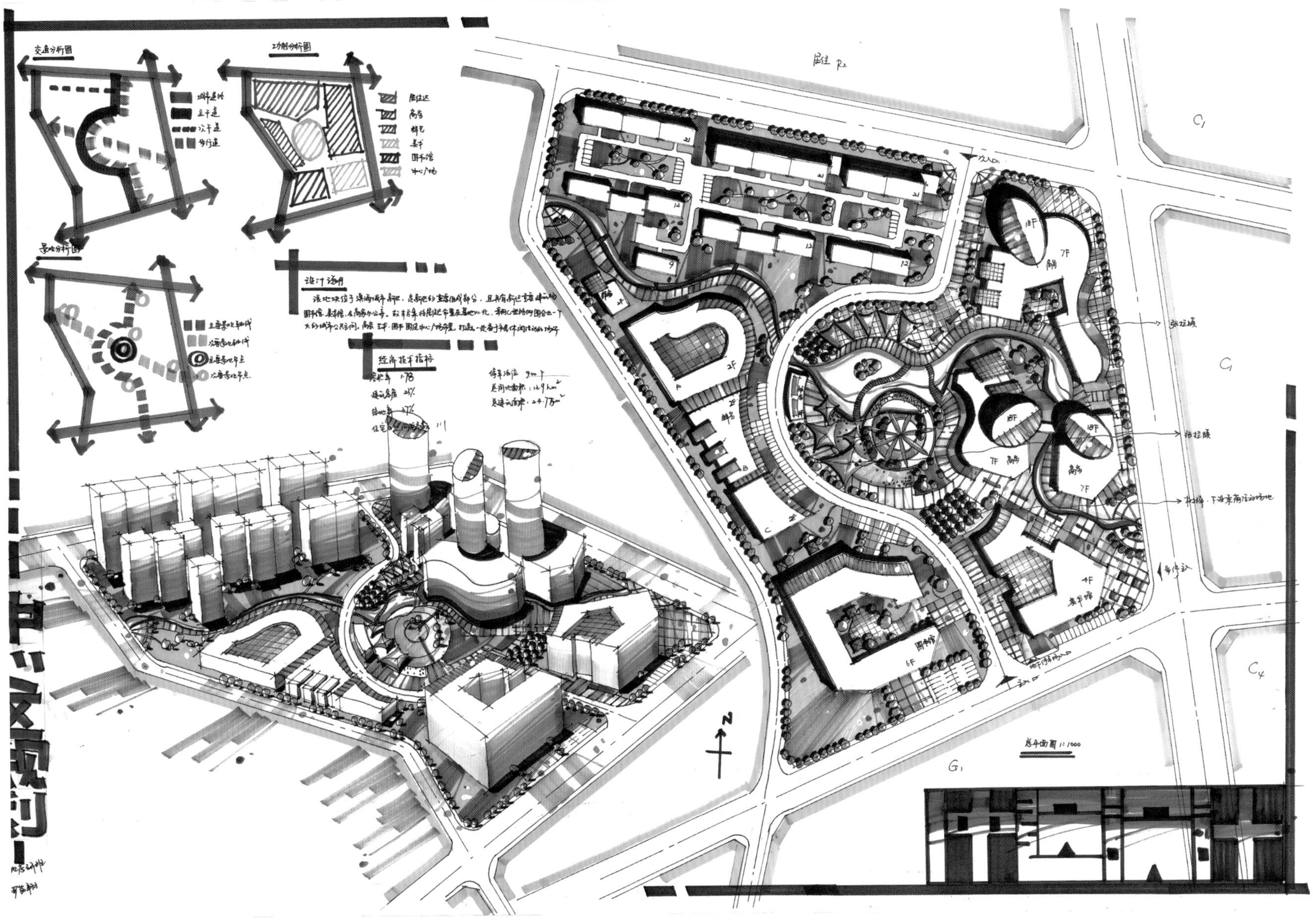

解答5点评

优点:

(1)方案较好地理解题目意图,在满足基本功能与要求的前提下,有一定的设计感;

(2)建筑群整体性与形体关系较好;

(3)规划对中心文化广场进行重点设计,并注意与周边环境的协调,利于形成较为完整和丰富的公共文化活动中心;

(4)图面表达较为规范、清晰、完整。

缺点:

(1)部分建筑缺少地面停车;

(2)大型公建考虑消防需要。

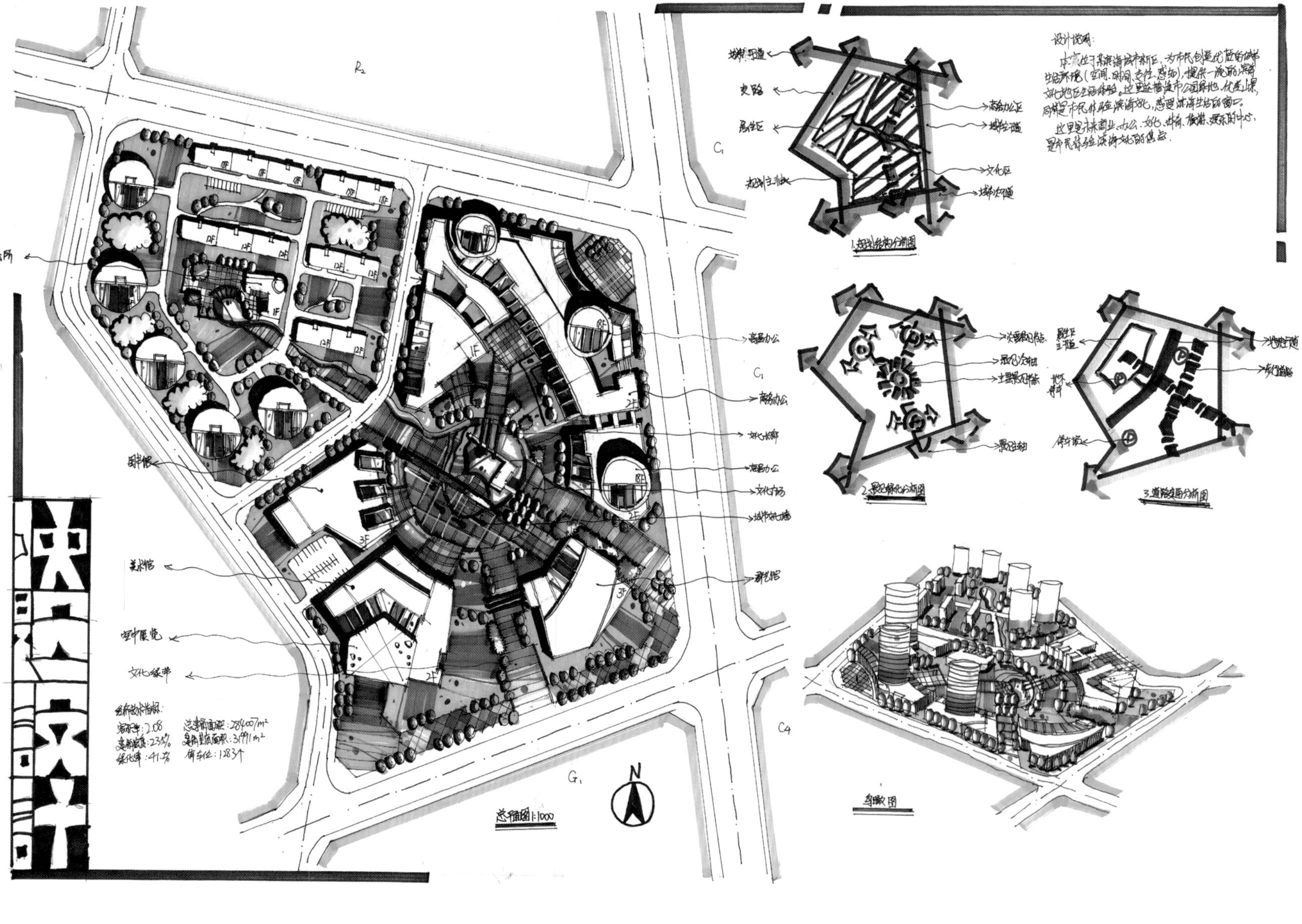

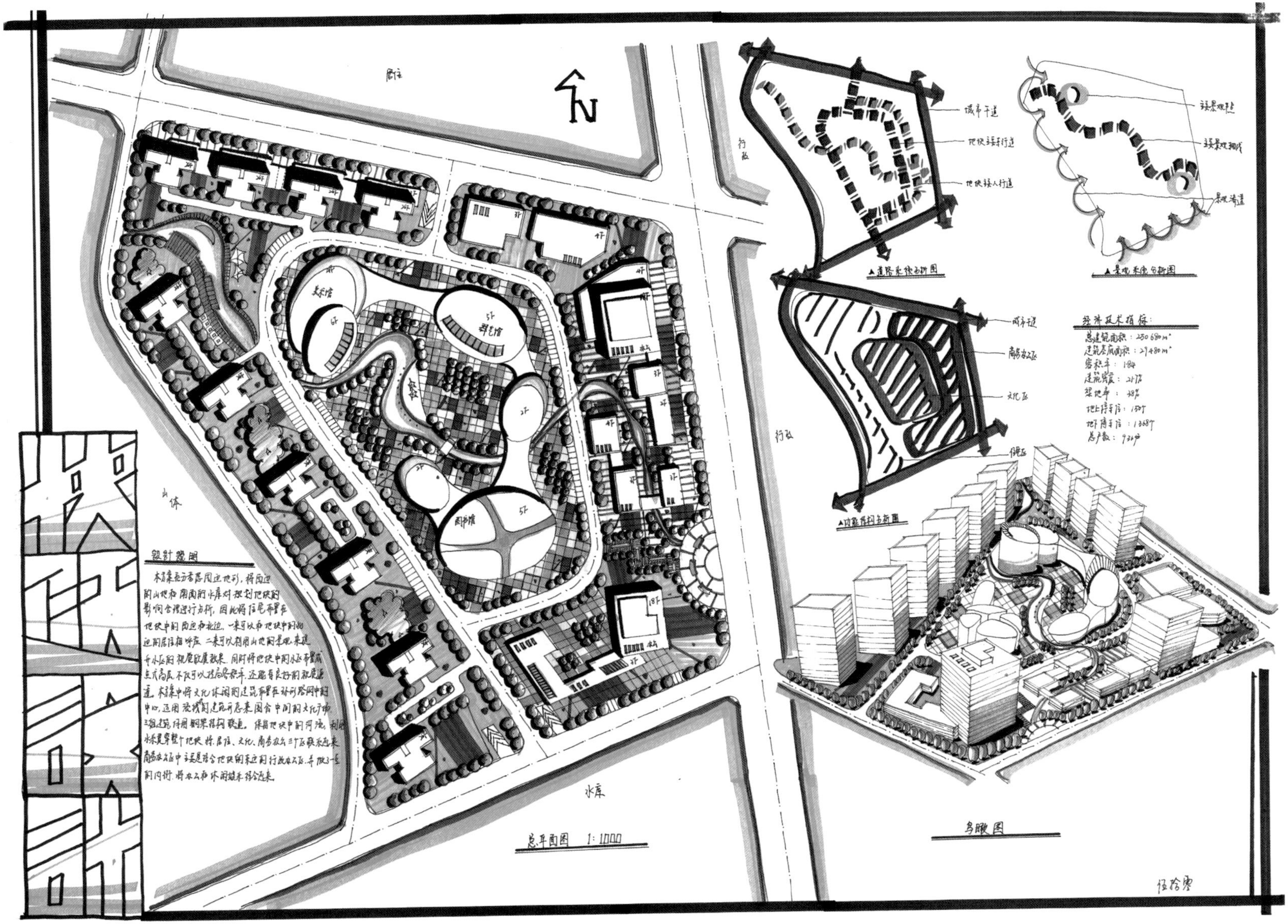

解答❻点评

优点：

（1）规划结构清晰，功能分区合理，重点突出；

（2）主要环形交通路网，便于组织和联系各功能组团，交通可达性强；

（3）通过连廊的形式将三个主体建筑联系起来，形成统一整体，围合出公共文化广场，有一定的可取性。

缺点：

（1）居住组团道路开口过多，不利于小区私密性及管理；

（2）地面停车位布置不合理。

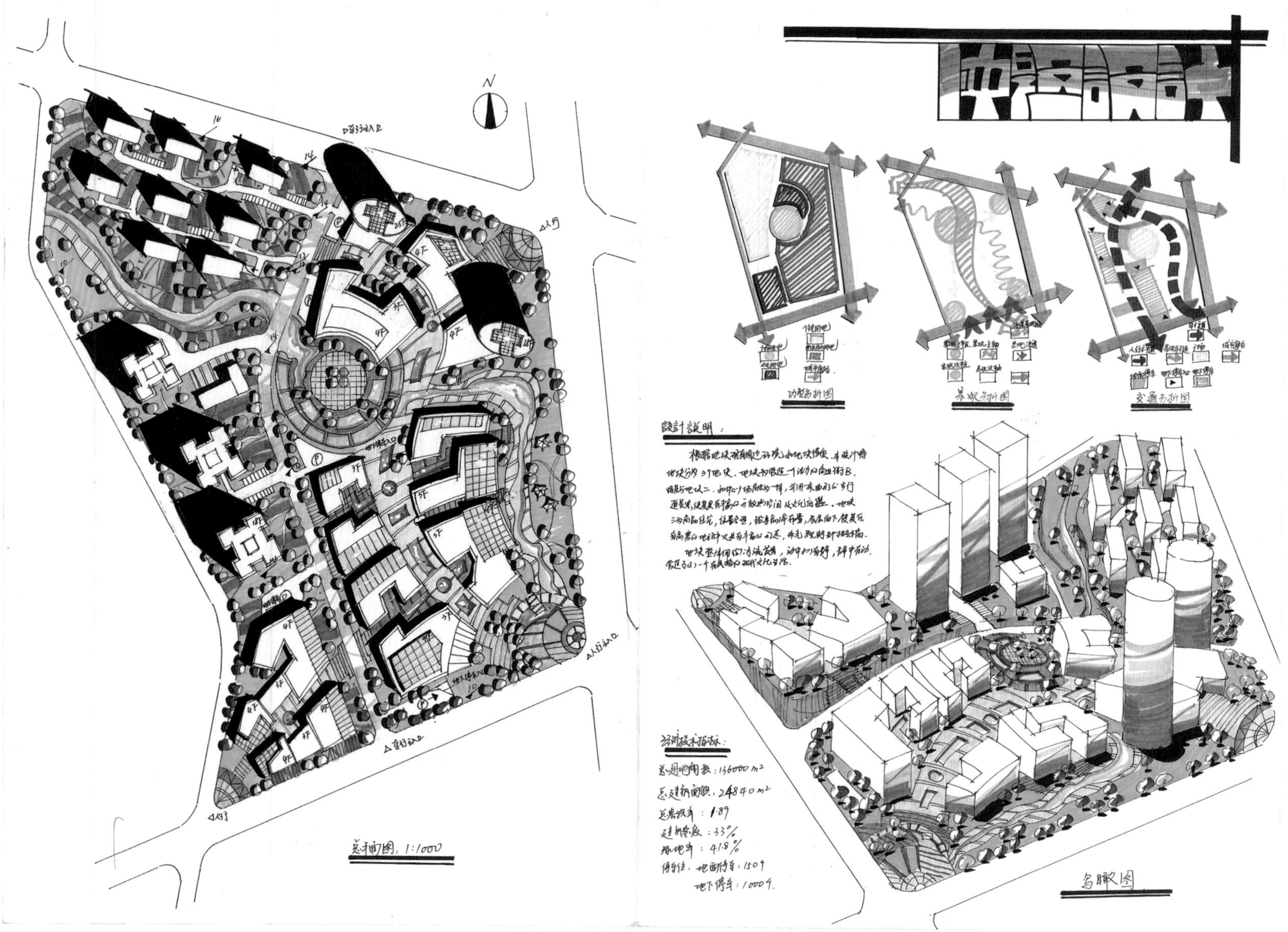

解答 7 点评

优点：

（1）整体结构清晰，布局合理；

（2）方案具有一定特色，完整的建筑界面围合形成曲线形步行空间，贯穿商业文化建筑区。

缺点：

（1）中心文化广场区域面积偏小；

（2）缺少次级道路交通组织联系商业文化区；

（3）东边城市主要道路界面不完整。

5.3.2 购物休闲服务中心设计

（关键字：景区入口、综合性购物休闲服务中心、滨水）

1. 基地现状

本规划用地位于我国南方某城市，基地位于某景区的入口处，具有良好的景观、便捷的城市道路交通和较完善的服务设施，现拟建一处综合性购物休闲服务中心，总面积 5.1 公顷（见附图）。

2. 设计要求

要求设计能很好地结合地形及周边环境，合理地进行功能分区及建筑空间布置，组织有序的动态交通和静态交通，配置完善的公共服务设施。充分利用自然的水景，处理好滨水景观的空间变化，力求营造出一个有特色、环境优美、舒适怡人的多功能、综合性购物休闲中心，因地制宜地创造出宜人的亲水空间环境和独具魅力的风格。满足国家有关规范和要求。

3. 设计内容

（1）风味小吃店、餐厅等餐饮服务设施；
（2）纪念品商店、专卖店等商业服务设施；
（3）休息、娱乐等休闲服务设施；
（4）停车场、活动广场等其他相关场地和配套设施。

4. 成果要求

（1）规划总平面图（1：1000）；
（2）结构、交通、景观等相关分析图；
（3）简要设计说明及主要经济技术指标；
（4）鸟瞰图或局部透视；
（5）表现方式不限。

5. 附图

规划基地图。

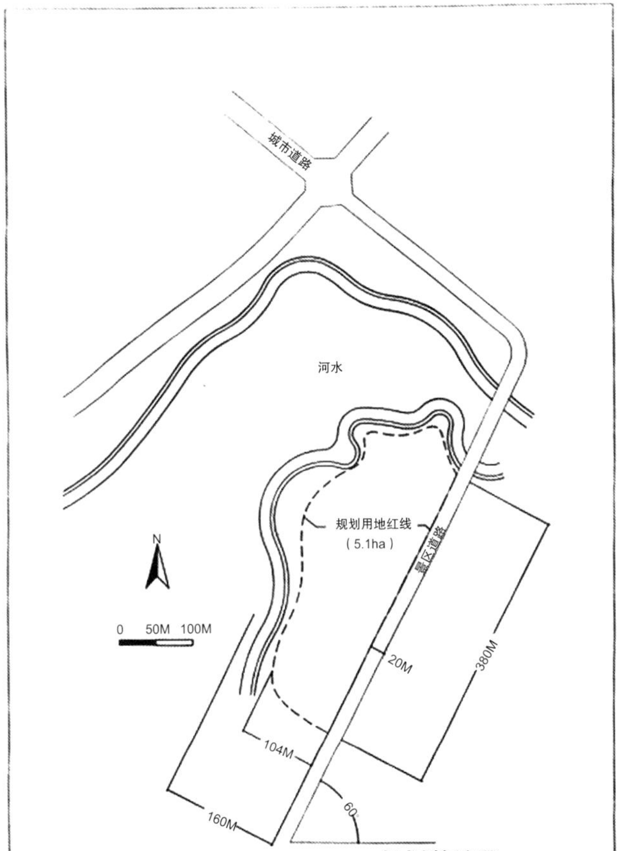

规划基地图

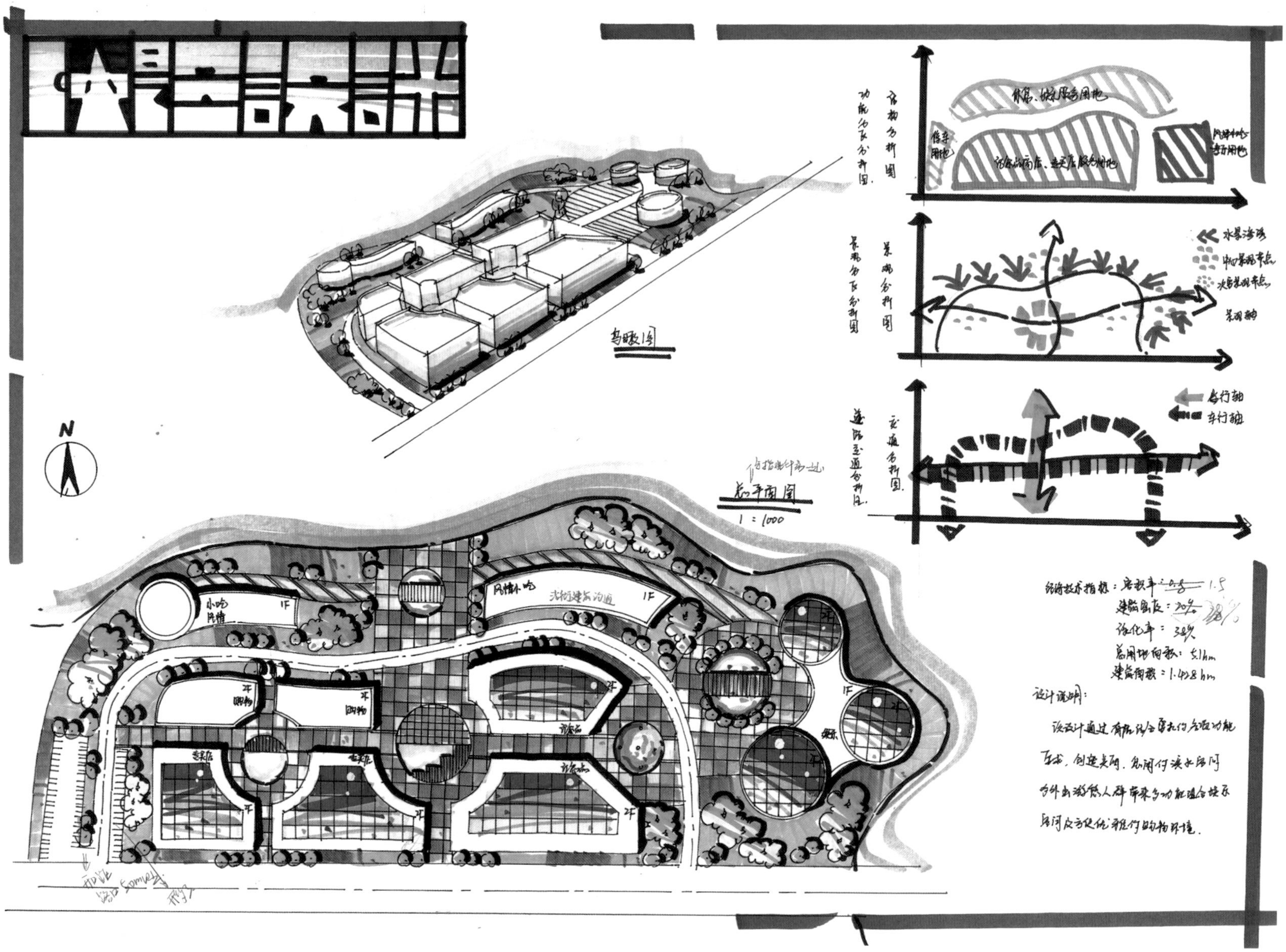

解答 1 点评

优点：

（1）功能分区主次分明，并通过大小广场加轴线来联系整合各分区；

（2）建筑形体多变，围合感宜人；

（3）考虑通过步道塑造滨水空间。

缺点：

（1）基地南向开敞度不够，未考虑人行主要入口；

（2）停车场布置过于集中并偏于一方，且停车场开口距主要车行入口太近；

（3）大体量购物商业建筑过多，以大面积街区的形式为主，形式单一。

修改建议：

（1）基地南向开口通过建筑退让设置入口小广场；

（2）临道路就近各个功能场馆设置 7~8 个车位以内的小型停车场；

（3）可考虑增加一些半围合院落式的购物区，增加中心区空间变化层次。

解答❷点评

优点：

整体结构清晰，功能分区明确。

缺点：

（1）各分区联系生硬；

（2）中部地块建筑围合感不强，建筑形式略显单调，中心广场不突出；

（3）未考虑停车场布置。

修改建议：

（1）中部可减少分叉式轴线，通过串联大小广场的一条主轴线联系水体和基地，增加层次感，有利于塑造广场围合感；

（2）外环状景观轴线主要起到联系各分区景观节点的作用，尽量避免被建筑阻断；

（3）邻近道路的边角绿地可设置为停车场

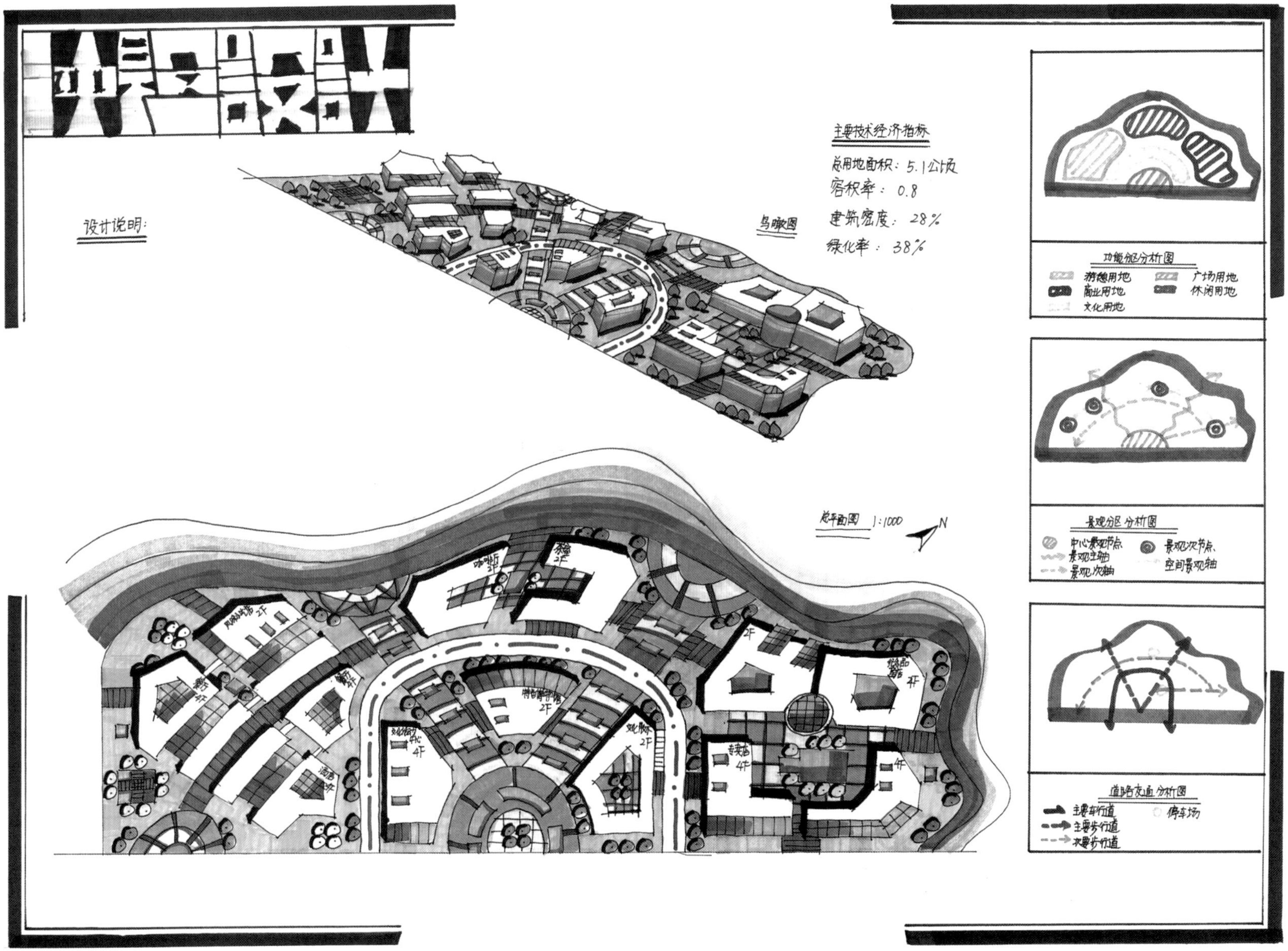

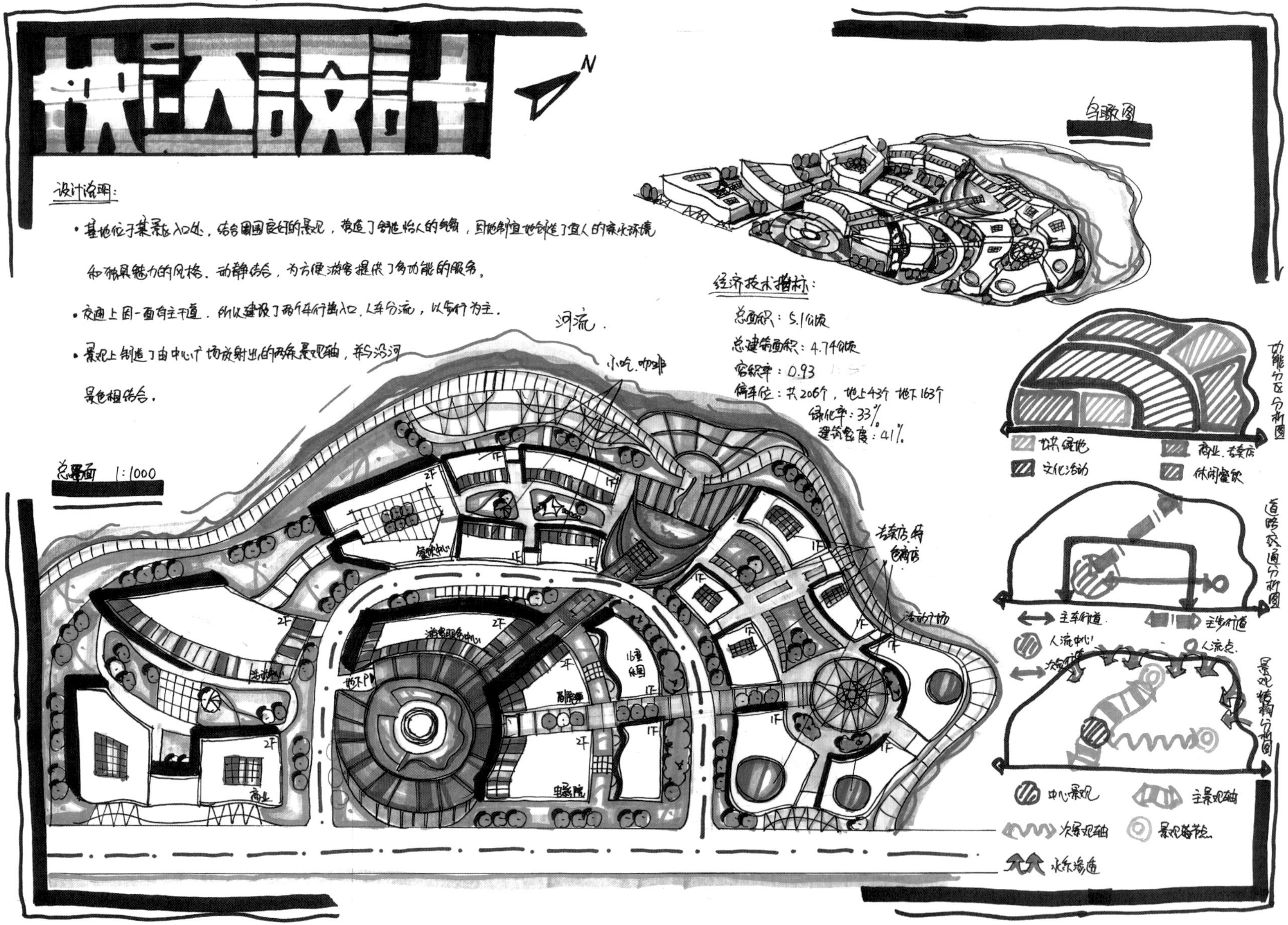

解答③点评

优点：

(1) 功能分区合理，轴线布置颇具特色；

(2) 建筑布置由南侧中心广场向沿河发散，便于水景渗透；

(3) 滨水景观空间设计有层次，主要通过步道、广场塑造联系场地内外。

缺点：

(1) 地面停车位较少，地下停车出入口位置考虑欠妥；

(2) 建筑形体有待进一步推敲。

修改建议：

(1) 地下停车入口设置到游客服务中心建筑北侧，避免对南面广场的干扰；

(2) 临道路就近各个功能场馆，结合边角绿地，设置 7~8 个车位以内的小型停车场；

(3) 活动中心建筑形态尽量结合规整地块，去除建筑锐角。

5.4 校园

5.4.1 某学院规划设计

（关键字：南方某校园局部用地、地块高差，尊重山形）

1. 项目背景

南方某校园，现状为少数职工宿舍及废弃的工业厂房，基地西临城市次干道（道路红线 30m），南临城市主干道（道路红线 60m），北临大学城车行主干道（道路红线 16m），东临大学城车行次干道（道路红线 12m），交通便利，占地约 17 公顷。

基地具有典型的丘陵地形、地貌特征，局部地块具有较大的高差，约有 7 ～ 20m。现状山地树木茂盛，品种繁多，整体绿化植被较好，空气清新，且山形自然生动，为营造富有特色的校园生态环境创造了较为有利的条件。

2. 设计内容

（1）需规划综合教学楼（约 56000m^2）、实验楼（约 16000m^2）、体育馆（约 6400m^2）、图书馆（约 11200m^2）、院行政用房（约 4800m^2）、礼堂（约 5600m^2）、对外学术交流及会议中心（8000m^2）、总建筑面积约 10800m^2。

基地内不需考虑学生宿舍，基地北面已有室外标准运动场，基地内不再考虑。

（2）充分利用地形，结合自然条件，规划生态人文校园。

（3）规划符合国家相关法律规范。

3. 图纸要求

（1）规划总平面图（1：1000）；

（2）相关的构思分析图、道路交通分析图、功能结构分析图、绿化系统分析图等；

（3）必要的效果表现图（总体鸟瞰或重点地段局部透视）；

（4）图幅：A1。

解答❶点评

优点:

(1)有一定功能分区，各功能区通过景观轴线联系;

(2)景观空间塑造颇具特色，通过铺装小广场，水体、树木组合成具有层次的景观主轴线。

缺点:

(1)行政区离内环道路过远，车行交通不便，且与教学区太近，共用一个人行出入口，会产生干扰;

(2)基地北面缺乏主要的人行主入口，过于封闭;

(3)图书馆处集散广场面积太小。

修改建议:

(1)行政楼设置在车行次入口处;

(2)基地北侧平行于车行入口设置南北向人行入口广场，并与主轴景观线联系;

(3)减小服务中心用房体量，扩大此处广场面积，作为配套于图书馆的集散广场。

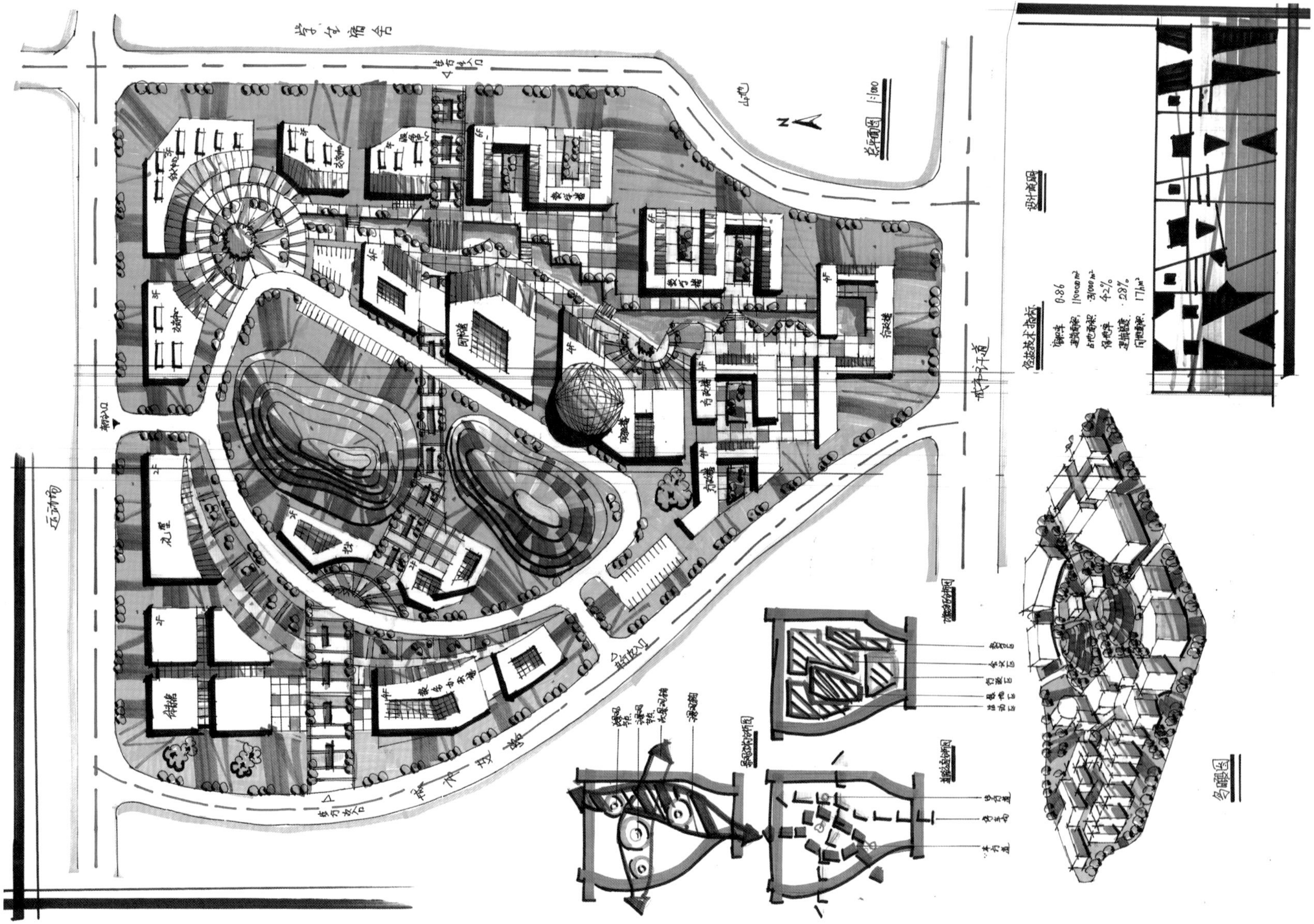

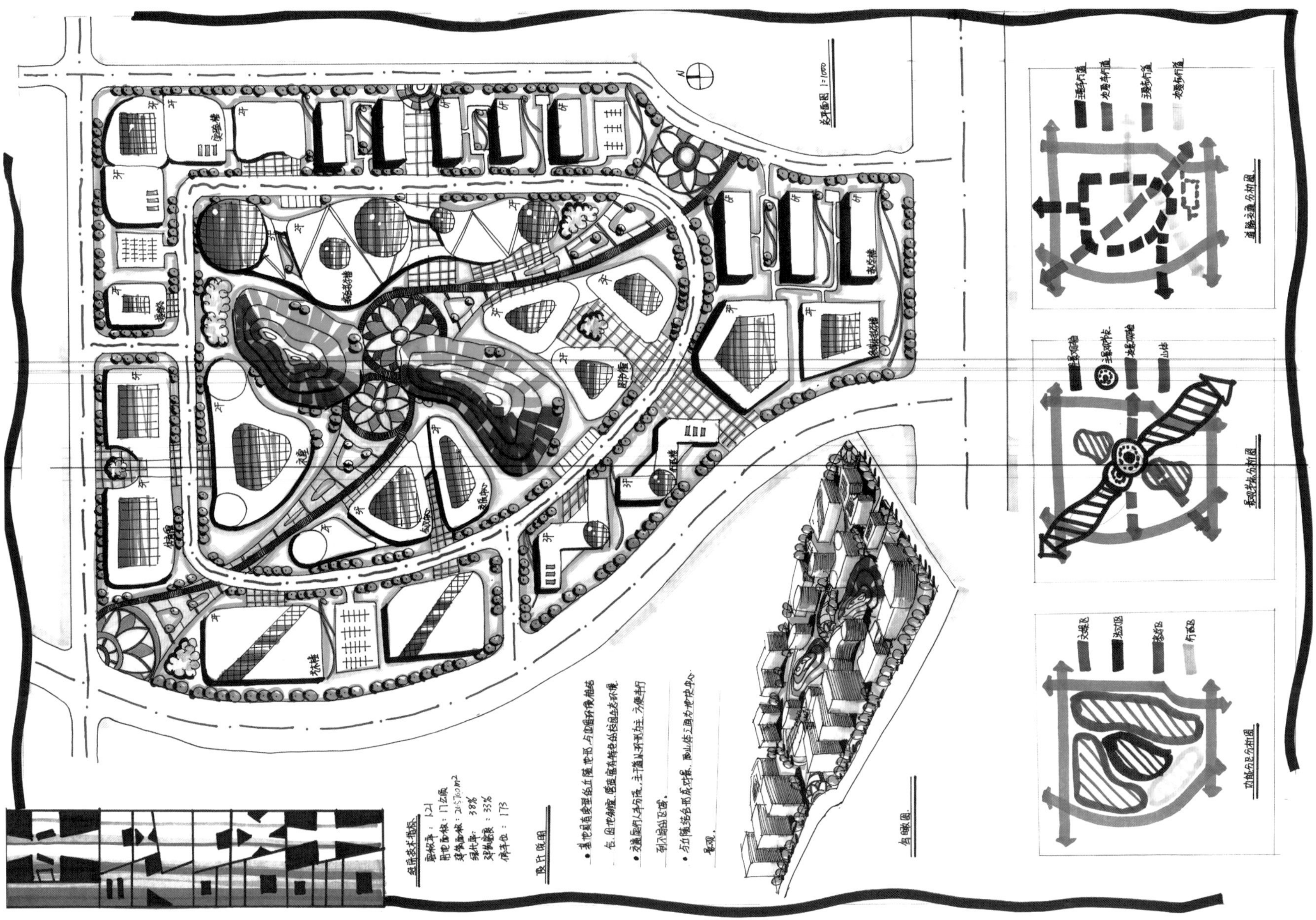

解答❷点评

优点：

有一定的功能分区。

缺点：

（1）教学建筑过于分散，杂碎，缺乏轴线联系；

（2）主要建筑离现状山体太近，不利用形成良好的景观空间；

（3）中心广场尺度过小，且主次要广场空间层次不明显；

（4）建筑造型过于随意，缺乏呼应。

修改建议：

（1）扩大中心广场面积，主要建筑离山体一定距离，在山脚留下人行景观步道；

（2）调节建筑形态与广场配合，形成围合感；

（3）取消园区路在西面城市支路上的开口，转为在校园道路上开口；

（4）形成几个主要的教学空间，避免出现教学楼设计成居住楼式的做法。

解答❸点评

优点:

功能分区合理，主要交通流线清晰。

缺点:

(1) 建筑过于零碎，教学建筑缺乏组合，未形成良好的教学空间；

(2) 中心广场空间过小，线性空间过多，围合感不强；

(3) 停车位设置过少。

修改建议:

(1) 教学建筑通过连廊联系起来，减少小体量居住楼式建筑，增加长条形大进深建筑；

(2) 山包南面教学建筑去除，将大体量礼堂移于此更为合理，有利用形成地块围合感；

(3) 体育馆、图书馆附近设置地面停车场。

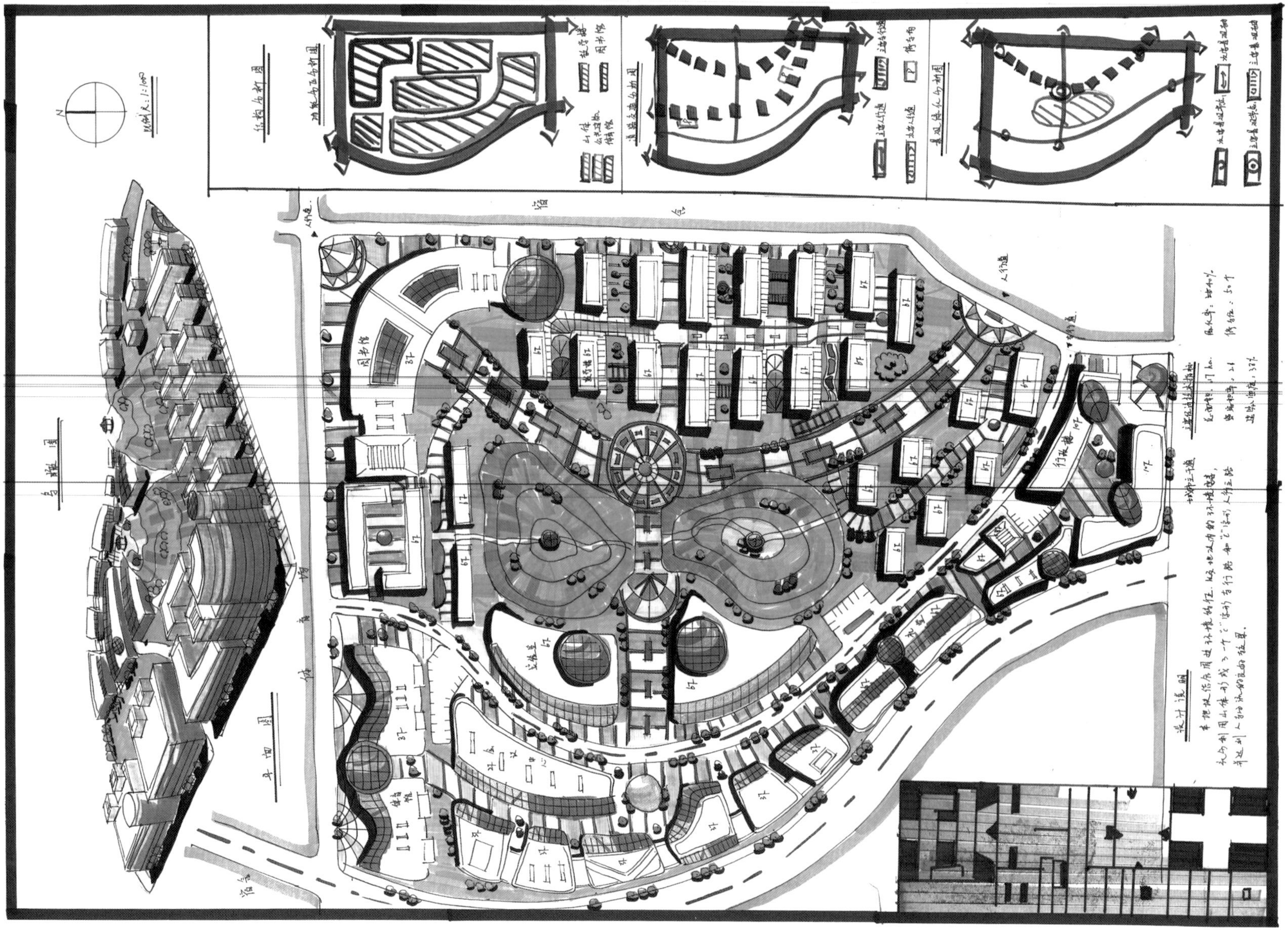

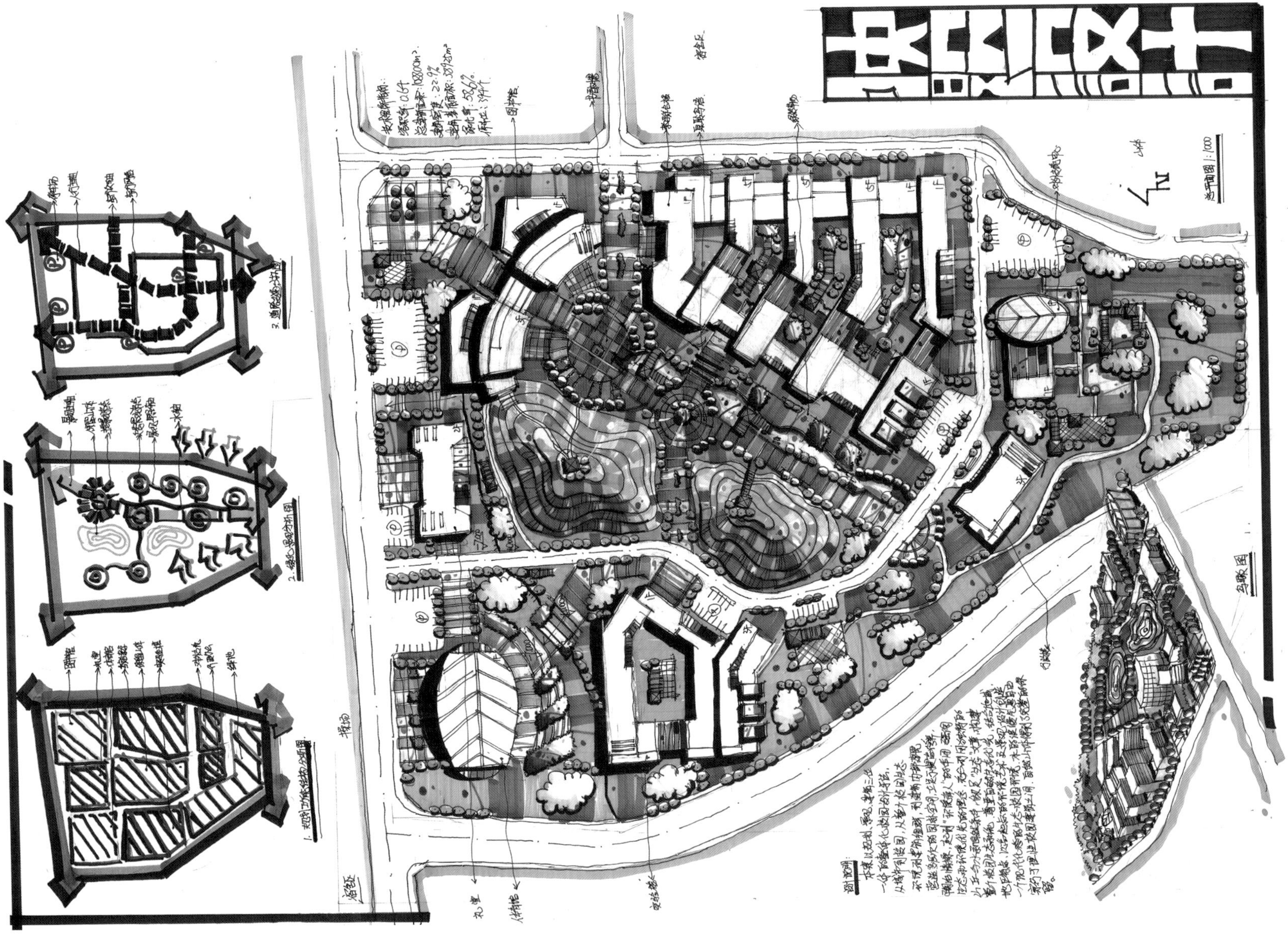

解答 4 点评

优点：

（1）功能布置合理，充分考虑了不同功能分区的动静过渡，并通过景观轴线联系整体；

（2）中心广场空间塑造充分考虑地形，营造了良好的围合开放尺度；

（3）不同功能建筑造型灵活多变，互相呼应，与环境空间相得益彰。

缺点：

教学综合楼组合形态过长，无法满足通车，消防要求缺乏考虑。

修改建议：

贴着教学综合楼西面设置 3.5 ～ 5m 宽的铺装长形景观道路（原为绿地），并在南面连接园区车行道，平时做人行步道轴线，亦可应急作为消防车道。

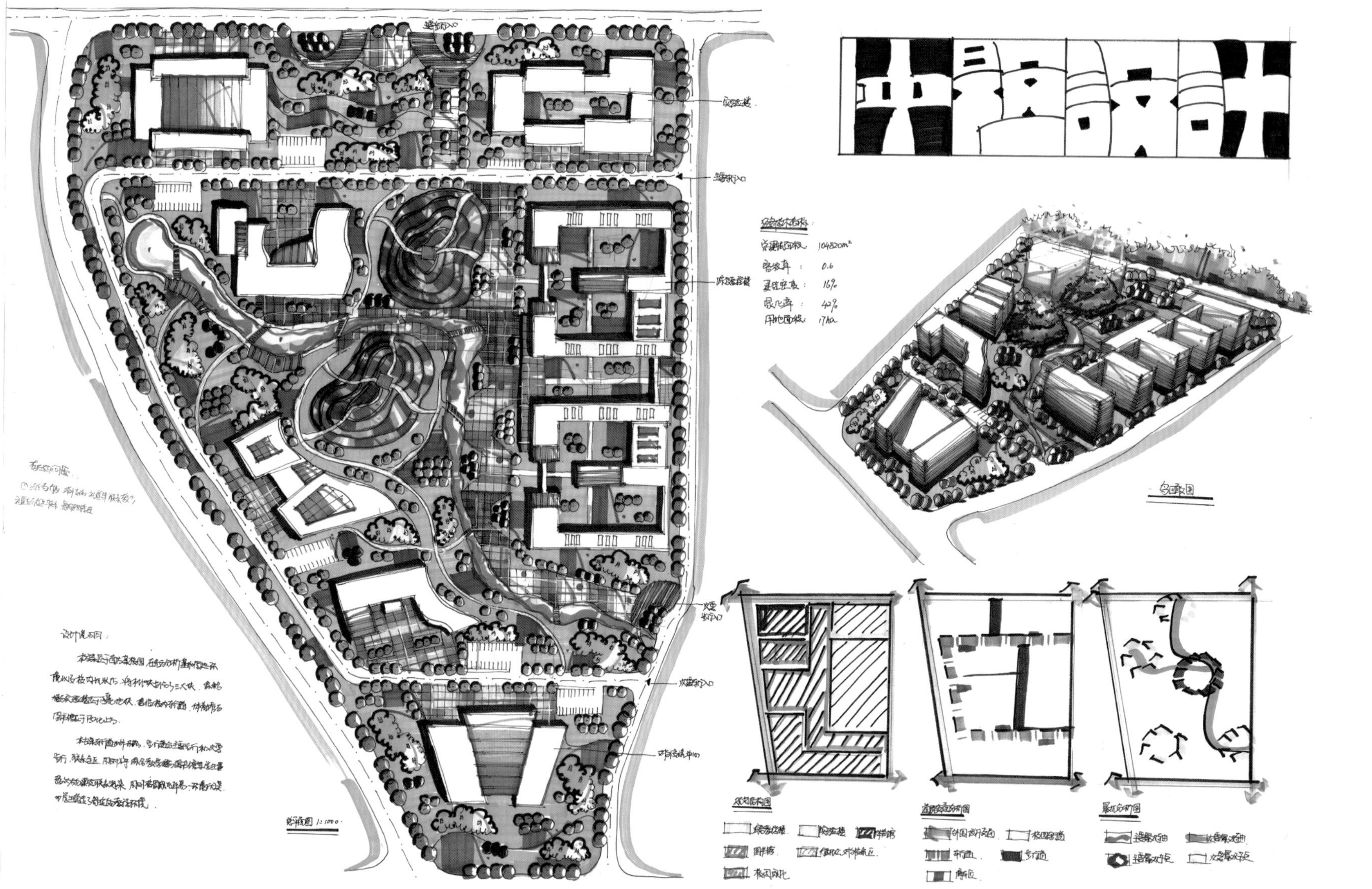

解答5点评

优点：

（1）功能分区清晰，道路规划合理，人行出入口考虑到主要人流的来向；

（2）景观绿化丰富，轴线明确；

（3）各类主体建筑尺度适宜，实验楼、教学建筑组合空间感强。

缺点：

（1）主轴与行政、对外学术交流中心、礼堂联系较少，特别是礼堂供学生使用为多，应有轴线联系；

（2）主要开敞空间处理比较生硬。

修改建议：

（1）将图书馆南面铺装广场扩大，使其作为主轴的一个重要开敞空间节点，成为礼堂和图书馆共用的公共活动广场；

（2）另外添加一条南北向辅助景观人行轴（而非简单的人行步道），联系对外交流中心、行政楼、礼堂，并在山包南面处与主轴连接；

（3）充分利用丘陵地形，在两个山包中间的东西两侧着重塑造两个主要的中心广场空间，另在山包南面塑造一个面向南部地块的广场空间，三个广场互相呼应，增加校园整个开敞空间的层次。

5.4.2 中学校园规划设计

1. 基地概况

基地位于南方某城市新区，总用地面积为 86000m²。西临城市主干道，北依城市次干道，东面为城市支路，南面为已建成居住小区。

2. 规划内容

（1）教学行政楼：18000m²，其中教学楼 10000m²，行政楼 8000m²，可分设或合设；教学楼包括 60 间标准教室及相应公共面积，采用单廊式（见附图所示的教室标准单元），建筑间距不小于 25m。

（2）实验图书综合楼：7500m²。

（3）音乐美术综合楼：4000m²。

（4）综合体育游泳馆（2 层）：4500m²。

（5）学生宿舍：22000m²，包括 400 间 6 人宿舍及相应公共面积，采用单廊式（见附图所示的宿舍标准单元）。

（6）食堂：4000m²。

（7）运动场地：标准 400m 跑道，带足球场 1 个，标准篮球场 4 个，标准排球场 2 个，室外器械活动区 2 个（见附图所示）。

3. 规划要求

（1）建筑密度不超过 20%，建筑高度不超过 5 层；

（2）南北建筑间距不少于 1.2Hs（Hs 为南面楼的高度 ）；

（3）建筑后退城市主干道红线不小于 8m，后退城市次干道红线不小于 6m，后退城市支路红线不小于 5m；

（4）在校门附近布置适量的停车场地。

4. 成果要求

（1）总平面图，1：1000，标注各设施名称；

（2）空间效果图，不小于 A3 幅面，表现方法不限；

（3）表达构思的分析图若干（自定，功能分区和道路交通分析为必需内容）；

（4）简要的规划设计说明及主要经济技术指标。

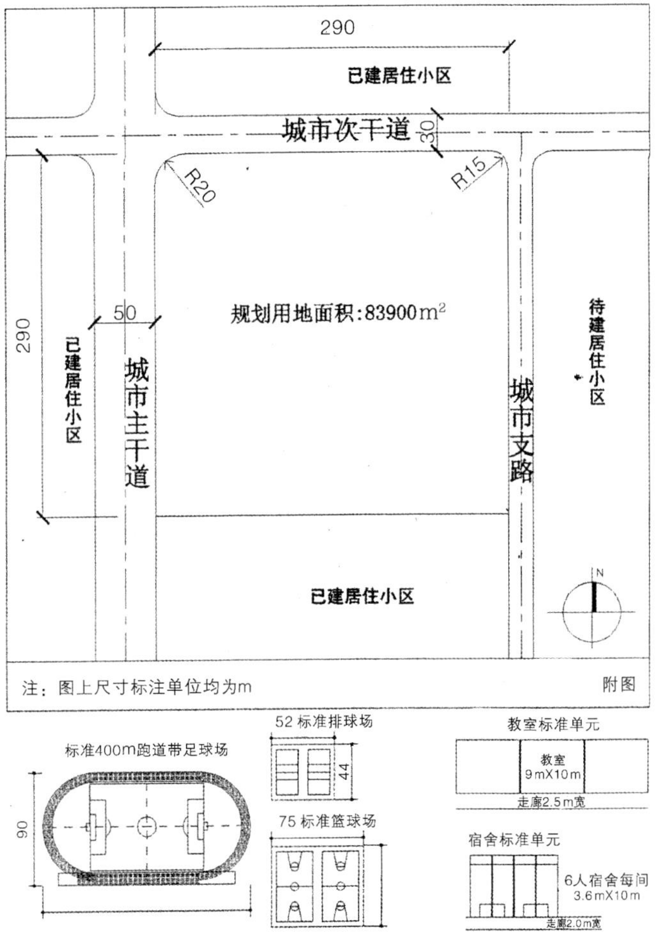

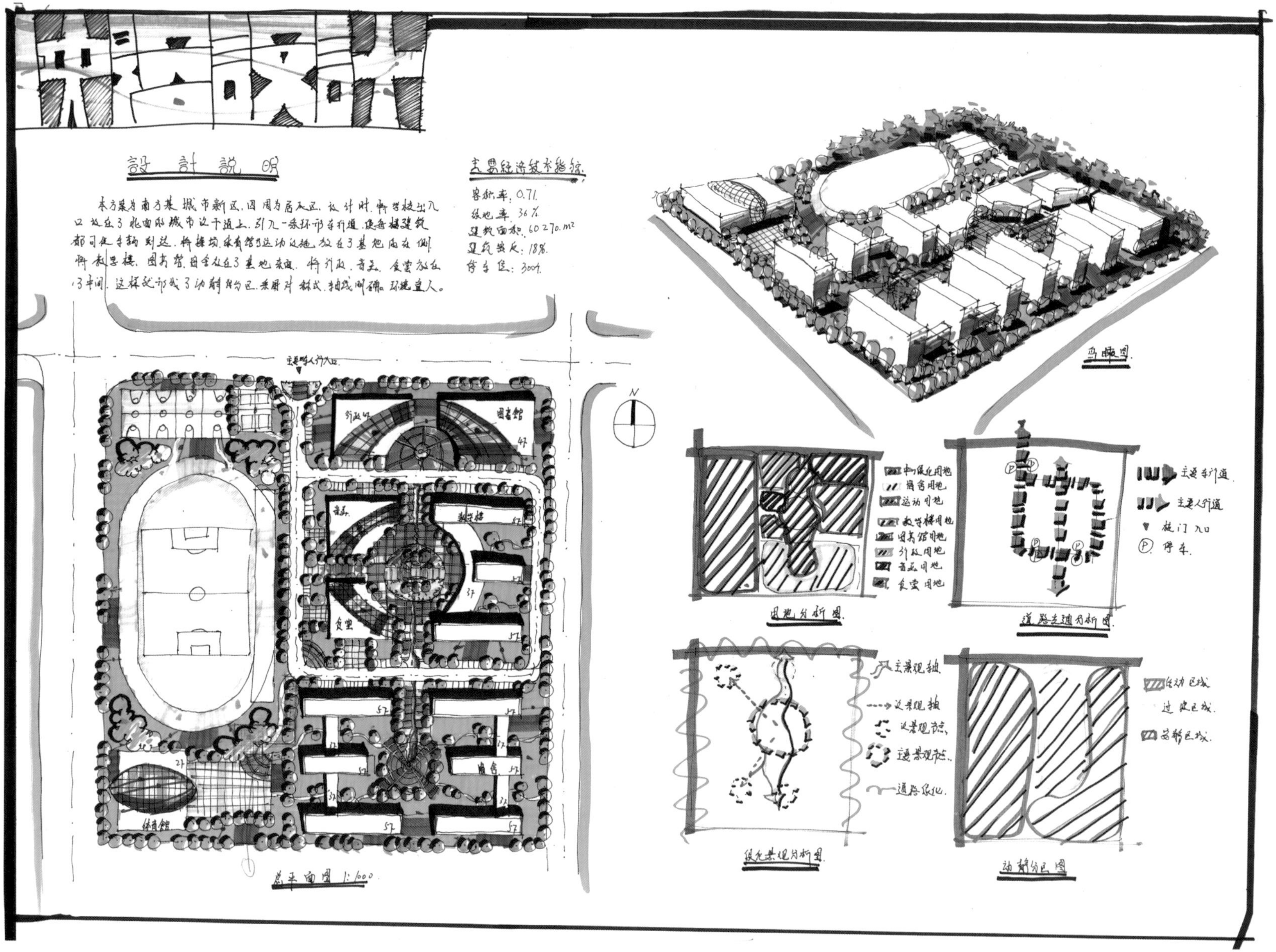

解答❶点评

优点:

(1)整体采用中轴线对称的方式布局,结构清晰;

(2)环形交通较好地解决了校园内部交通;

(3)景观空间通过主要轴线串联主要景观节点方式展开,形成有主有次、有收有放的空间序列。

缺点:

(1)宿舍楼离北边活动场地过远;

(2)应适当增加一个次入口。

解答❷点评

优点：

（1）规划方案整体功能组织清晰；

（2）环形道路较为便捷；

（3）校园景观组织较为丰富。

缺点：

（1）篮球运动场适宜放在南边，距学生宿舍近，更为方便；

（2）缺少地面停车。

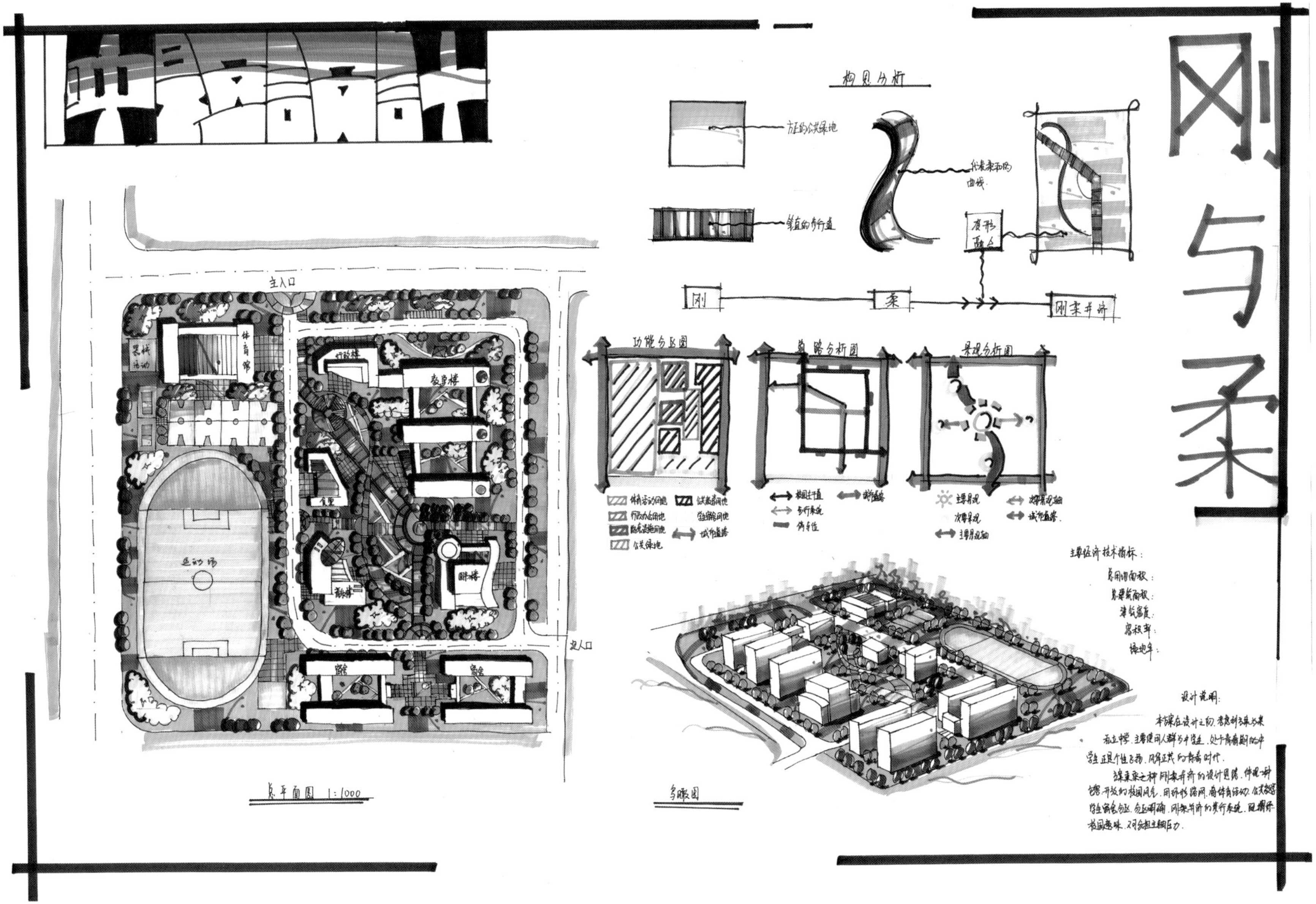

第 6 章

快题赏析

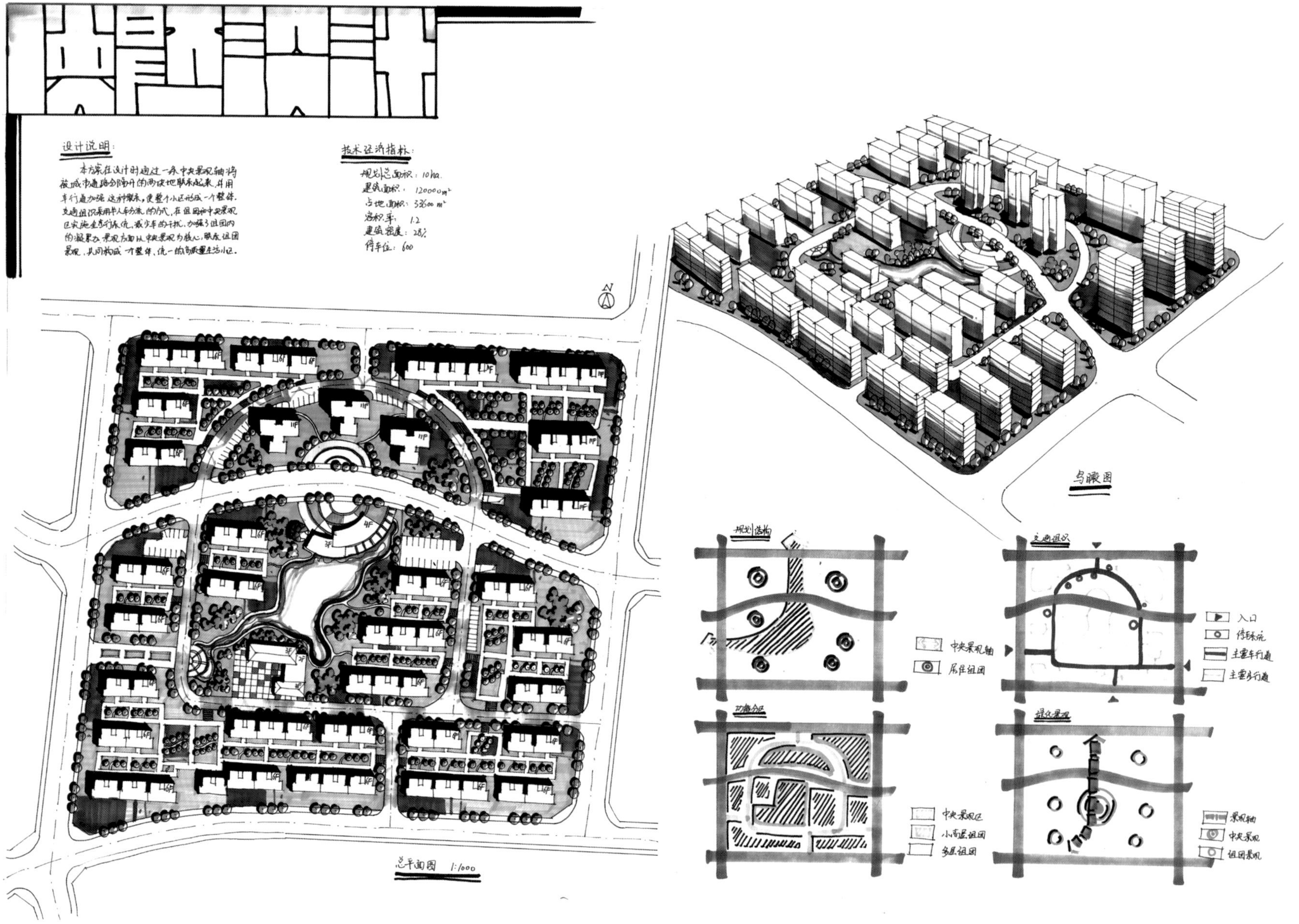
设计说明：
本方案在设计时通过一条中央景观轴将被城市道路分隔开的两块地联系起来，并用车行道加强这种联系，使整个小区形成一个整体。交通组织采用半人车分流的方式，在组团和中央景观区实施全步行系统，减少车的干扰，加强了组团内的凝聚力。景观方面以中央景观为核心，联系组团景观，共同构成一个整体、统一的高质量生活小区。
技术经济指标：
规划总面积：10ha.
建筑面积：120000m²
占地面积：33600 m²
容积率：1.2
建筑密度：28%
停车位：600
总平面图 1:1000
鸟瞰图
规划结构
中央景观轴
居住组团
交通组织
入口
停车场
主要车行道
主要步行道
功能分区
中央景观区
小高层组团
多层组团
绿化景观
景观轴
中央景观
组团景观

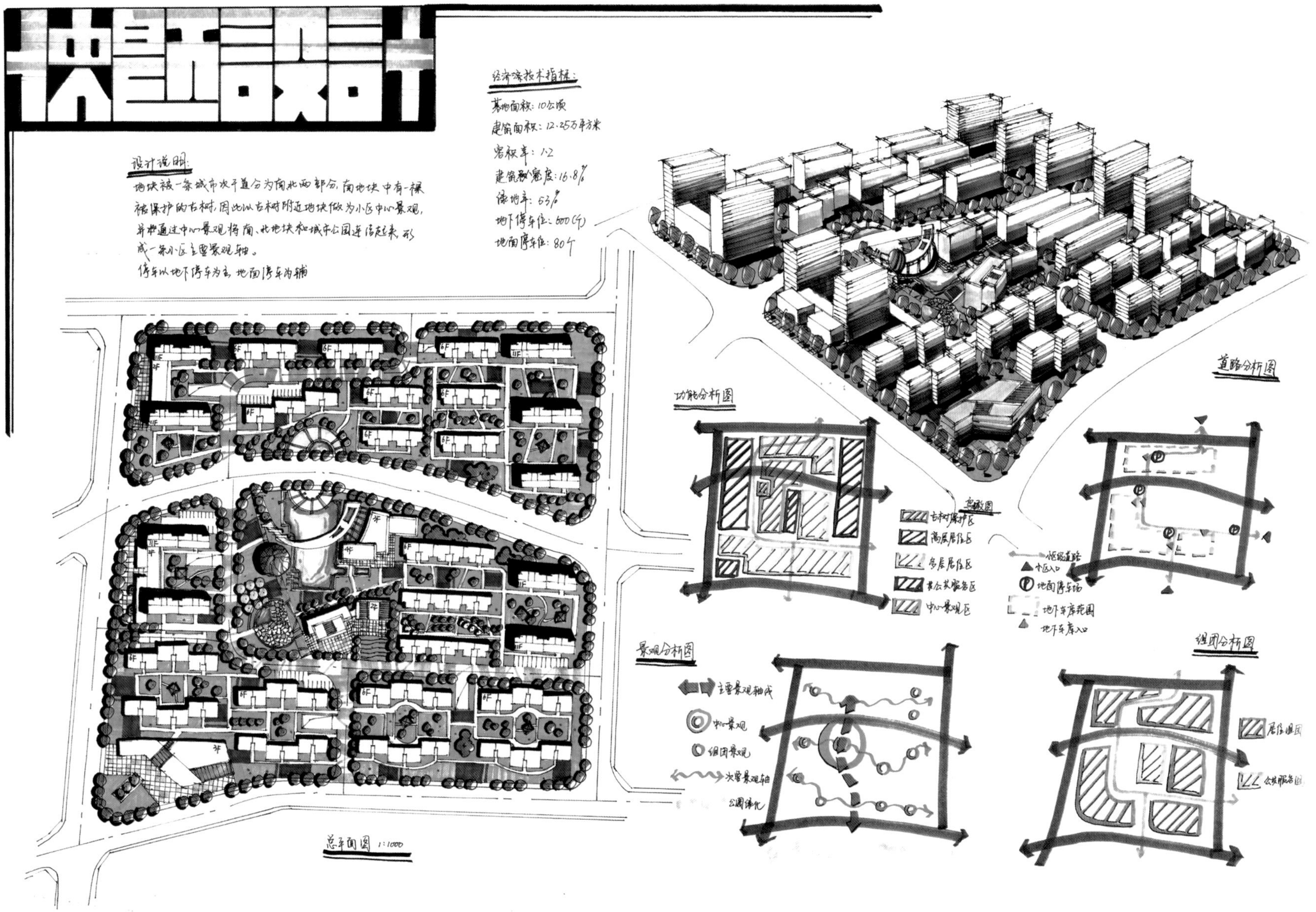
快题设计
经济技术指标：
基地面积：10公顷
建筑面积：12.25万平方米
容积率：1.2
建筑密度：16.8%
绿地率：53%
地下停车位：600(个)
地面停车位：80个
设计说明：
地块被一条城市次干道分为南北两部分，南地块中有一棵被保护的古树，因此以古树附近地块做为小区中心景观，并通过中心景观将南、北地块和城市公园连结起来，形成一条小区主要景观轴。
停车以地下停车为主，地面停车为辅
总平面图 1:1000
鸟瞰图
功能分析图
古树保护区
高层居住区
多层居住区
公共服务区
中心景观区
道路分析图
小区道路
小区入口
地面停车场
地下车库范围
地下车库入口
景观分析图
主要景观轴线
中心景观
组团景观
次要景观轴
公园绿化
组团分析图
居住组团
公共服务组团

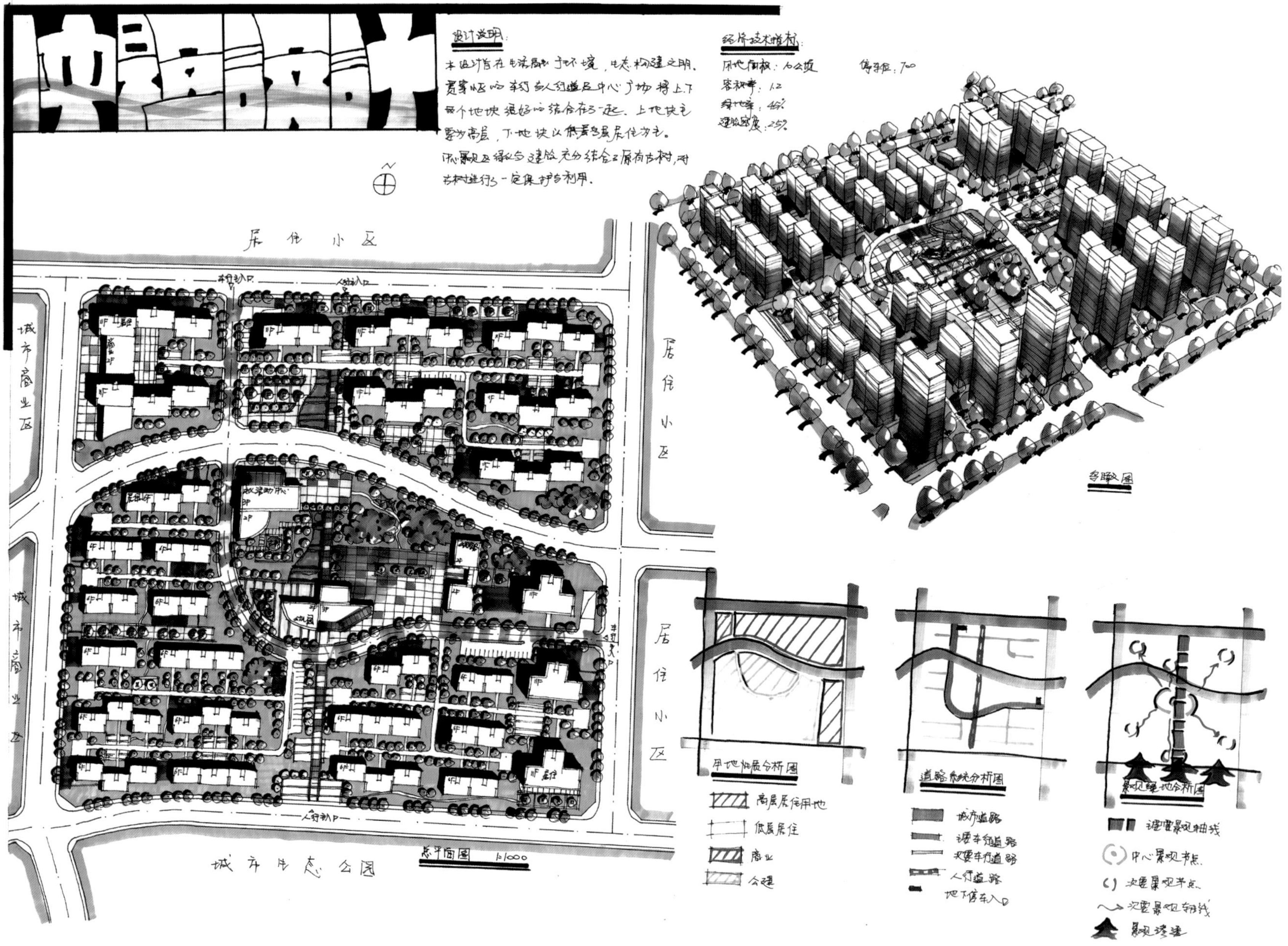
设计说明：
本设计旨在生活融于环境，生态构建文明。贯穿小区的车行与人行道及中心广场将上下两个地块很好的结合在了一起。上地块主要为高层，下地块以低层多层居住为主。中心景观及绿化与建筑充分结合了原有古树，对古树进行了一定保护与利用。
经济技术指标：
用地面积：6公顷
停车位：700
容积率：1.2
绿地率：45%
建筑密度：25%
居住小区
城市商业区
居住小区
居住小区
城市商业区
城市生态公园
总平面图 1:1000
鸟瞰图
用地性质分析图
高层居住用地
低层居住
商业
公建
道路系统分析图
城市道路
主要车行道路
次要车行道路
人行道路
地下停车入口
景观绿地分析图
主要景观轴线
中心景观节点
次要景观节点
次要景观轴线
景观绿化

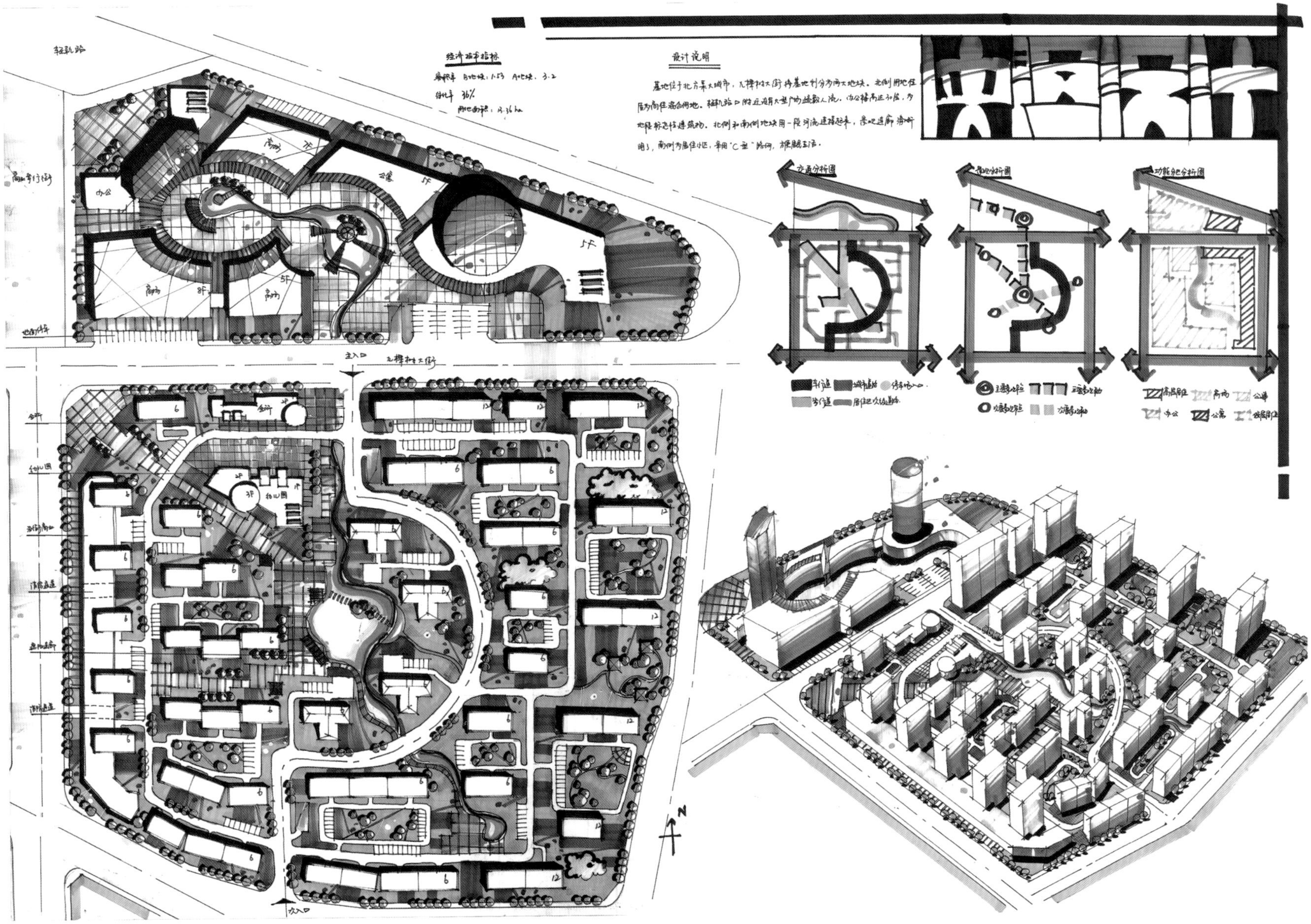
经济技术指标
绿化率 36%
设计说明
交通分析图
功能分析图
主入口
次入口
办公
5F
8F
N

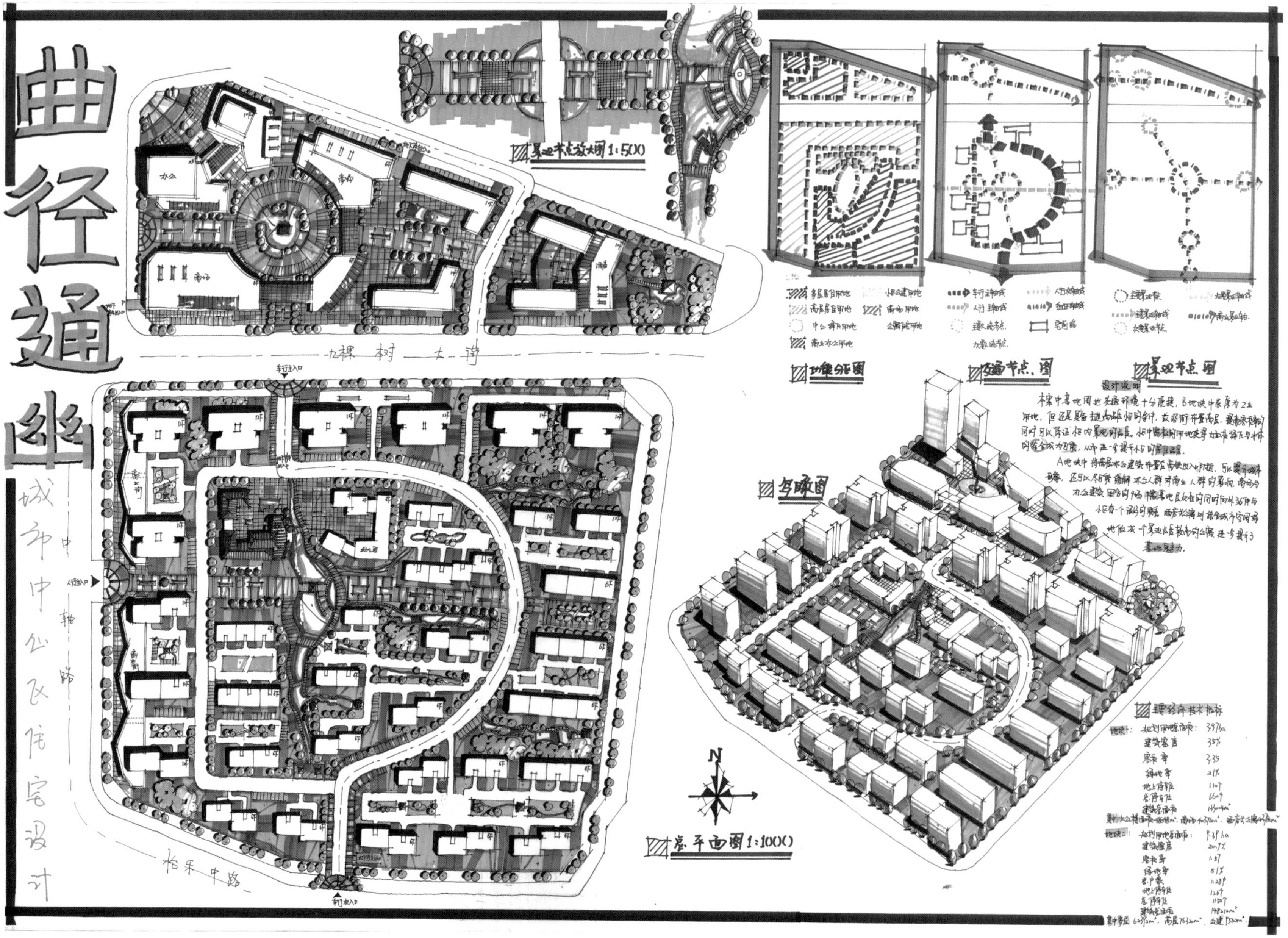

曲径通幽
景观节点放大图 1:500
九棵树大街
功能分区图
交通节点图
景观节点图
设计说明
鸟瞰图
总平面图 1:1000
N

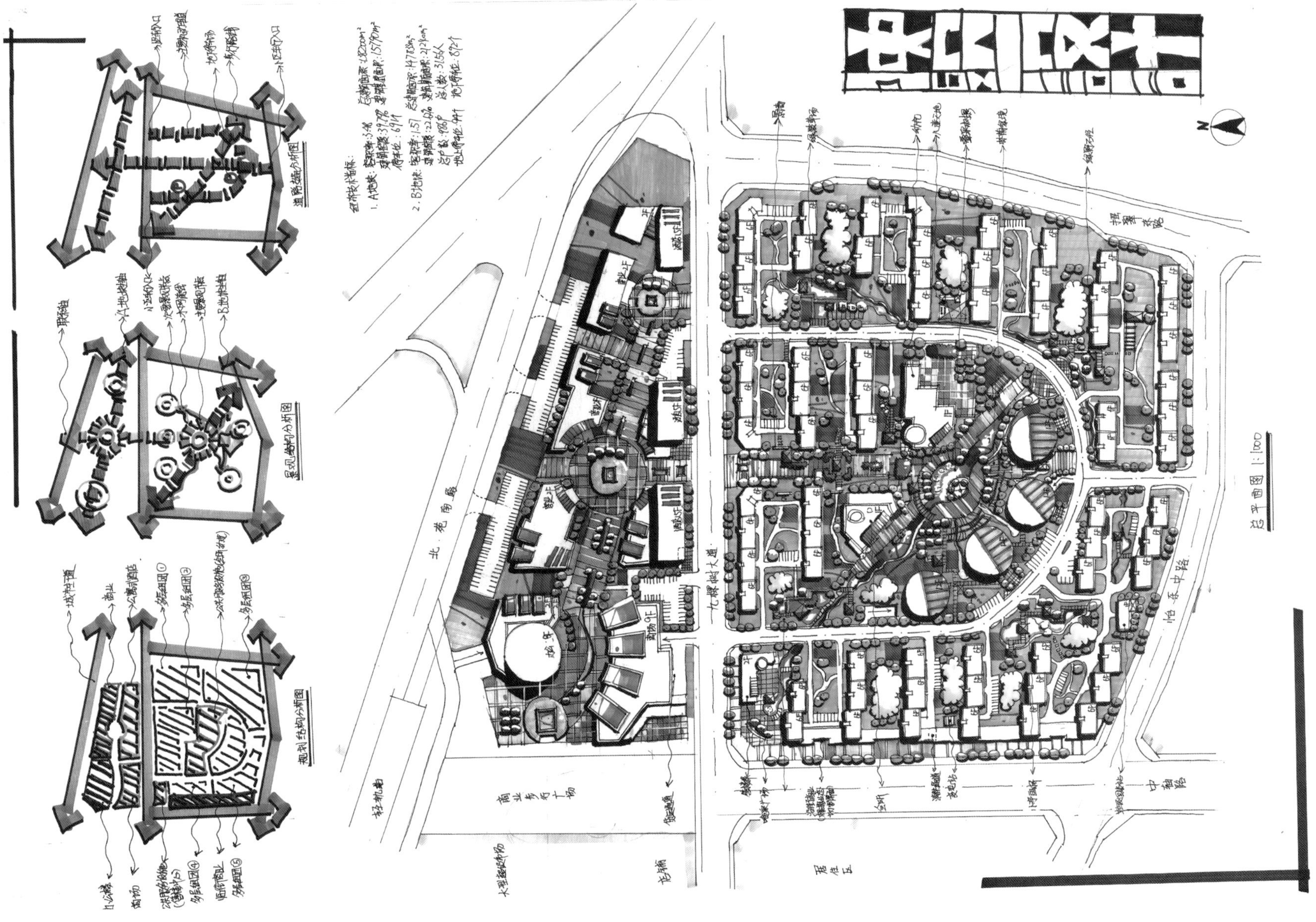

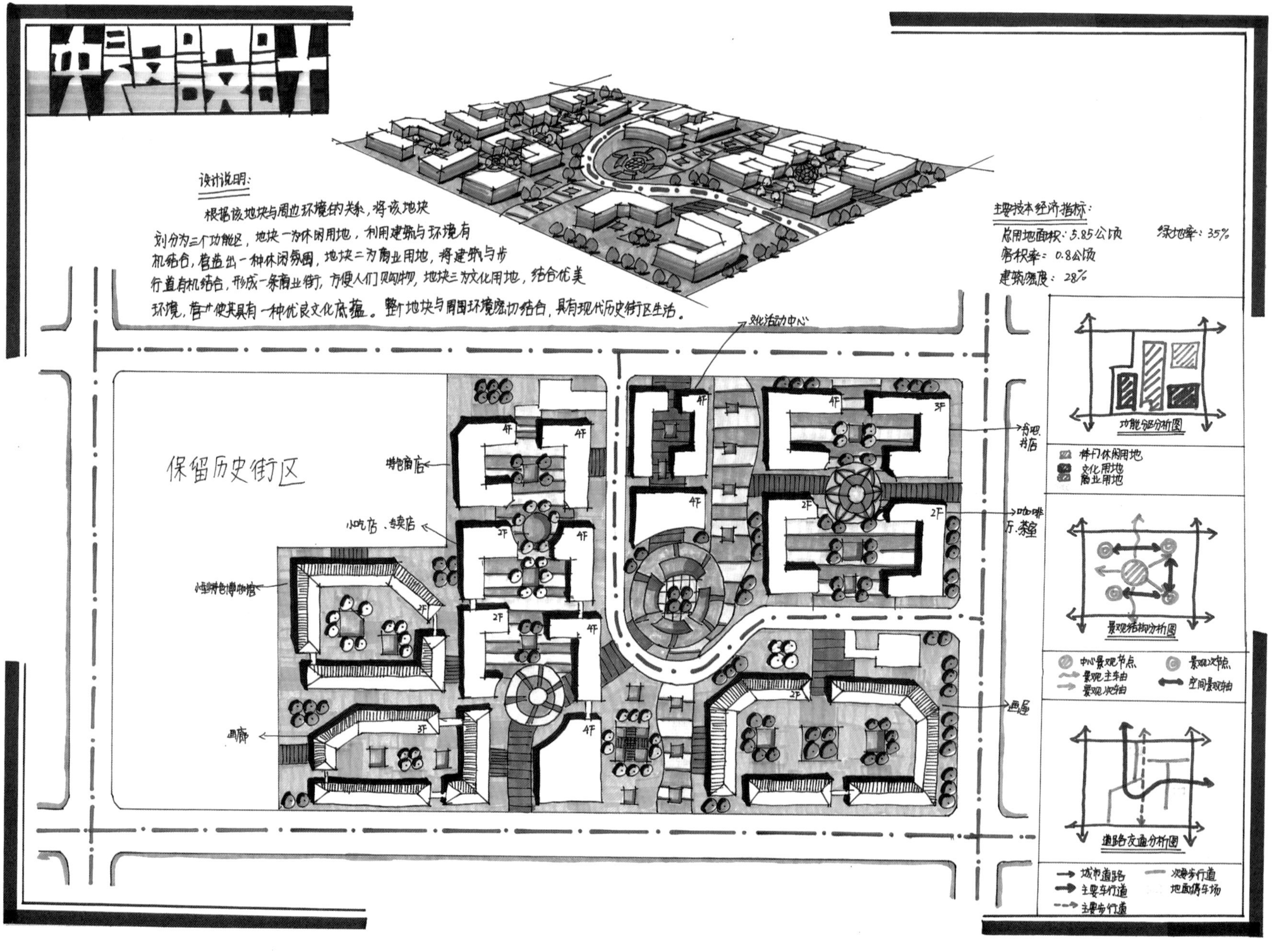
设计说明：
根据该地块与周边环境的关系，将该地块划分为三个功能区，地块一为休闲用地，利用建筑与环境有机结合，营造出一种休闲氛围，地块二为商业用地，将建筑与步行道有机结合，形成一条商业街，方便人们购物，地块三为文化用地，结合优美环境，营造使其具有一种优良文化底蕴。整个地块与周围环境密切结合，具有现代历史街区生活。
主要技术经济指标：
总用地面积：5.85公顷
绿地率：35%
容积率：0.8公顷
建筑密度：28%
保留历史街区
特色商店
小吃店、专卖店
画廊
文化活动中心
书吧、书店
咖啡厅、茶室
画廊
功能分区分析图
特门休闲用地
文化用地
商业用地
景观结构分析图
中心景观节点
景观次节点
景观主轴
景观次轴
空间景观轴
道路交通分析图
城市道路
主要车行道
主要步行道
次要步行道
地面停车场

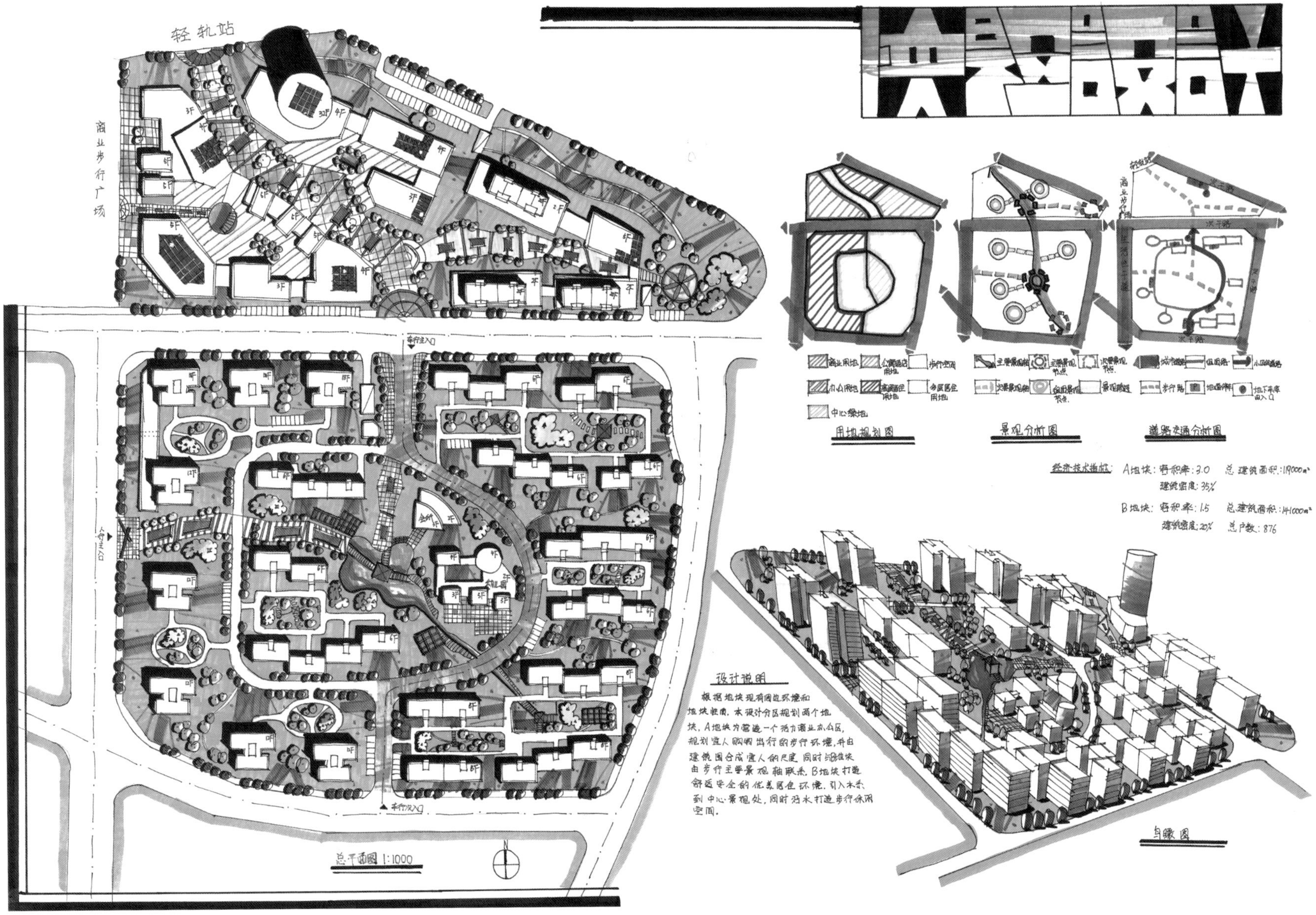
轻轨站
商业步行广场
用地规划图
景观分析图
道路交通分析图
经济技术指标：A地块：容积率：3.0 总建筑面积：119000m²
建筑密度：35%
B地块：容积率：1.5 总建筑面积：141000m²
建筑密度：20% 总户数：876
设计说明
根据地块现有周边环境和地块性质，本设计分区规划两个地块，A地块为营造一个活力商业办公区，规划宜人购物出行的步行环境，并由建筑围合成宜人的尺度，同时与B地块由步行主要景观轴联系，B地块打造舒适安全的优美居住环境，引入水系到中心景观处，同时沿水打造步行休闲空间。
鸟瞰图
总平面图 1:1000

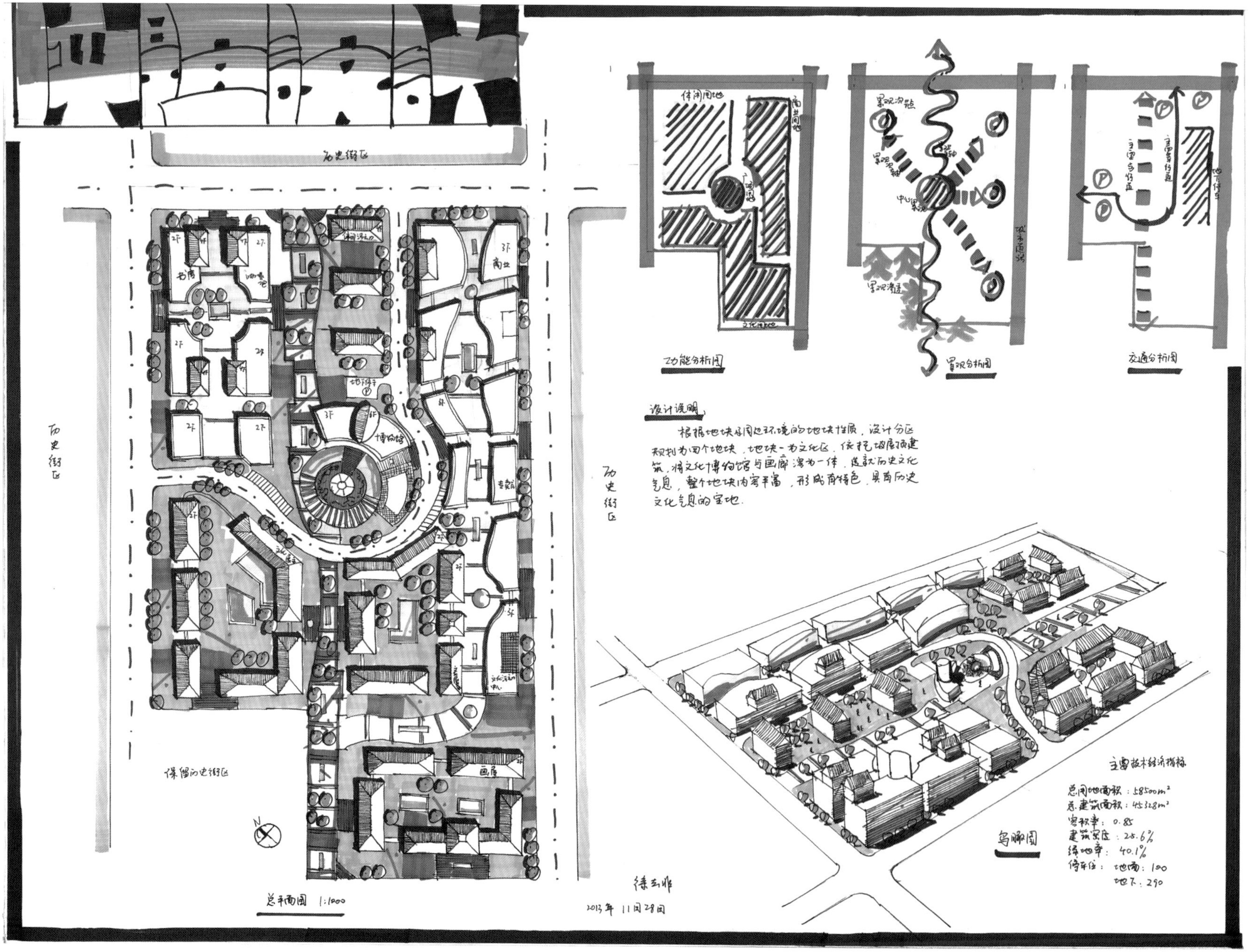
历史街区
功能分析图
景观分析图
交通分析图
设计说明
根据地块周边环境的地块性质，设计分区规划为四个地块，地块一为文化区，依托坡屋顶建筑，将文化博物馆与画廊溶为一体，营造历史文化气息，整个地块内容丰富，形成有特色，具有历史文化气息的宝地。
保留历史街区
总平面图 1:1000
2013年 11月28日
鸟瞰图
主要技术经济指标
总用地面积：58500m²
总建筑面积：45328m²
容积率：0.85
建筑密度：25.6%
绿地率：40.1%
停车位：地面：100
地下：290

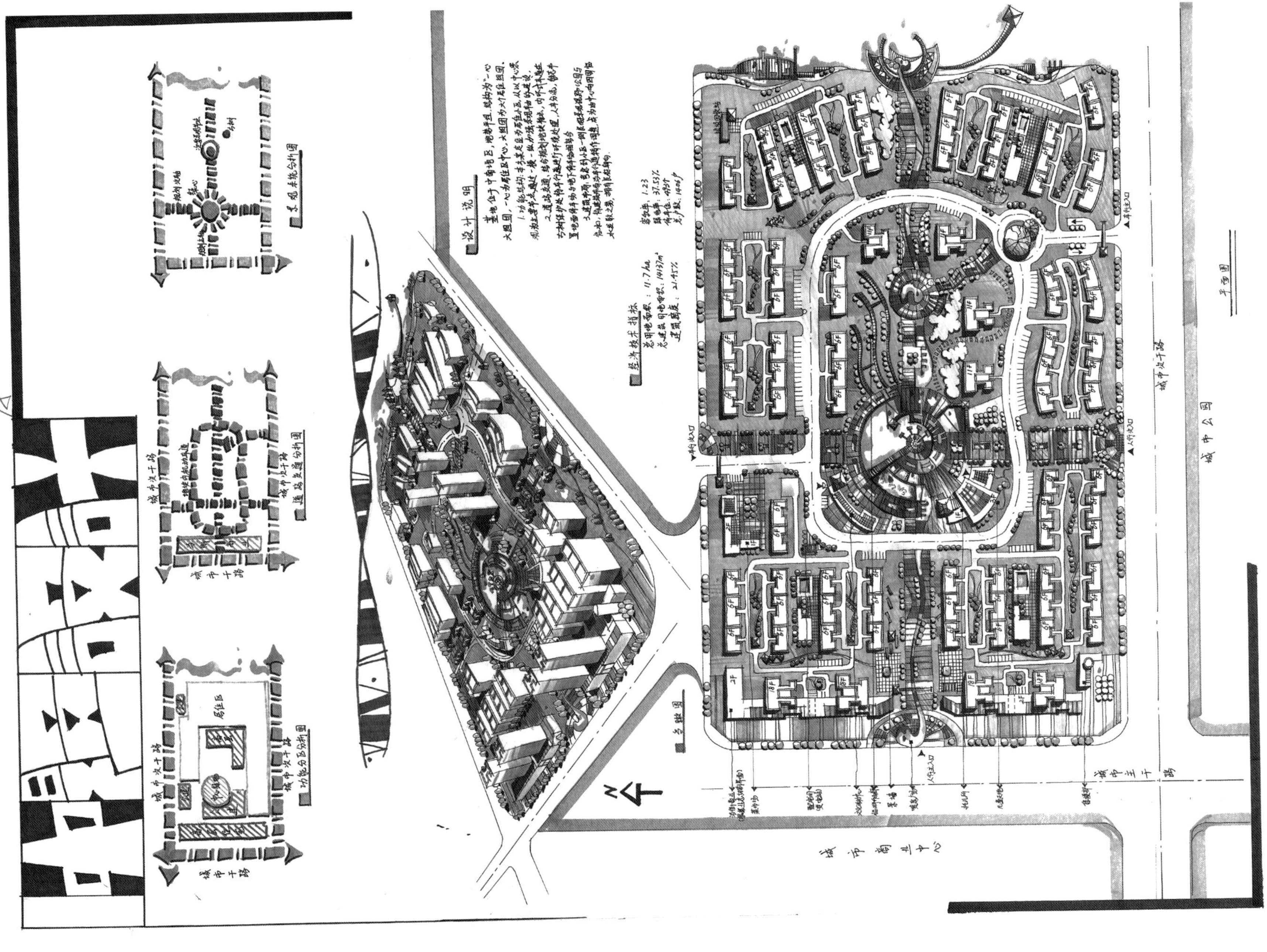

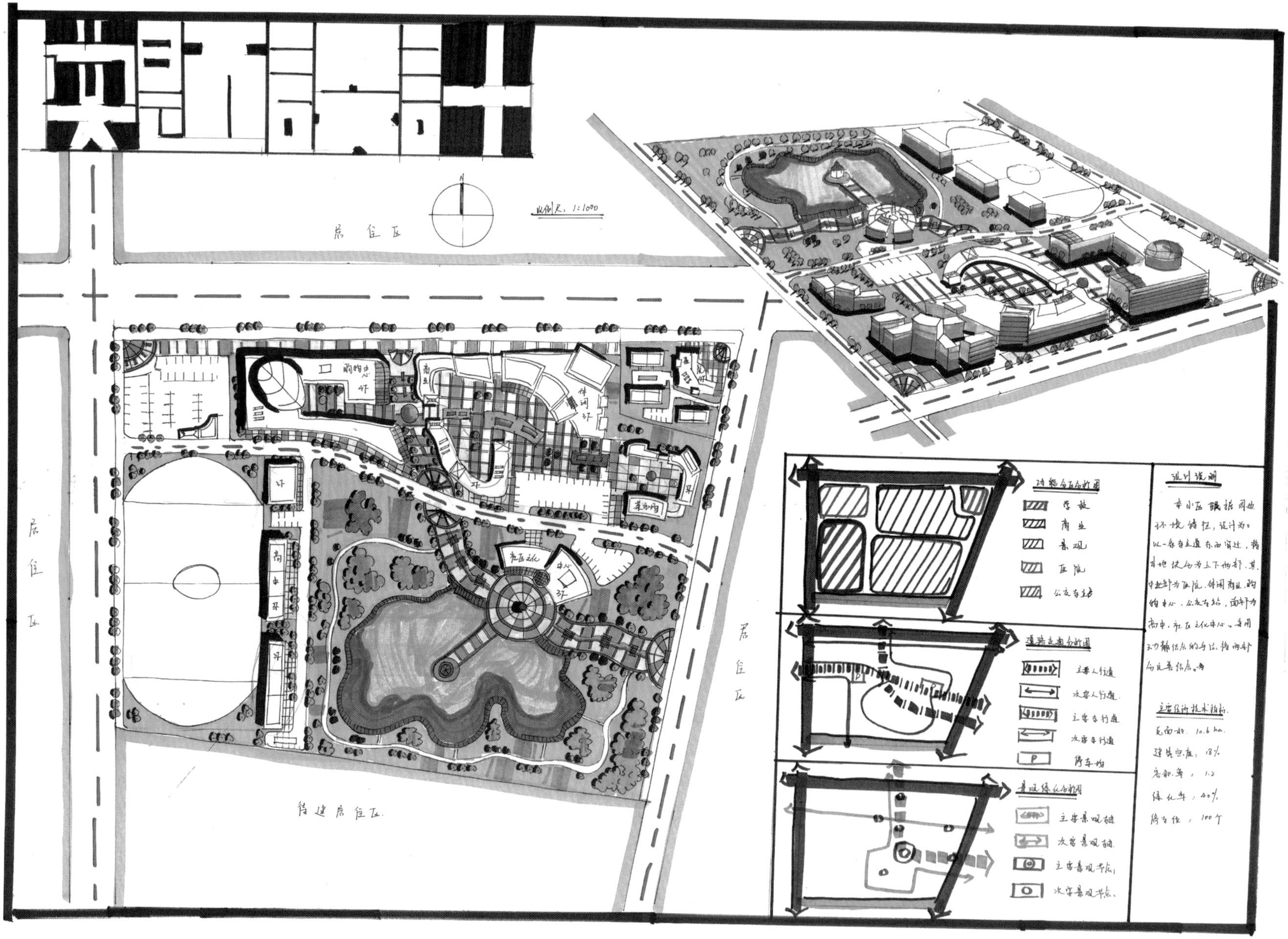
快题设计
比例尺 1:1000
居住区
待建居住区
购物中心
休闲商业
高中
社区文化中心
功能分区分析图
学校
商业
景观
医院
公交车站
道路交通分析图
主要人行道
次要人行道
主要车行道
次要车行道
停车场
景观绿化分析图
主要景观轴
次要景观轴
主要景观节点
次要景观节点
设计说明
主要经济技术指标
总面积：10.6ha
建筑密度：18%
容积率：1.2
绿化率：40%
停车位：100个

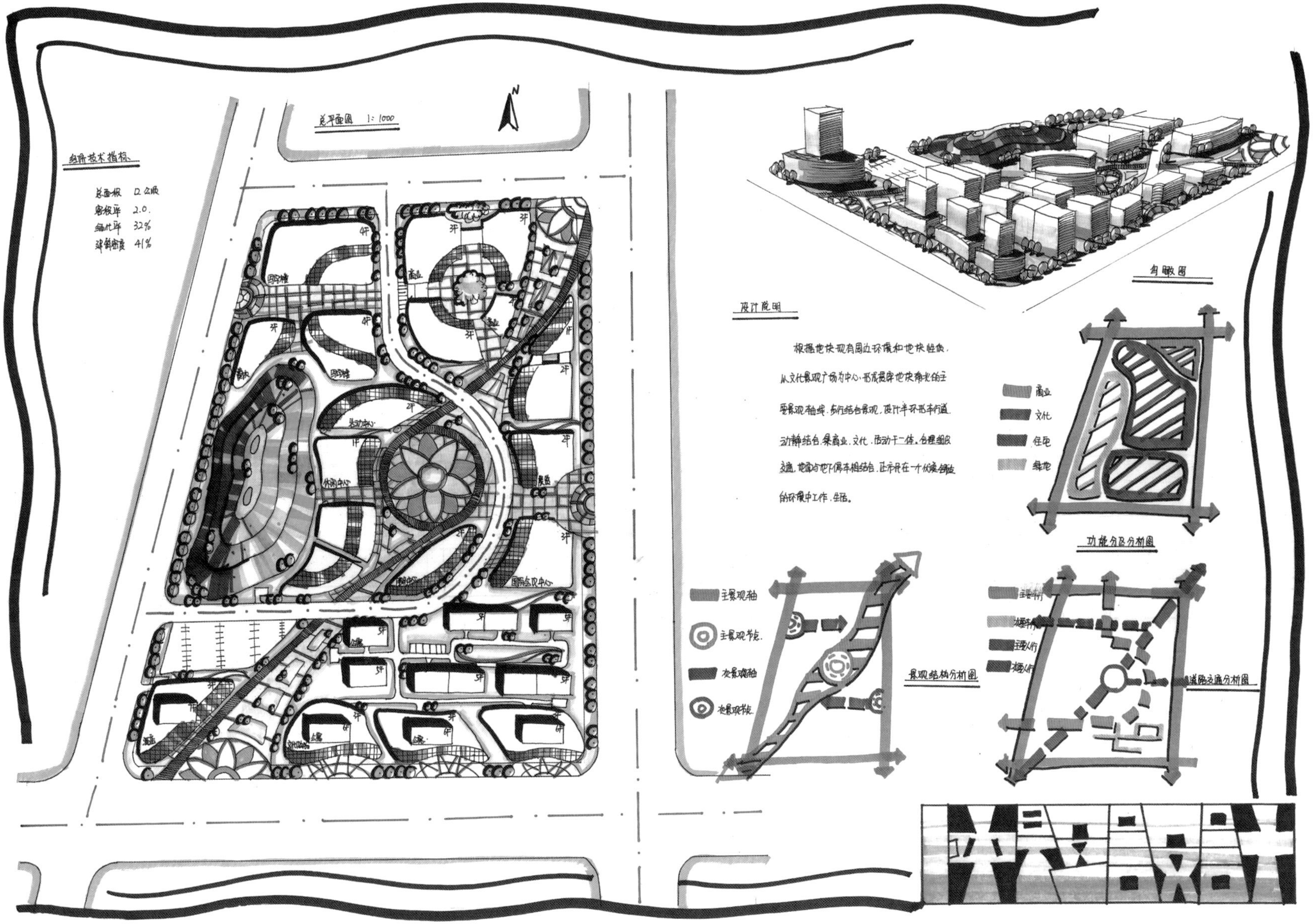
经济技术指标
容积率 2.0.
绿化率 32%
建筑密度 41%
总平面图 1:1000
鸟瞰图
设计说明
根据地块现有周边环境和地块性质，从文化景观广场为中心，形成贯穿地块南北的主要景观轴线，步行结合景观，设计半环形车行道，动静结合，集商业、文化、活动于一体。合理组织交通，地面与地下停车相结合，让市民在一个优美舒适的环境中工作、生活。
商业
文化
住宅
绿地
功能分区分析图
主景观轴
主景观节点
次景观轴
次景观节点
景观结构分析图
道路交通分析图

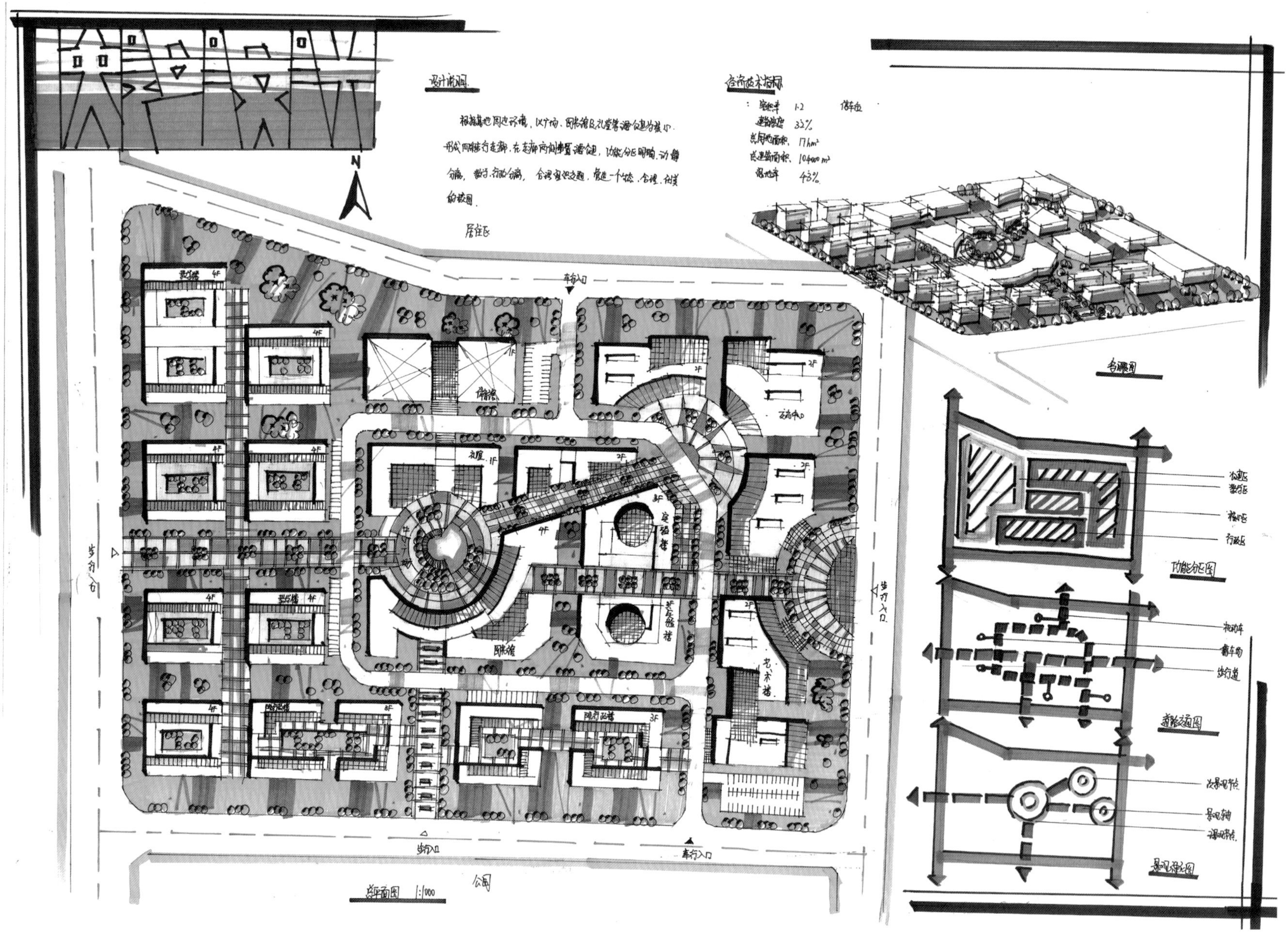
设计说明
根据基地周边环境，以广场、图书馆及礼堂等建筑为核心，形成四条步行走廊，在走廊两侧布置建筑，功能分区明确，动静分离，教学、行政分离，合理组织交通，营造一个生态、合理、优美的校园。
经济技术指标
容积率 1.2
停车位
建筑密度 32%
总用地面积 17hm²
总建筑面积 104000m²
绿地率 43%
居住区
车行入口
步行入口
公园
总平面图 1:1000
鸟瞰图
功能分区图
道路交通图
景观结构图

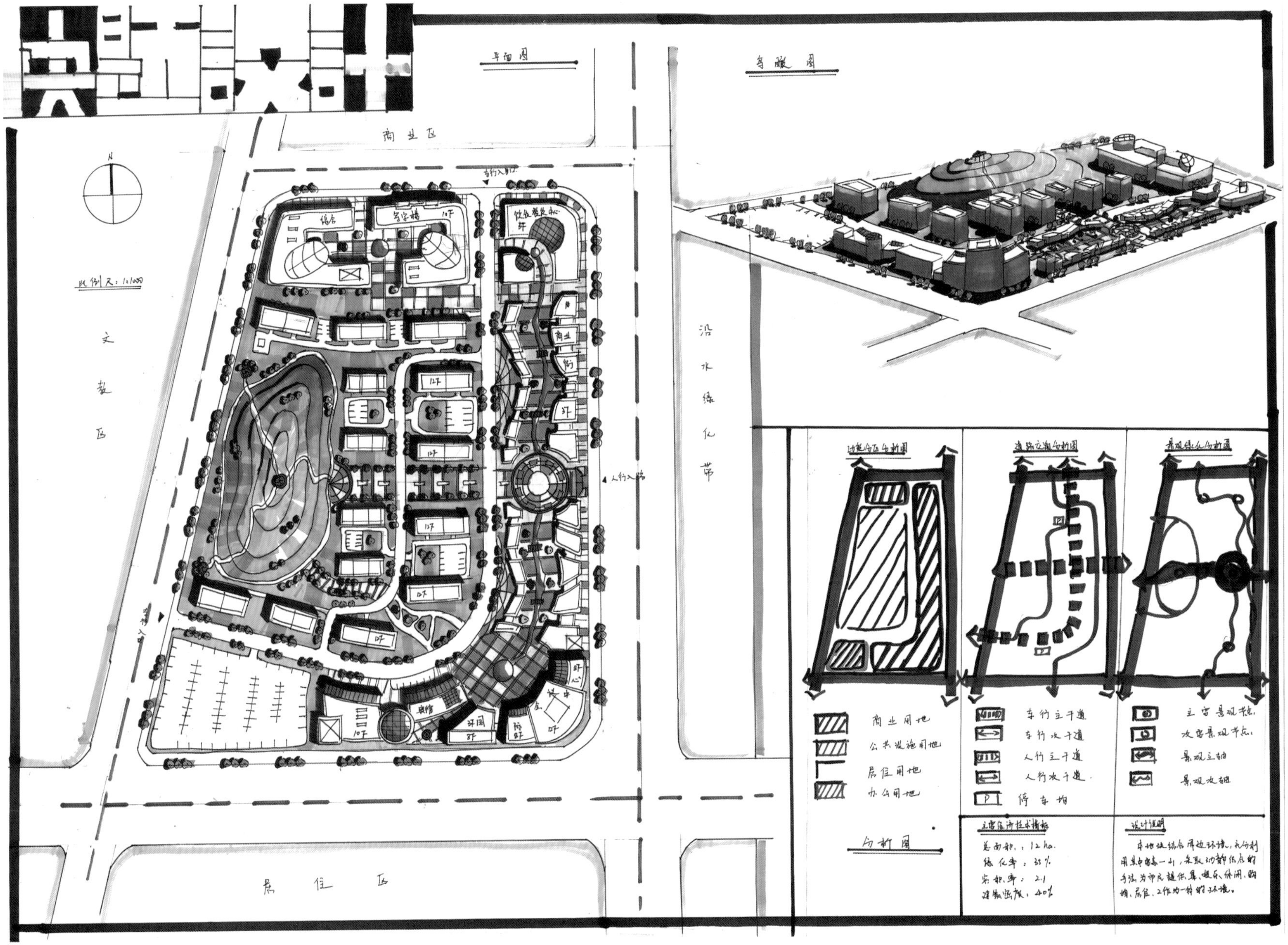
平面图
鸟瞰图
商业区
文教区
居住区
沿水绿化带
商业用地
公共设施用地
居住用地
办公用地
车行主干道
车行次干道
人行主干道
人行次干道
停车场
主要景观节点
次要景观节点
景观主轴
景观次轴
分析图
主要经济技术指标
总面积：12 ha.
绿化率：35%
容积率：2.1
设计说明
本地块结合周边环境，充分利用其中的一山，采取动静结合的手法，为市民提供集娱乐、休闲、购物、居住、工作为一体的环境。

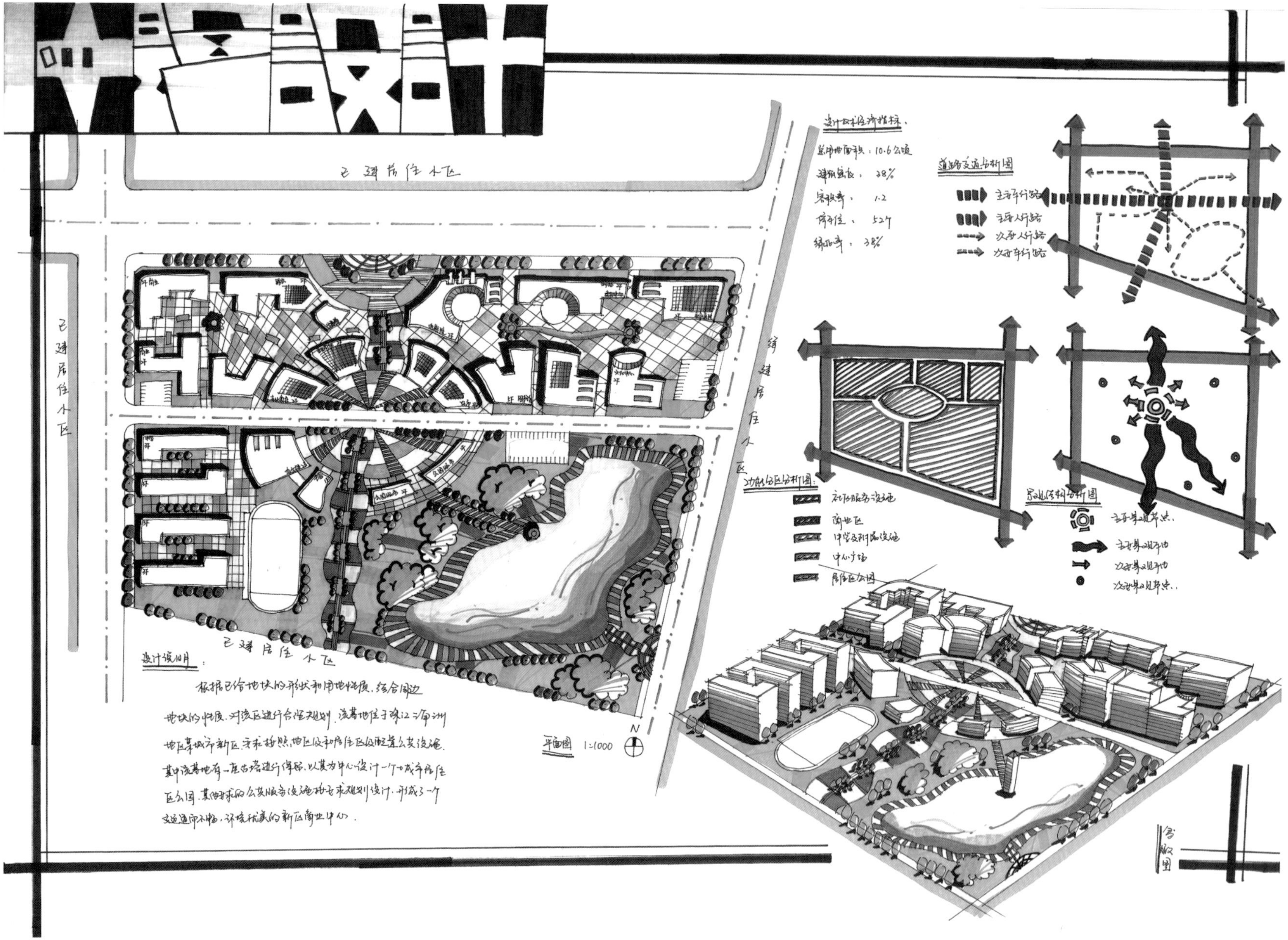

设计
已建居住小区
已建居住小区
已建居住小区
已建居住小区
设计技术经济指标：
总用地面积：10.6公顷
建筑密度：38%
容积率：1.2
停车位：52个
绿地率：38%
道路交通分析图
主要车行路
主要人行路
次要人行路
次要车行路
功能分区分析图
社区服务设施
商业区
中学及附属设施
中心广场
居住区公园
景观结构分析图
主要景观节点
主要景观轴
次要景观轴
次要景观节点
设计说明：
根据已给地块的形状和用地性质，结合周边地块的性质，对该区进行合理规划。该基地位于珠江三角洲地区某城市新区，要求按照地区级和居住区级配置公共设施。其中该基地有一座古塔进行保留，以其为中心设计一个城市居住区公园。其他要求的公共服务设施都按要求规划设计，形成了一个交通通而不畅，环境优美的新区商业中心。
平面图 1:1000
N
鸟瞰图

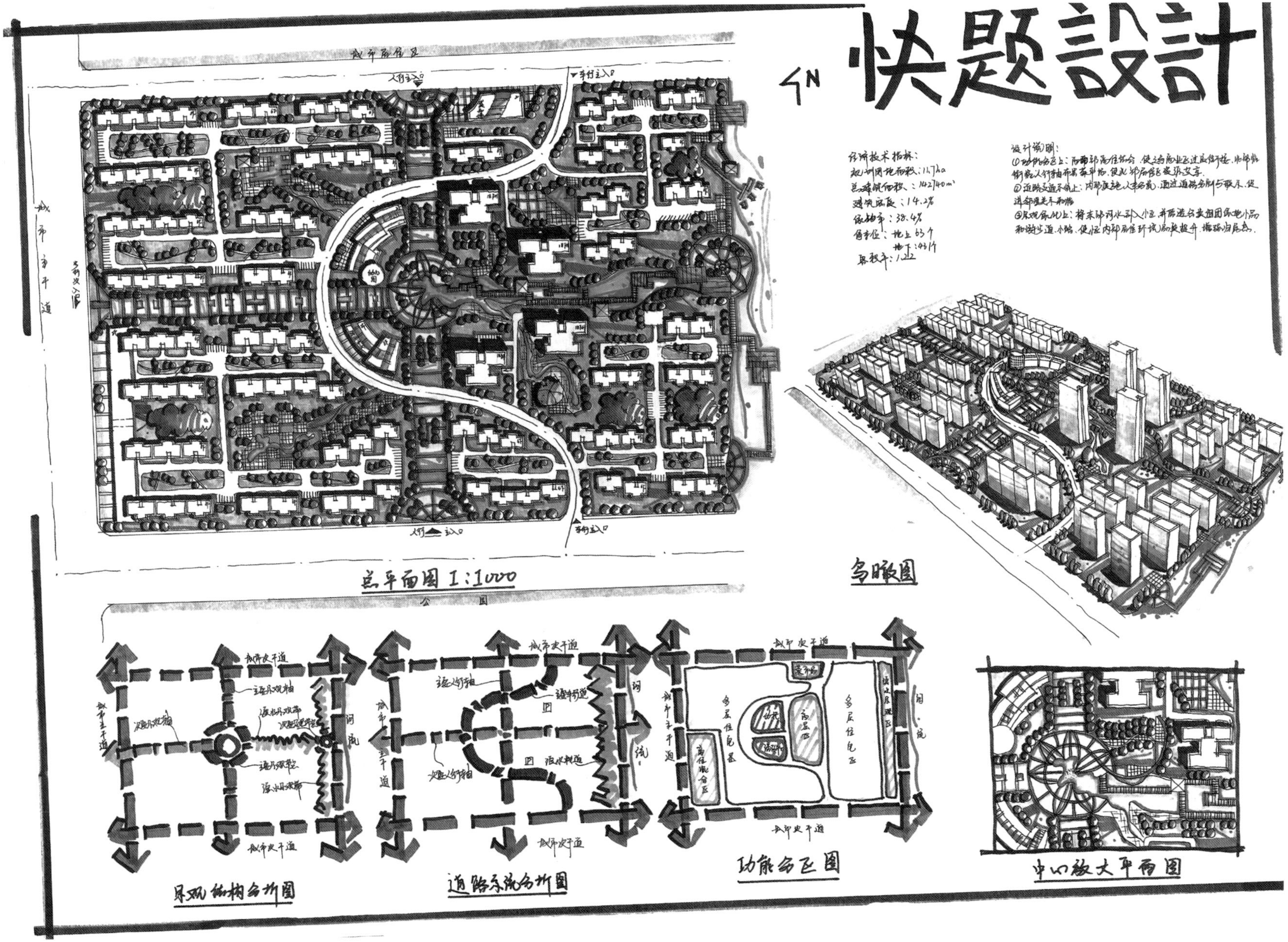
快题設計
经济技术指标：
规划用地面积：11.7ha
总建筑面积：142740m²
建筑密度：14.2%
绿地率：38.4%
容积率：1.22
总平面图 1:1000
鸟瞰图
景观结构分析图
道路系统分析图
功能分区图
中心放大平面图

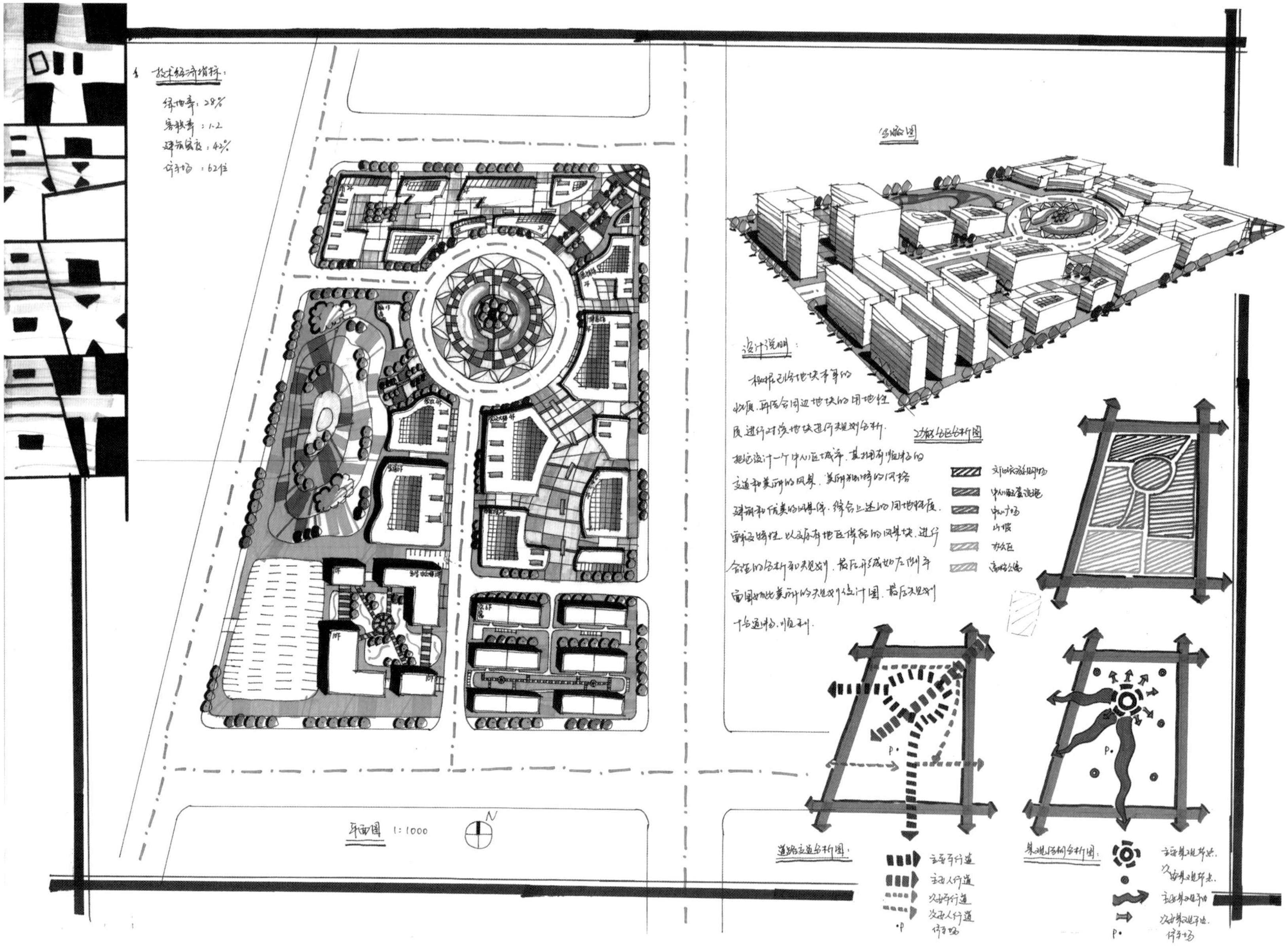
技术经济指标：
绿地率：28%
容积率：1.2
建筑密度：42%
停车场：62位
鸟瞰图
设计说明：
功能分区分析图
中心广场
办公区
平面图 1:1000
N
道路交通分析图
主要车行道
主要人行道
次要车行道
次要人行道
停车场
景观结构分析图
主要景观节点
次要景观节点
主要景观轴
次要景观轴
停车场

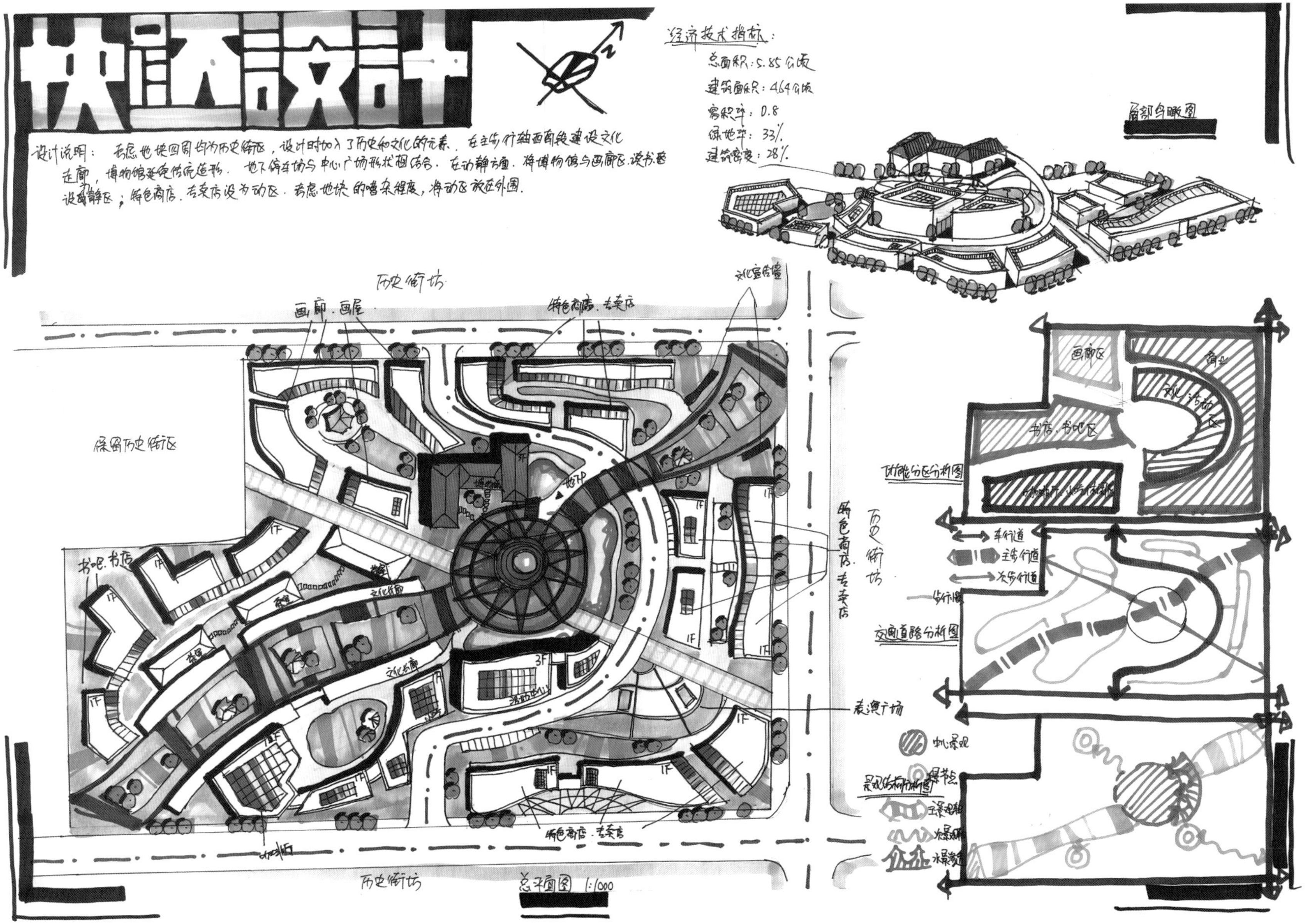
快题設計
设计说明：考虑地块四周均为历史街区，设计时加入了历史和文化的元素。在主步行轴西南段建设文化走廊，博物馆延续传统造型。地下停车场与中心广场形状相结合。在动静方面，将博物馆与画廊区、设书吧设为静区；特色商店、专卖店设为动区。考虑地块的嘈杂程度，将动区放在外围。
经济技术指标：
总面积：5.85公顷
建筑面积：4.64公顷
容积率：0.8
绿地率：33%
建筑密度：28%
局部鸟瞰图
历史街坊
画廊、画屋
特色商店、专卖店
文化宣传墙
保留历史街区
书吧、书店
文化长廊
特色商店、专卖店
表演广场
历史街坊
总平面图 1:000
功能分区分析图
画廊区
书店、书吧区
交通道路分析图
车行道
主步行道
次步行道
景观结构分析图
中心景观
主景观轴
水景

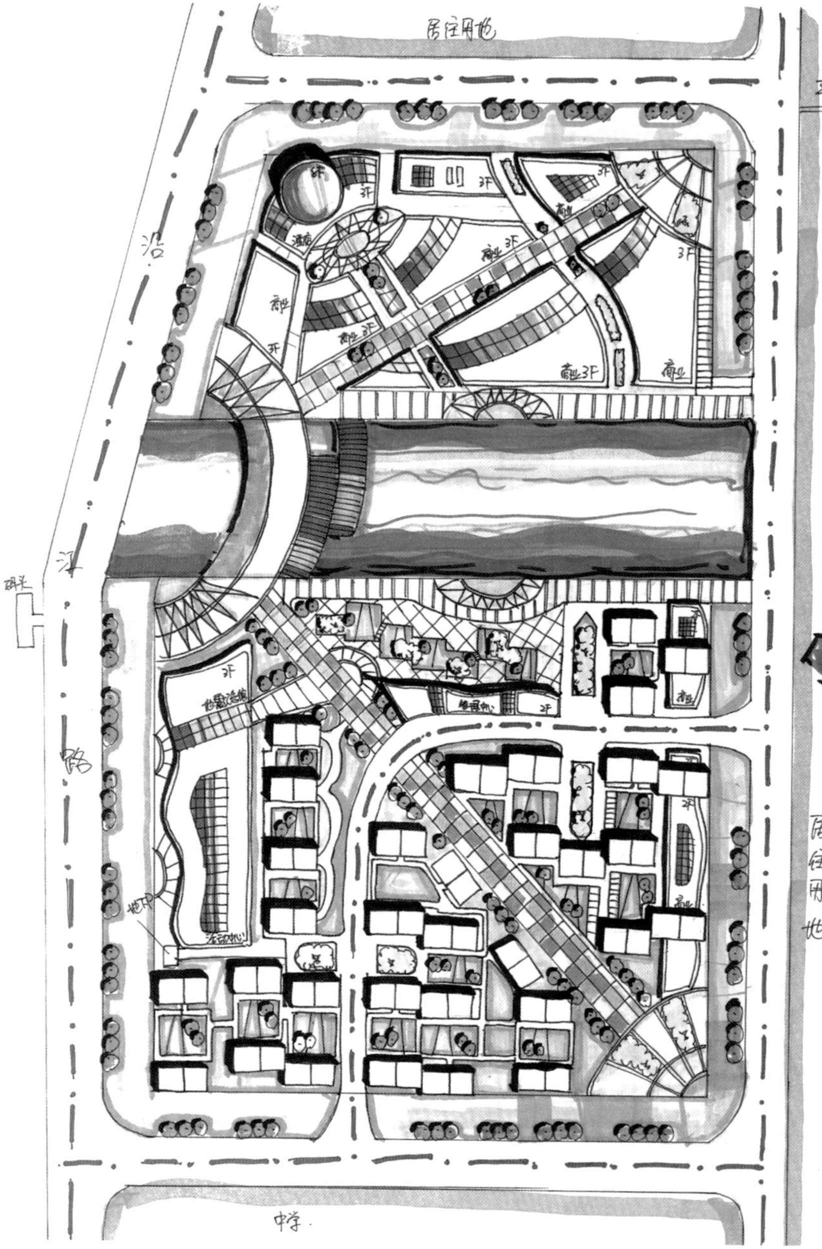

快题设计

设计说明：该区为灾后重建区，设计时考虑了避震方面的因素，公共广场用于避震。基地北部为中心商业区，因基地南面为学校，为了周边利于学习考虑建设居民区。为观景和避震考虑在河边设步行道，与步行道相连有多条道路。河南也有一广场，平时为娱乐休闲使用，地震时为避震地区。沿江路左侧有一码头，曾是抗震时所用，所以将抗震纪念馆放置在路右侧，方便参观。

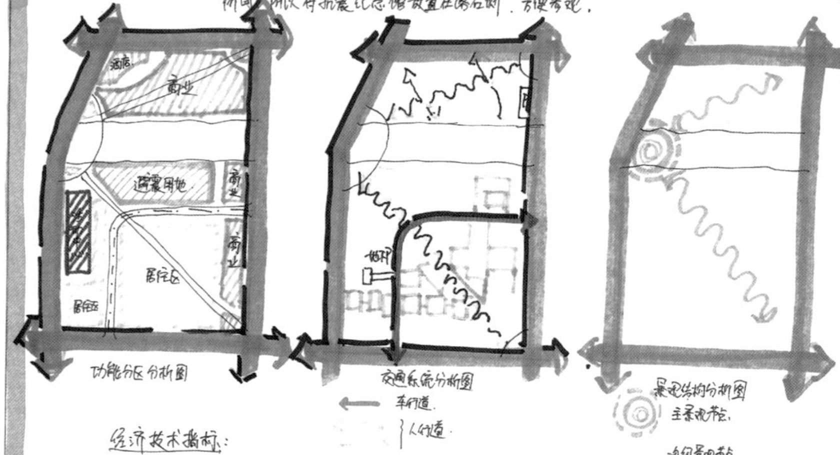

经济技术指标：

总面积：6.20公顷

建筑面积：5.[illegible]公顷

容积率：0.8

绿化率：31%

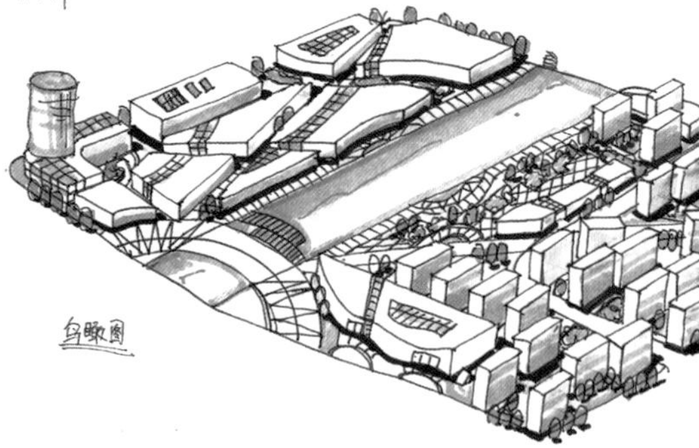

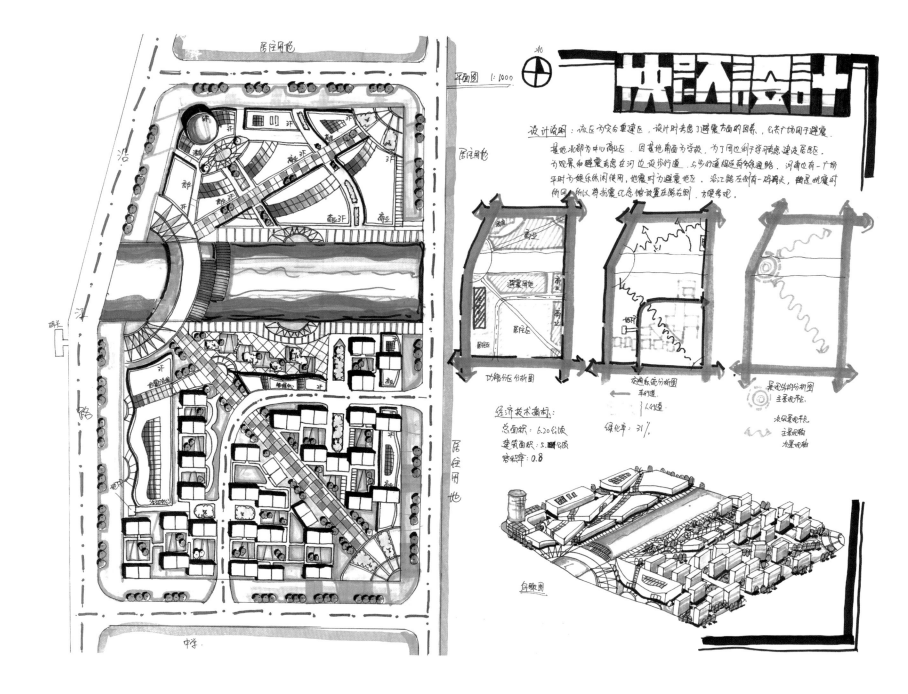

鸟瞰图

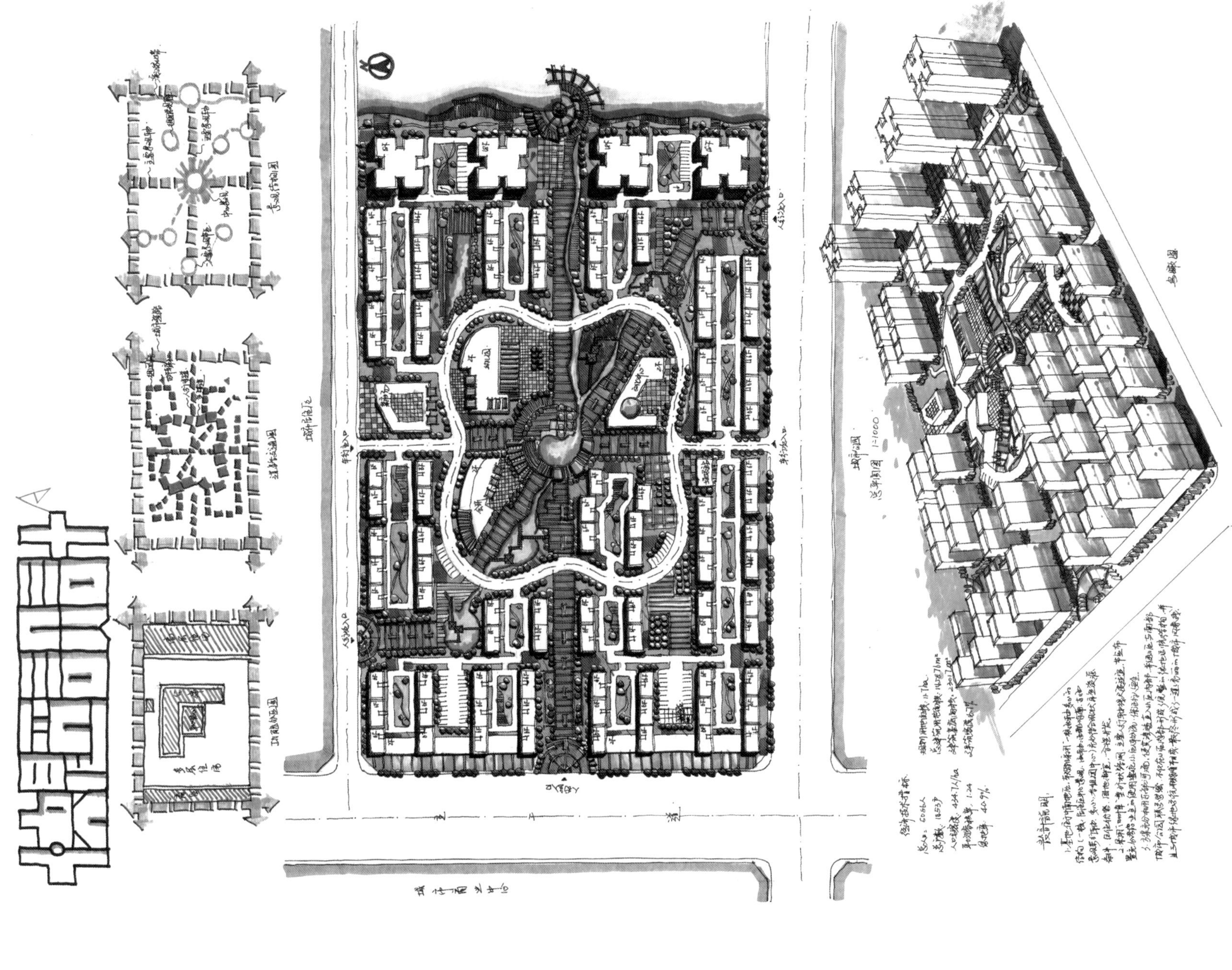

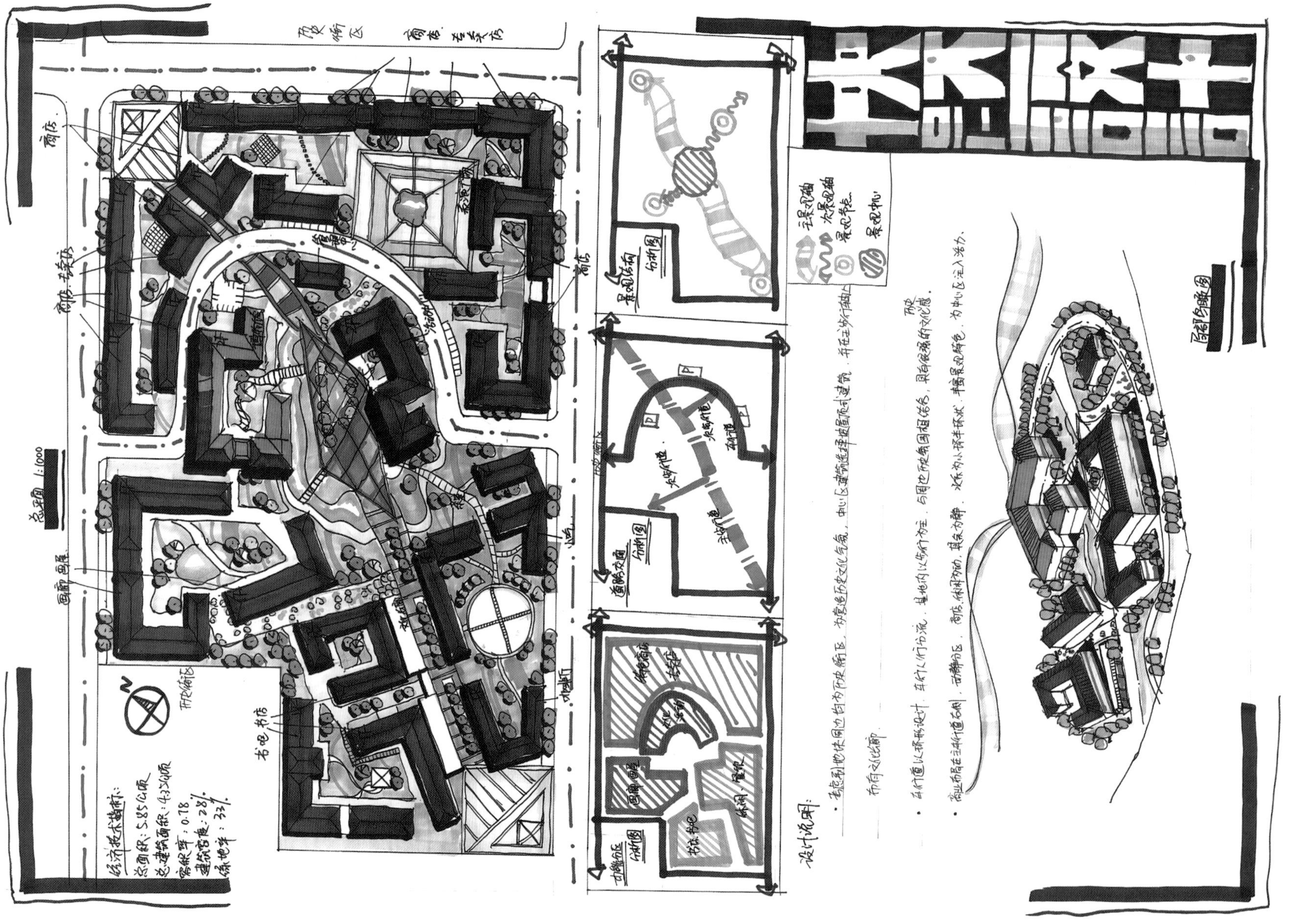
总平面 1:1000
经济技术指标:
总面积: 5.85公顷
总建筑面积: 4.35公顷
容积率: 0.78
建筑密度: 28%
绿地率: 33%
设计说明:
景观分析图
道路分析图
功能分区图

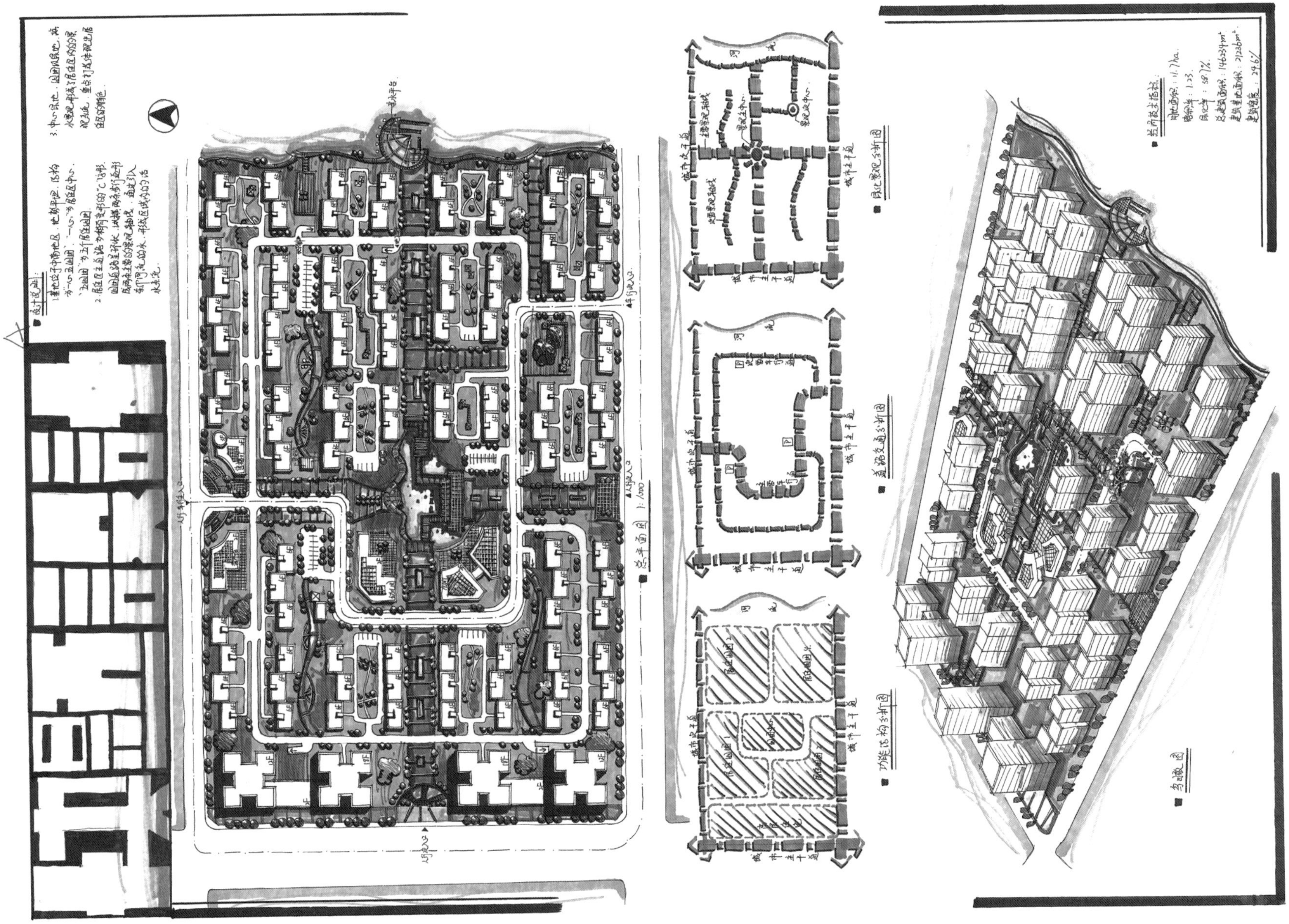

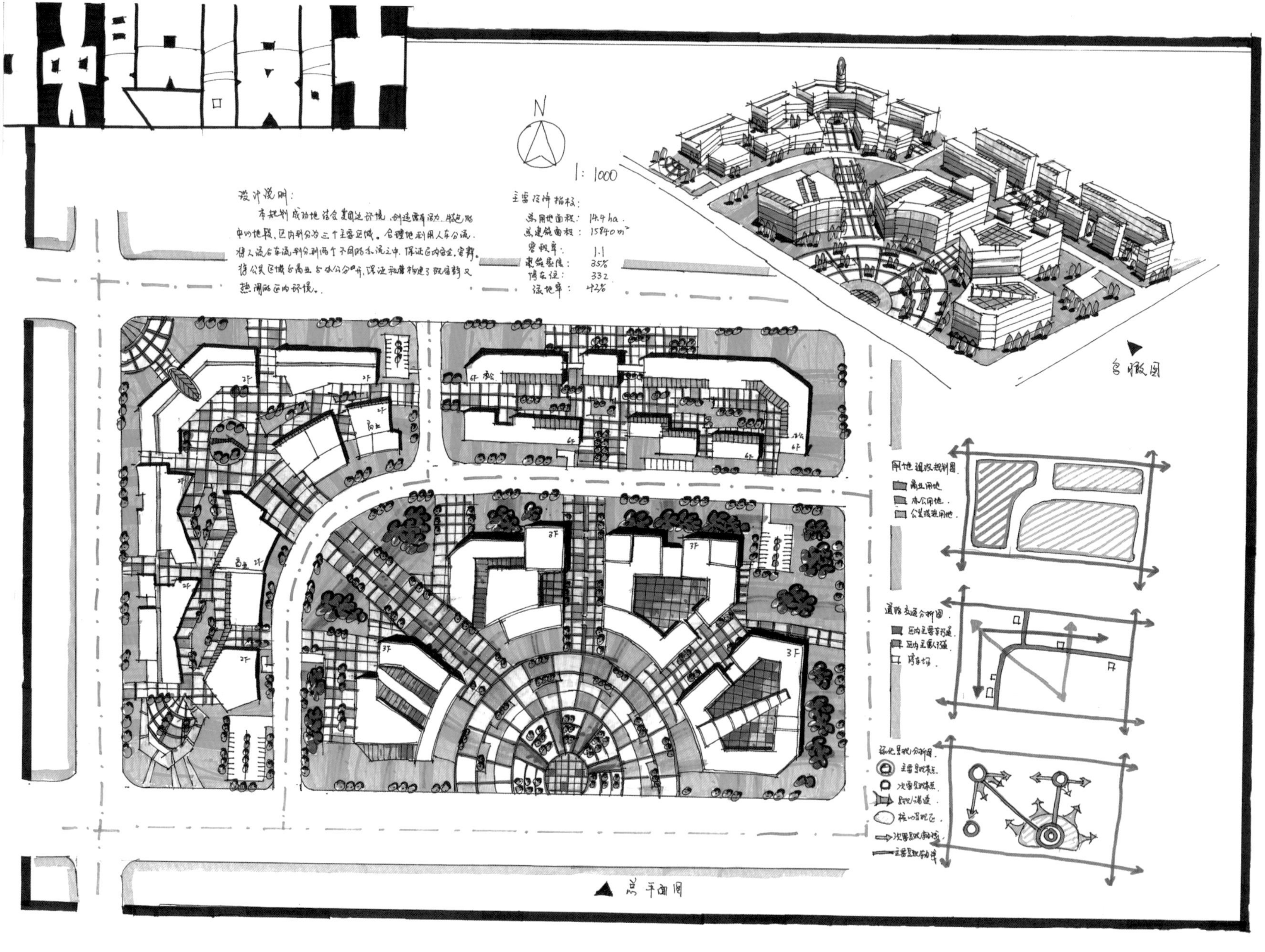
快题设计
N
1:1000
设计说明：
主要经济指标：
用地面积：14.4ha.
总建筑面积：15840m²
容积率：1.1
建筑密度：35%
停车位：332
绿地率：42%
鸟瞰图
总平面图
道路交通分析图

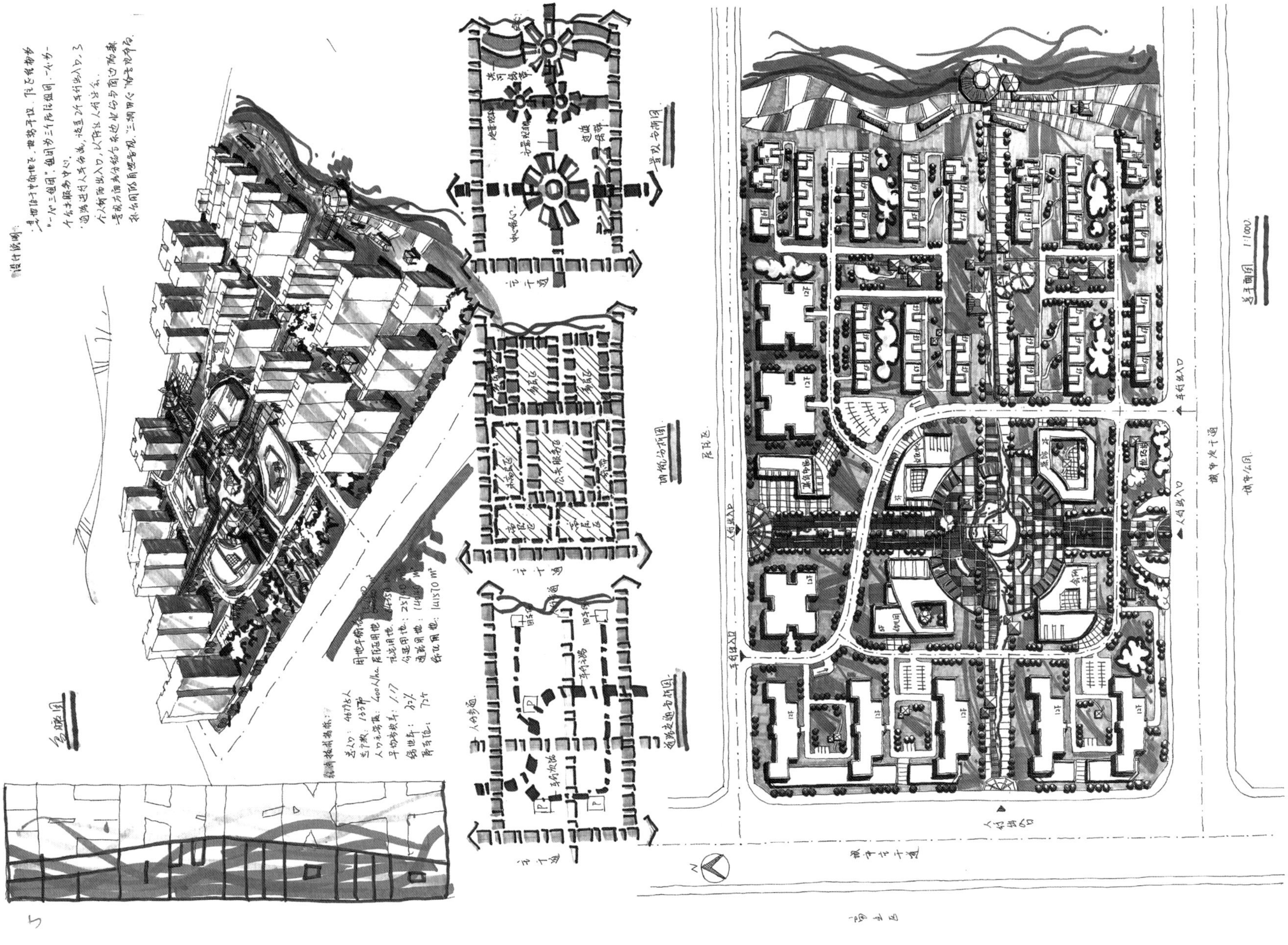

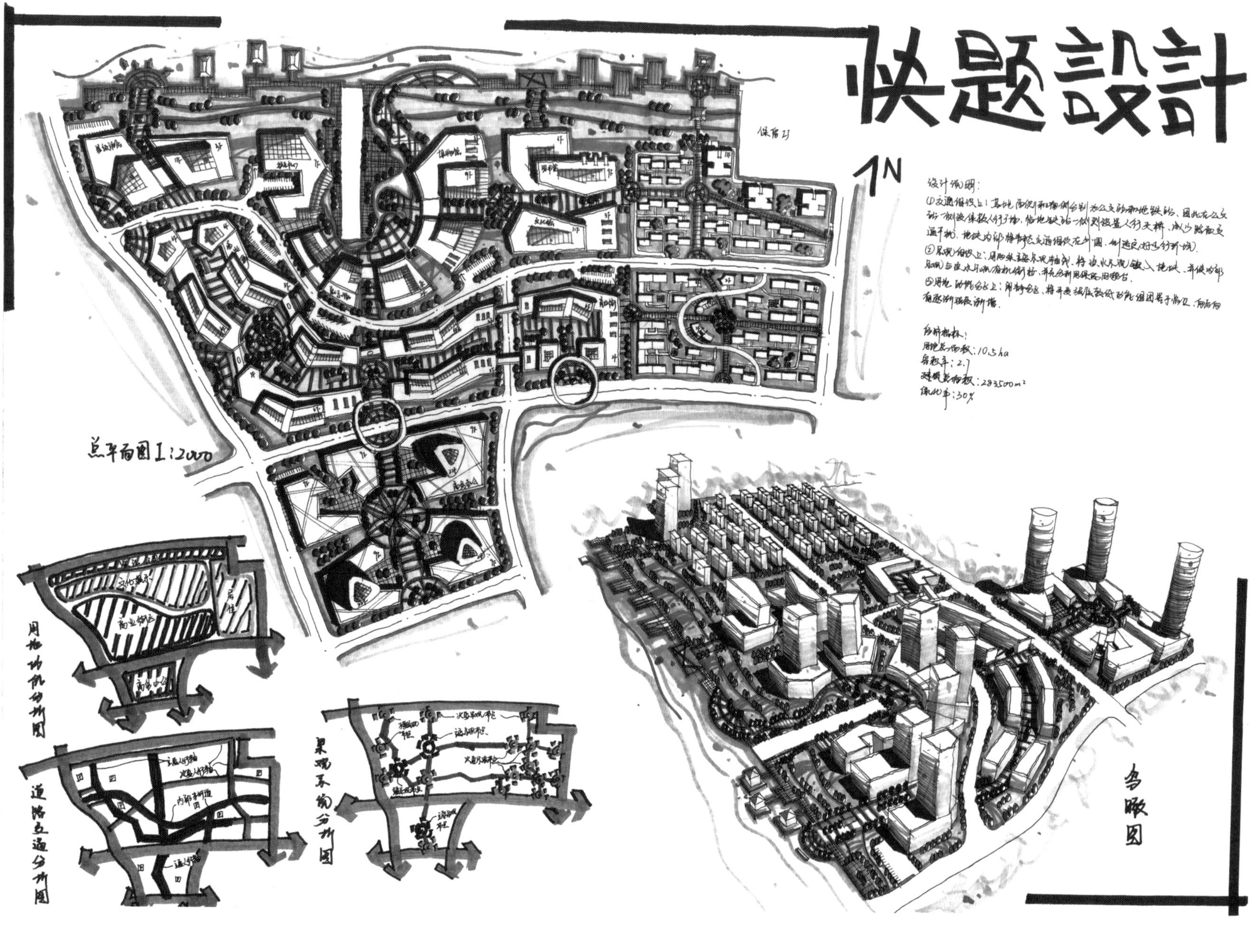
快题設計
1N
设计说明:
用地总面积:10.5ha
容积率:2.7
建筑总面积:283500m²
绿地率:30%
总平面图 1:2000
鸟瞰图
用地功能分析图
商业街区
道路交通分析图
景观系统分析图

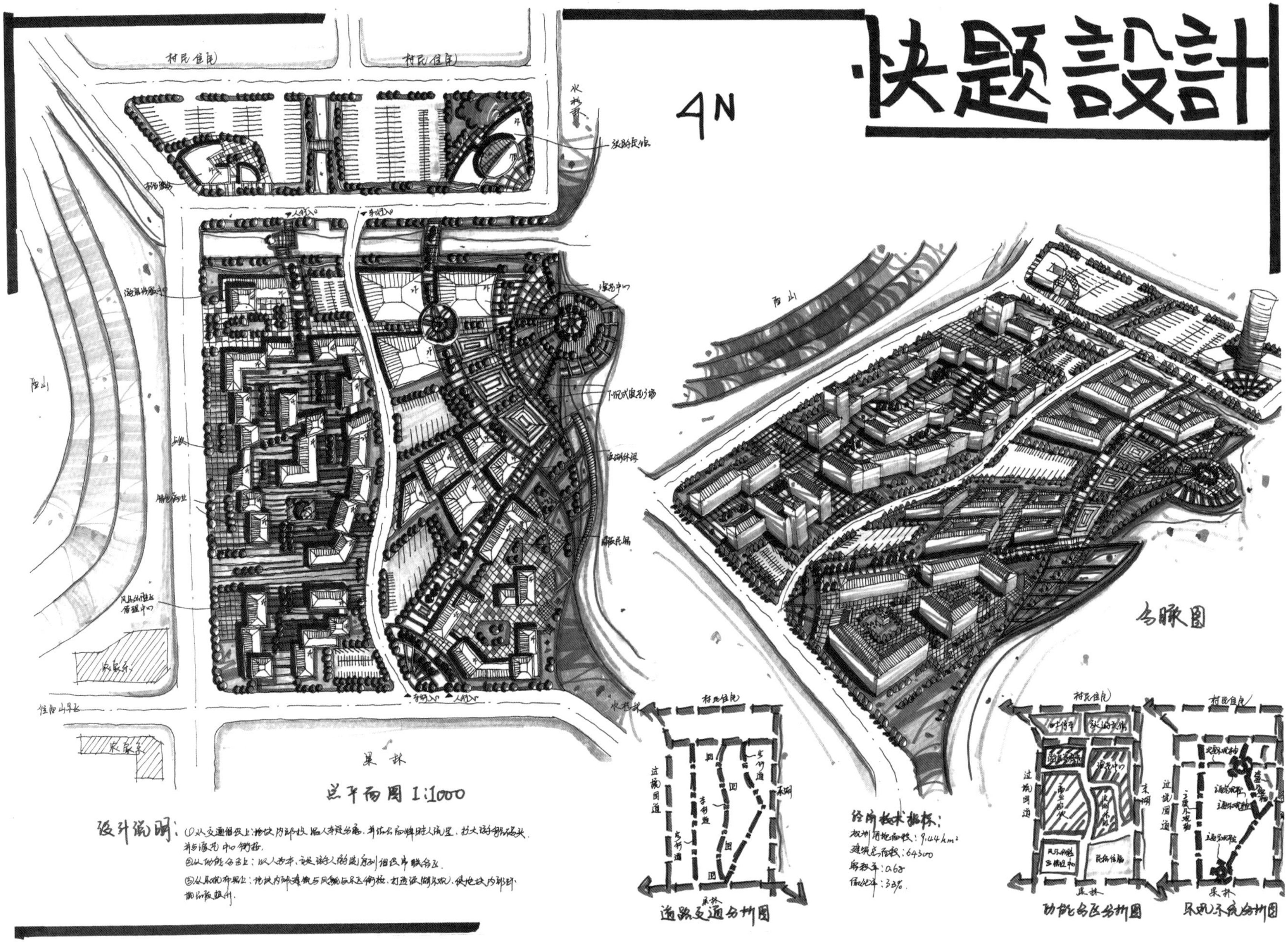
快题設計
4N
村民住宅
果林
西山
总平面图 1:1000
鸟瞰图
道路交通分析图
功能分区分析图
景观系统分析图
经济技术指标

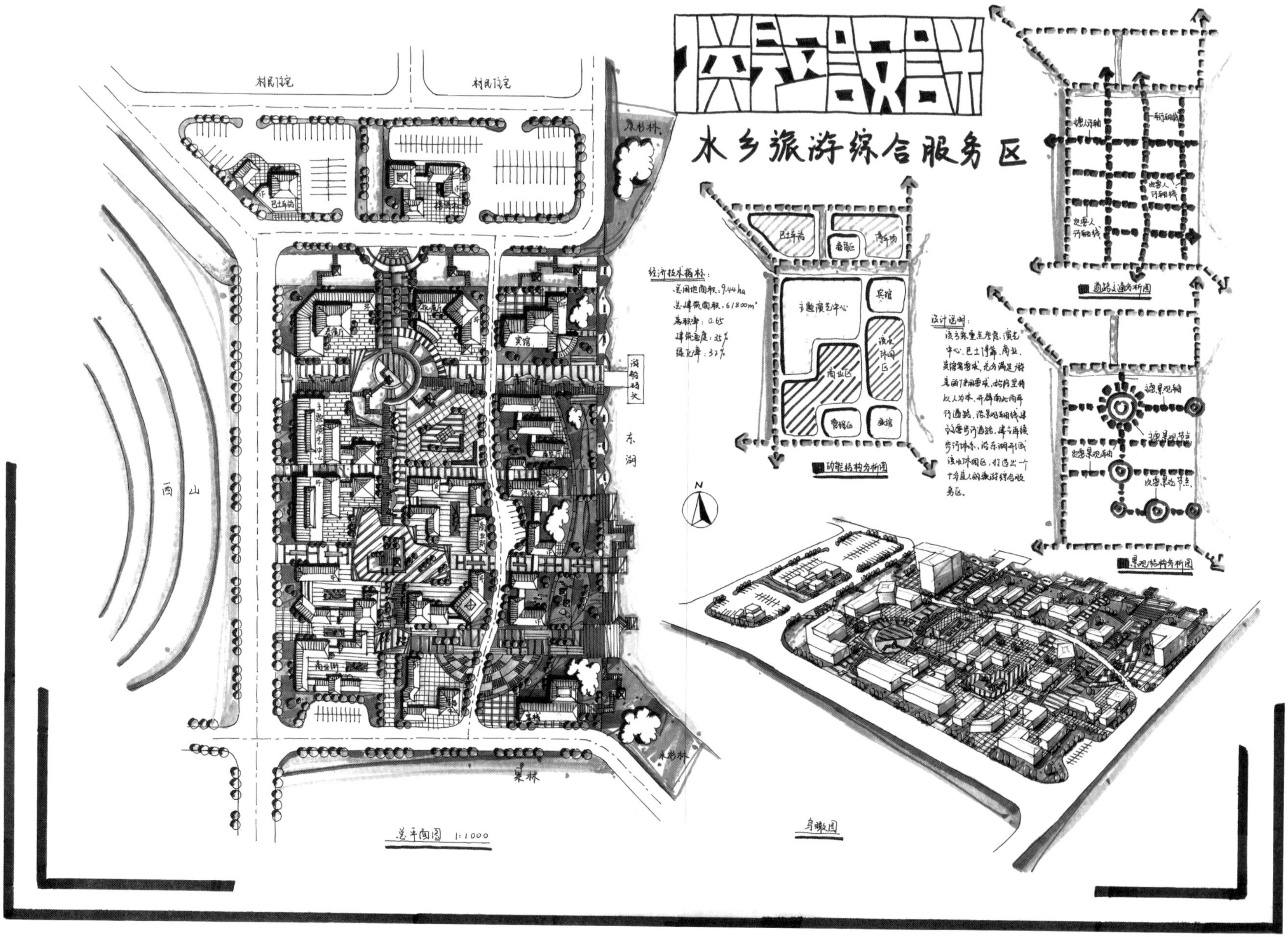
水乡旅游综合服务区
村民住宅
村民住宅
水杉林
西山
东湖
游船码头
果林
水杉林
总平面图 1:1000
鸟瞰图
经济技术指标：
总用地面积：9.44ha
总建筑面积：61800m²
容积率：0.65
建筑密度：35%
绿化率：32%
巴士车站
餐饮区
停车场
主题演艺中心
宾馆
商业区
滨水休闲区
管理区
旅馆
功能结构分析图
设计说明：
该方案重点考虑、演艺中心、巴士停靠、商业、宾馆等要求，充分满足游客的使用要求，功能上坚持以人为本，开辟南北向车行道路，沿景观轴线设立步行道路，建立连续步行体系，沿东湖开辟滨水休闲区，打造出一个十分宜人的旅游综合服务区。
道路交通分析图
景观结构分析图

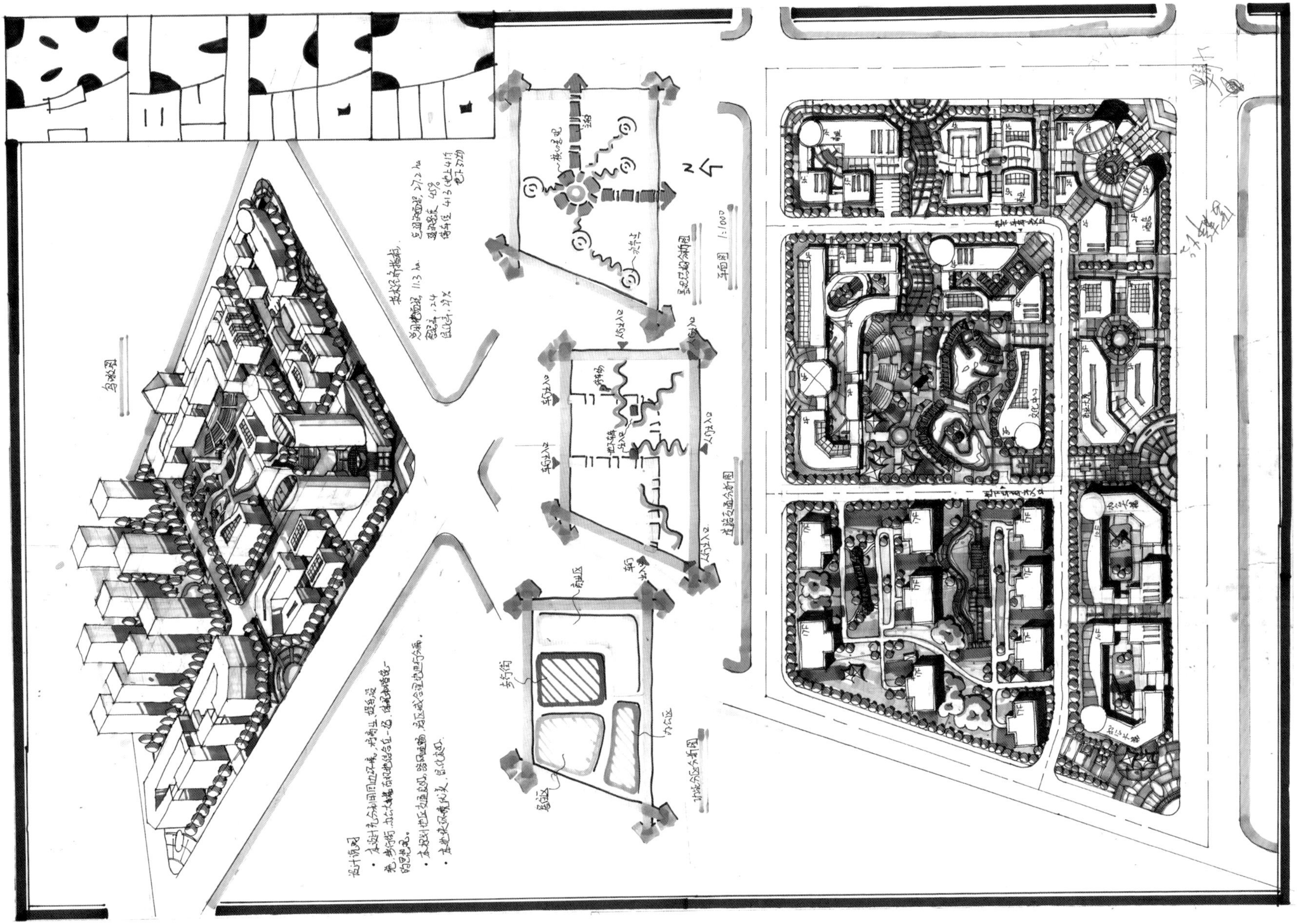

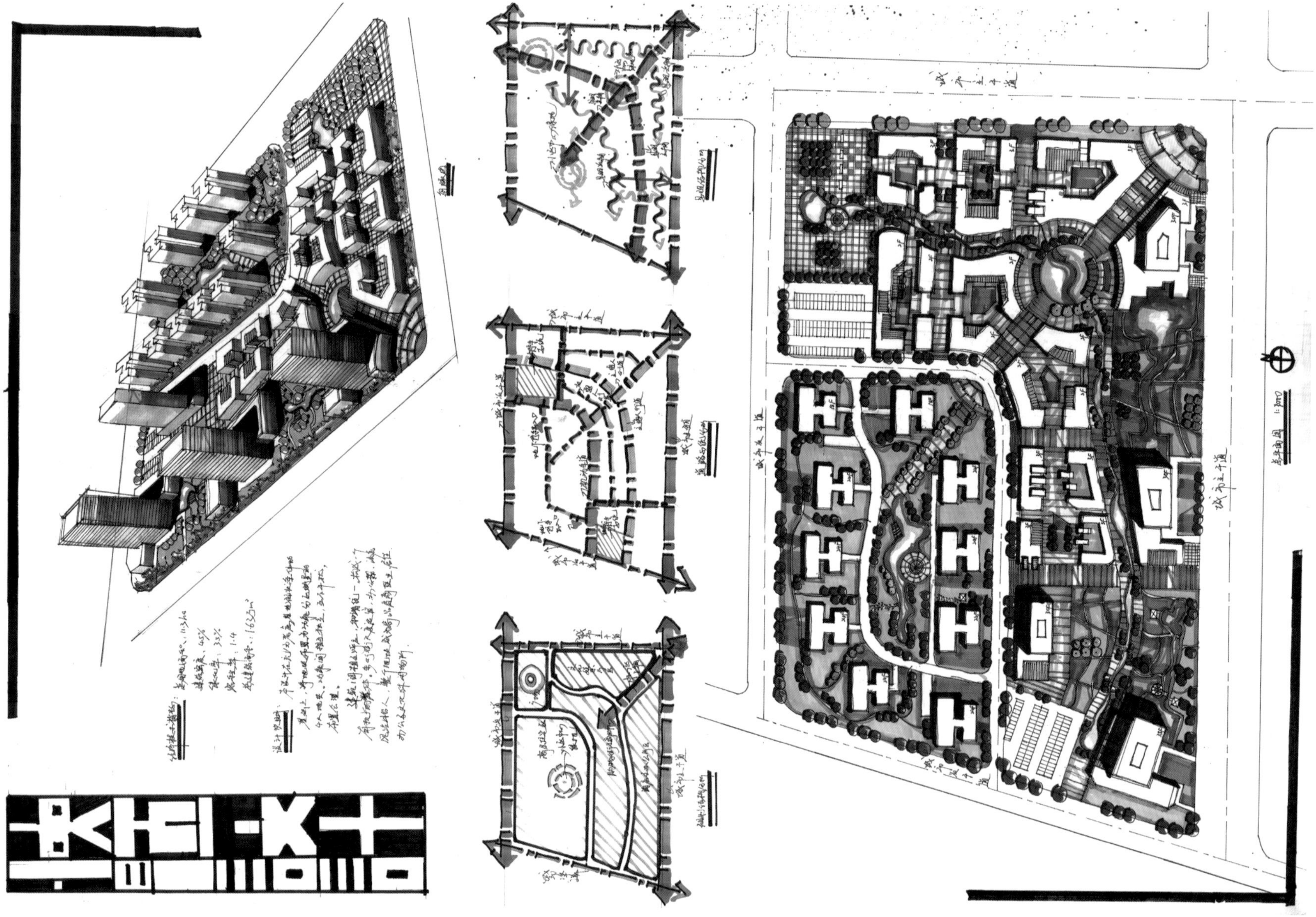

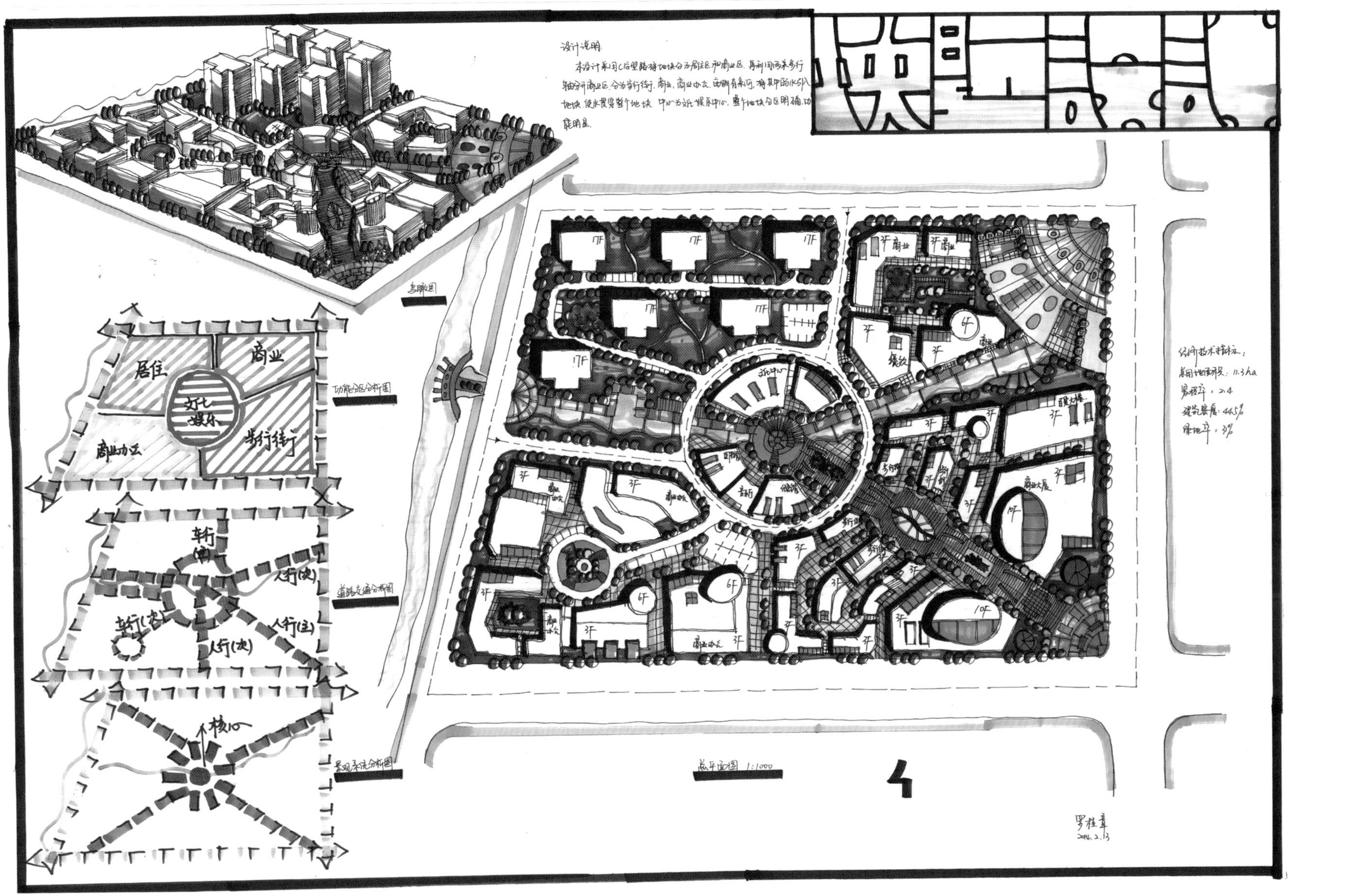
设计说明：
本设计采用C后型路将地块分为居住区和商业区，再利用两条步行轴分开商业区，分为步行街、商业、商业办公。西侧有条河，将其中的水引入地块，使水贯穿整个地块。中心为文化娱乐中心，整个地块分区明确，功能明显。
鸟瞰图
功能分区分析图
居住
商业
文化娱乐
商业办公
步行街
道路交通分析图
车行(主)
车行(次)
人行(主)
人行(次)
景观系统分析图
核心
总平面图 1:1000
经济技术指标：
总用地面积：11.3ha
容积率：2.4
建筑密度：44.5%
绿地率：31%
17F
3F
6F
10F
百货大楼
商业大厦
商业办公
餐饮

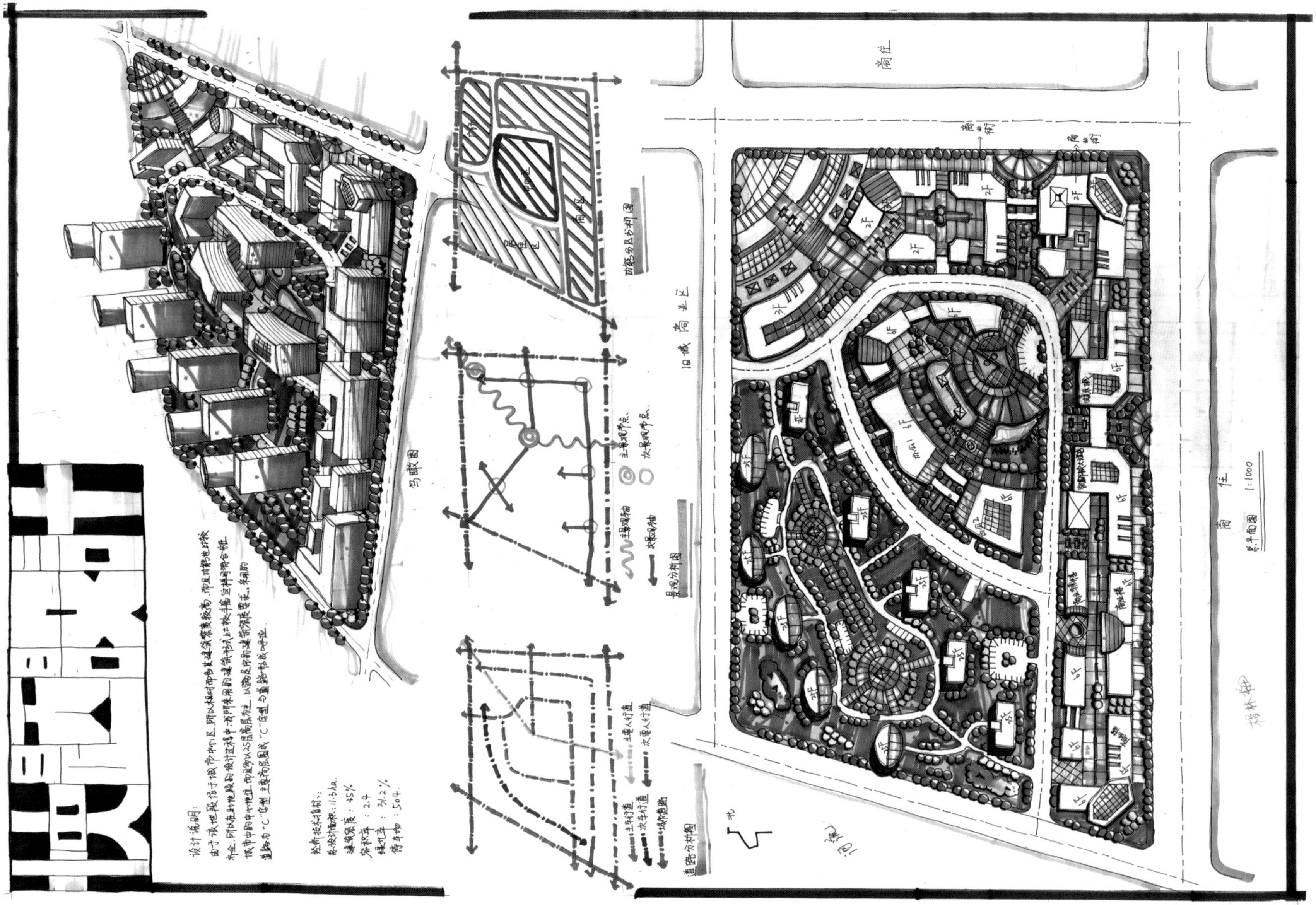
鸟瞰图
功能分区分析图
景观分析图
道路分析图
总平面图 1:1000

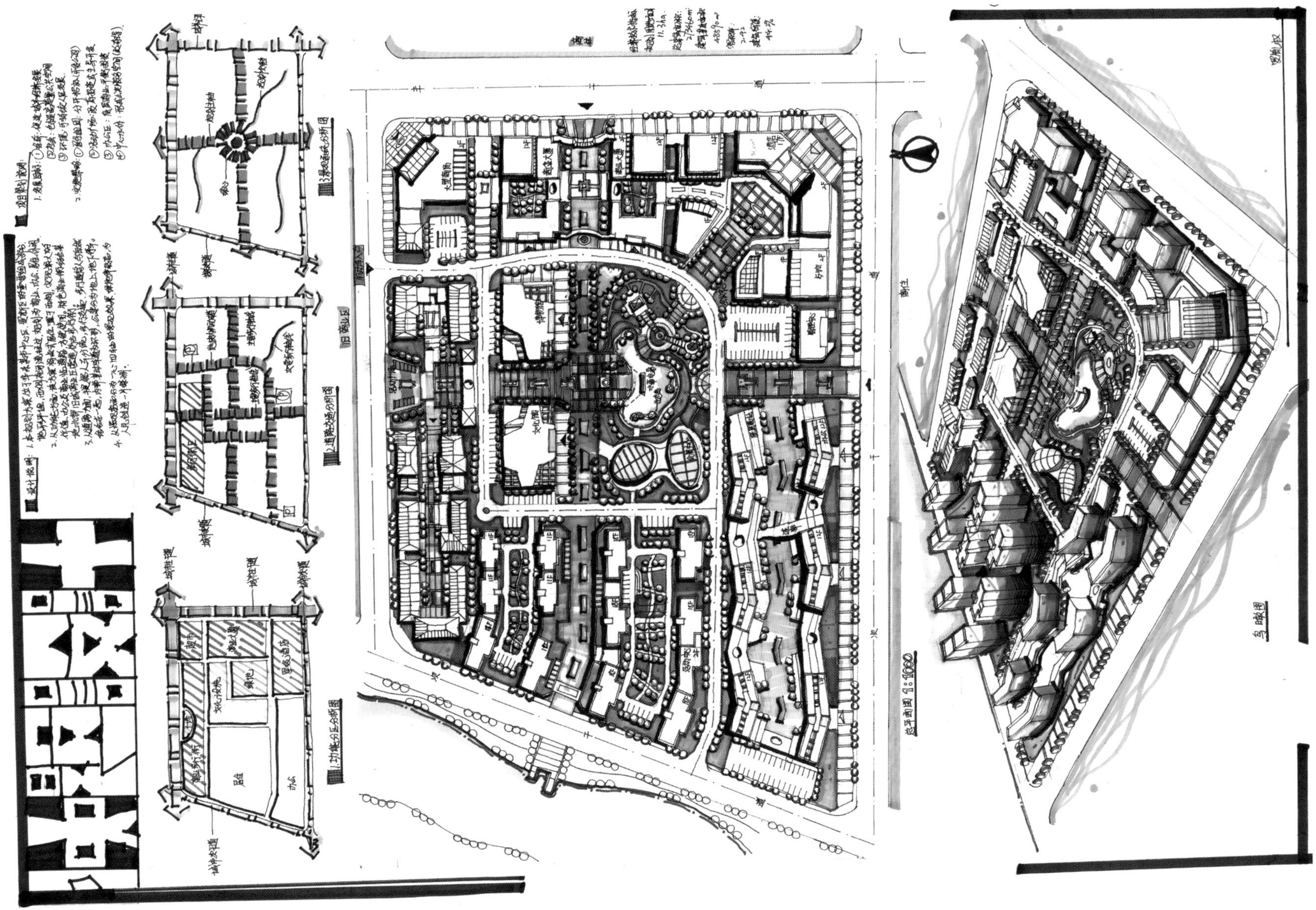
总平面图 1:1000
鸟瞰图

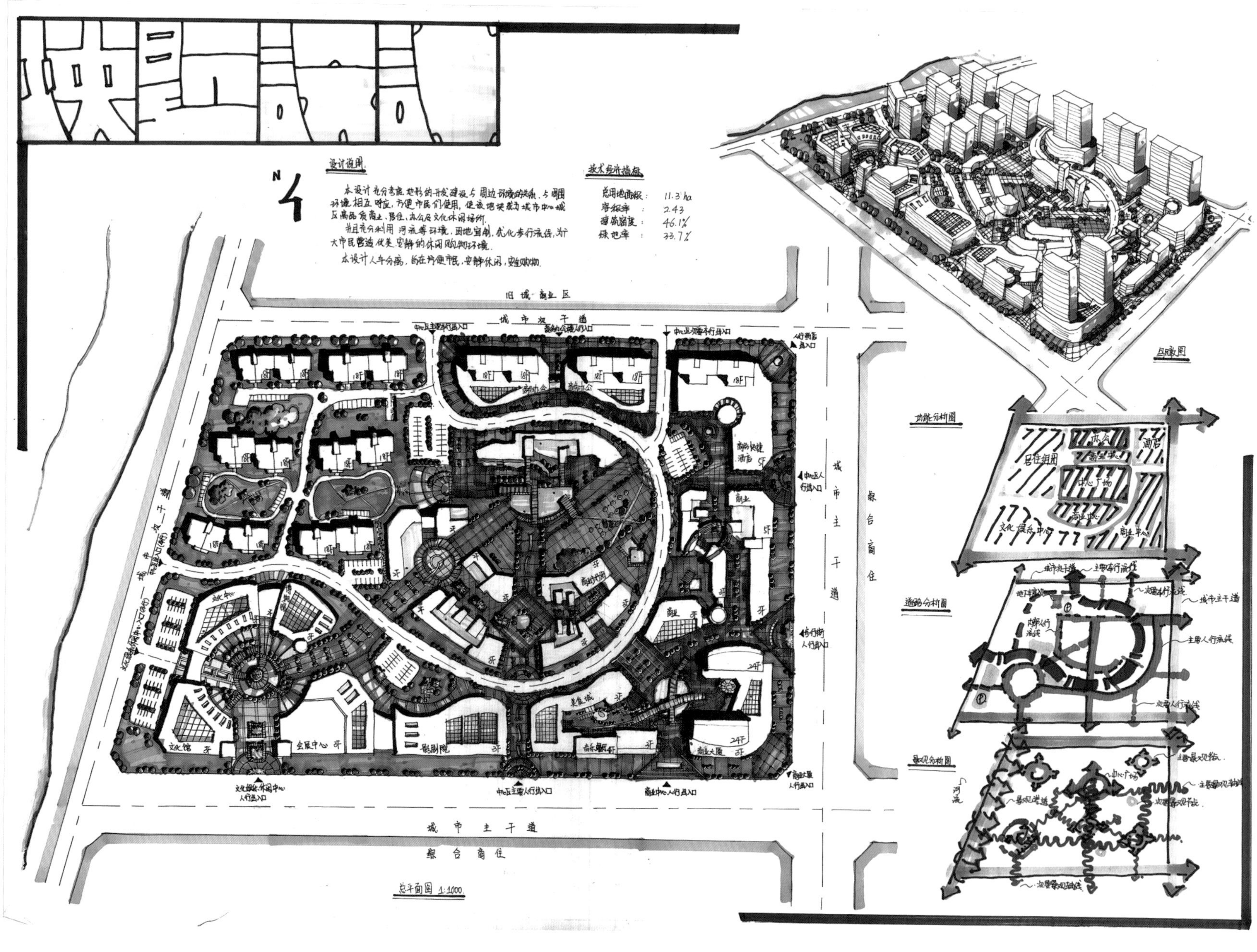
快题设计
设计说明
本设计充分考虑地形的开发建设与周边环境的关系，与周围环境相互呼应，方便市民们使用，使该地块成为城市中心城区高品质商业、居住、办公及文化休闲场所。
并且充分利用河流等环境，因地制宜，优化步行流线，为广大市民营造优美、安静的休闲购物环境。
本设计人车分离，旨在方便市民，安静休闲，安全购物。
技术经济指标
总用地面积：11.3 ha
容积率：2.43
建筑密度：46.1%
绿地率：33.7%
旧城商业区
城市次干道
城市主干道
综合商住
总平面图 1:1000
鸟瞰图
功能分析图
道路分析图
景观分析图
会展中心
影剧院
文化馆
商业大厦
美食城
商业
商务快捷酒店
商务办公
居住组团
文化娱乐中心
商业中心
河流

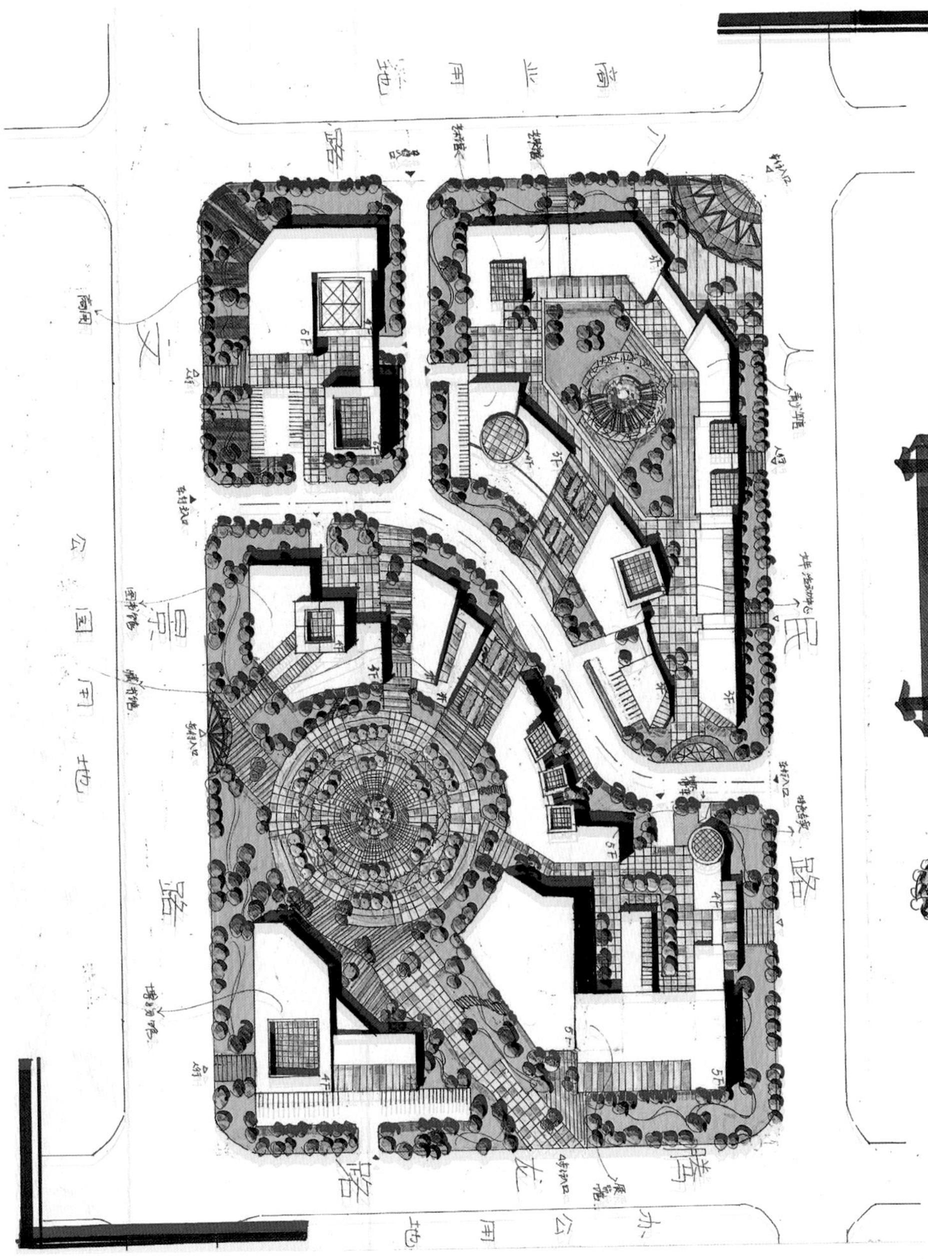
商业用地
人民路
公园用地
办公用地

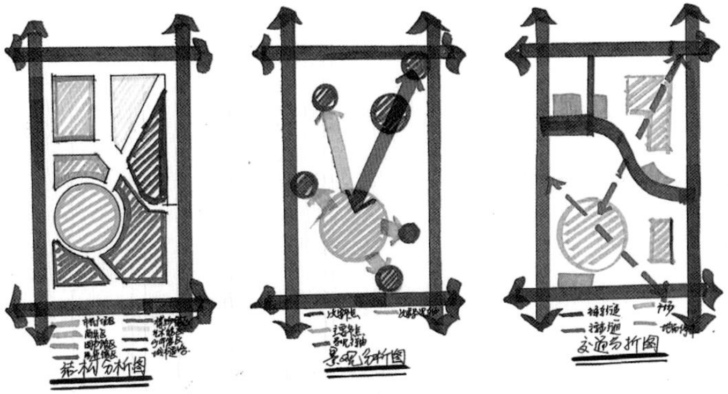
结构分析图
景观分析图
交通分析图

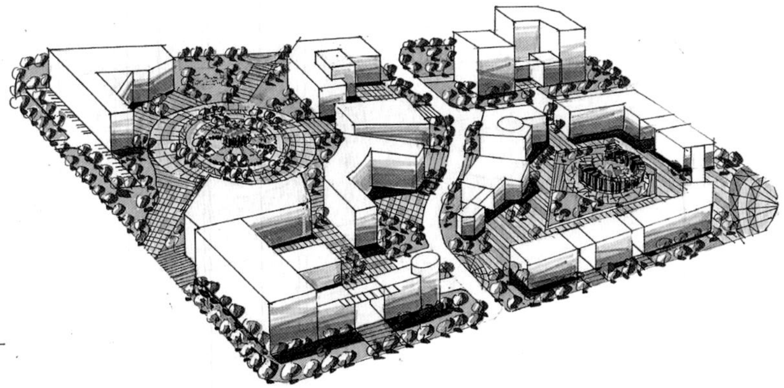

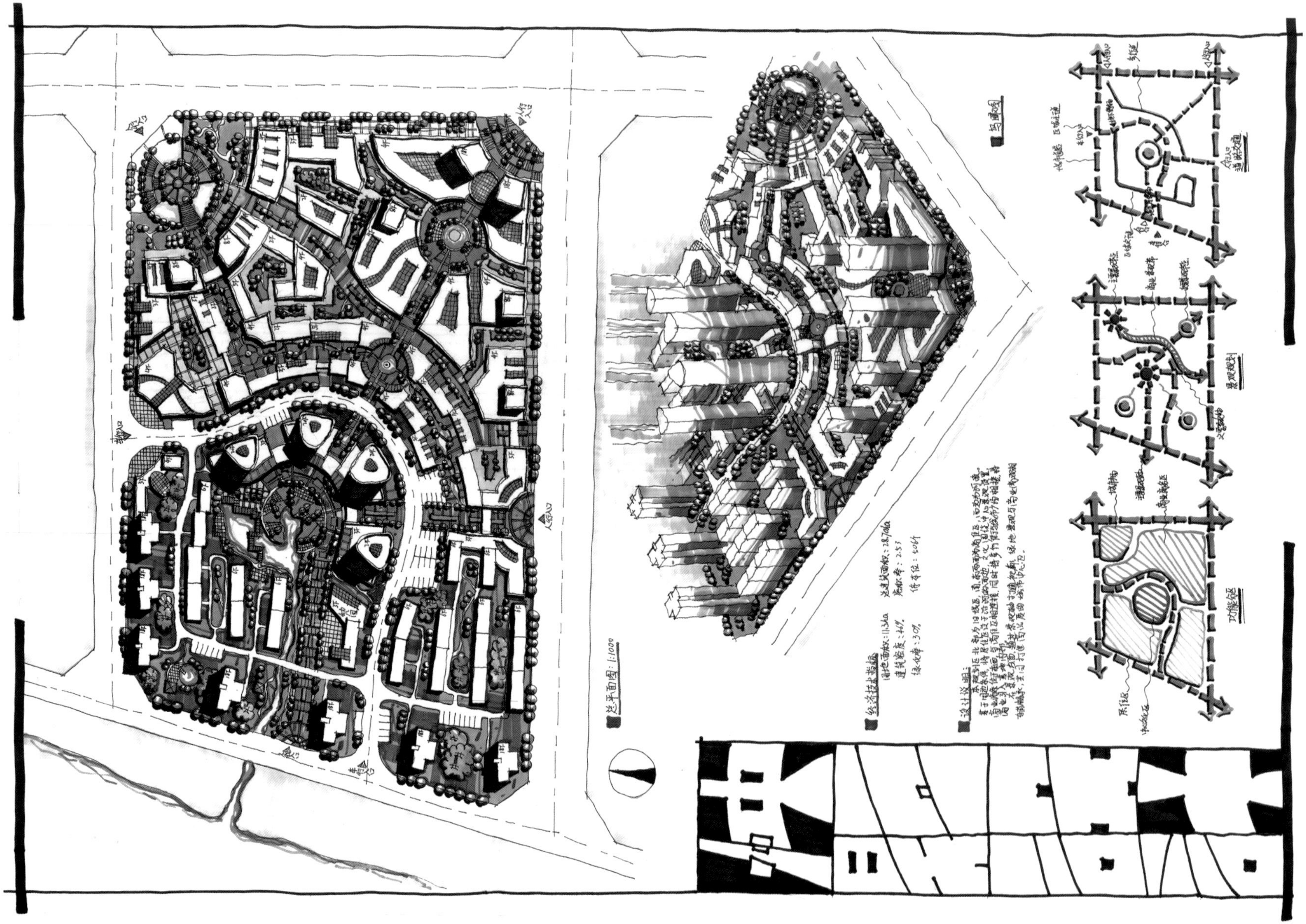

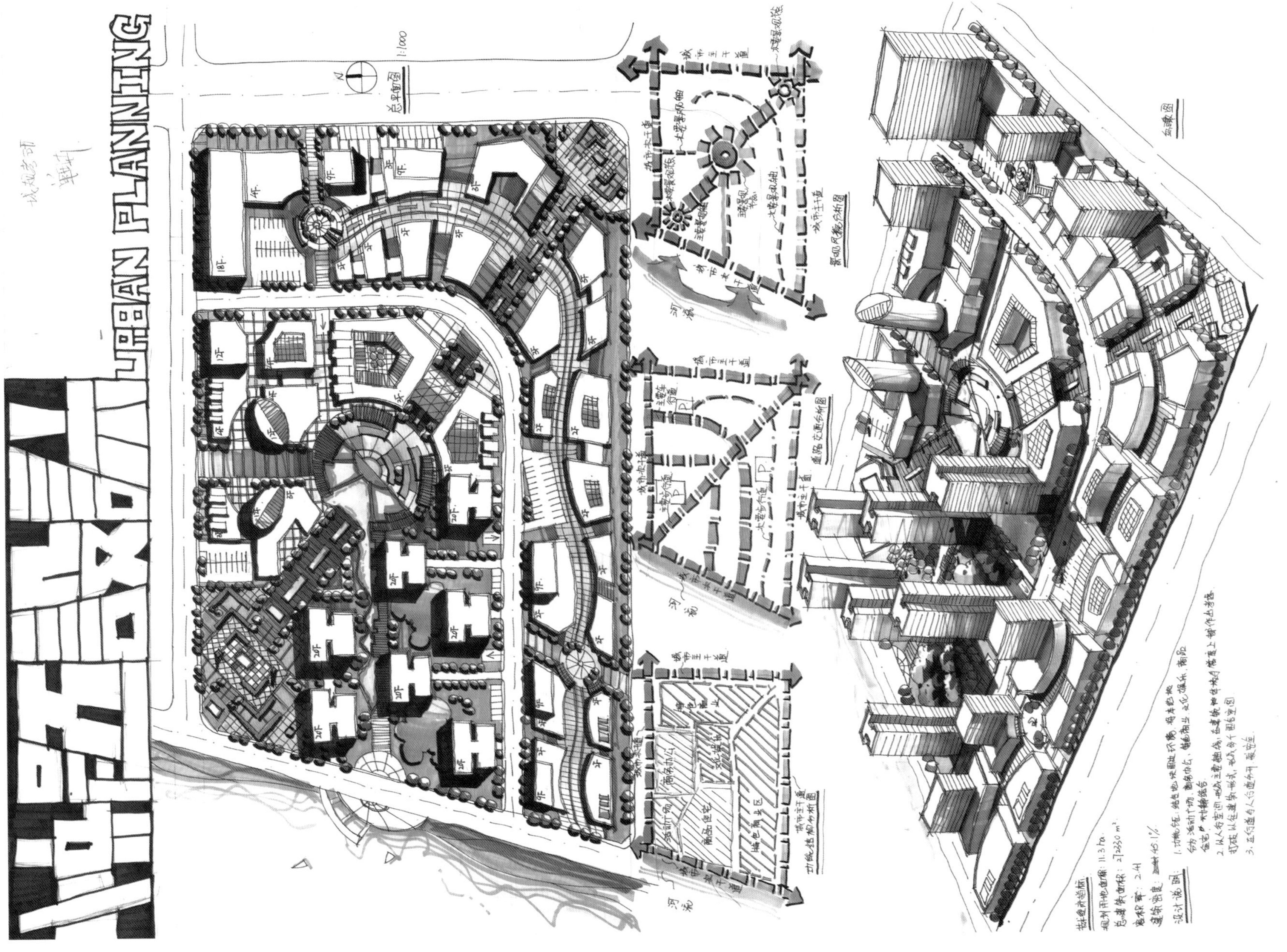
URBAN PLANNING
总平面图
1:1000
鸟瞰图
景观风貌分析图
道路交通分析图
功能结构分析图

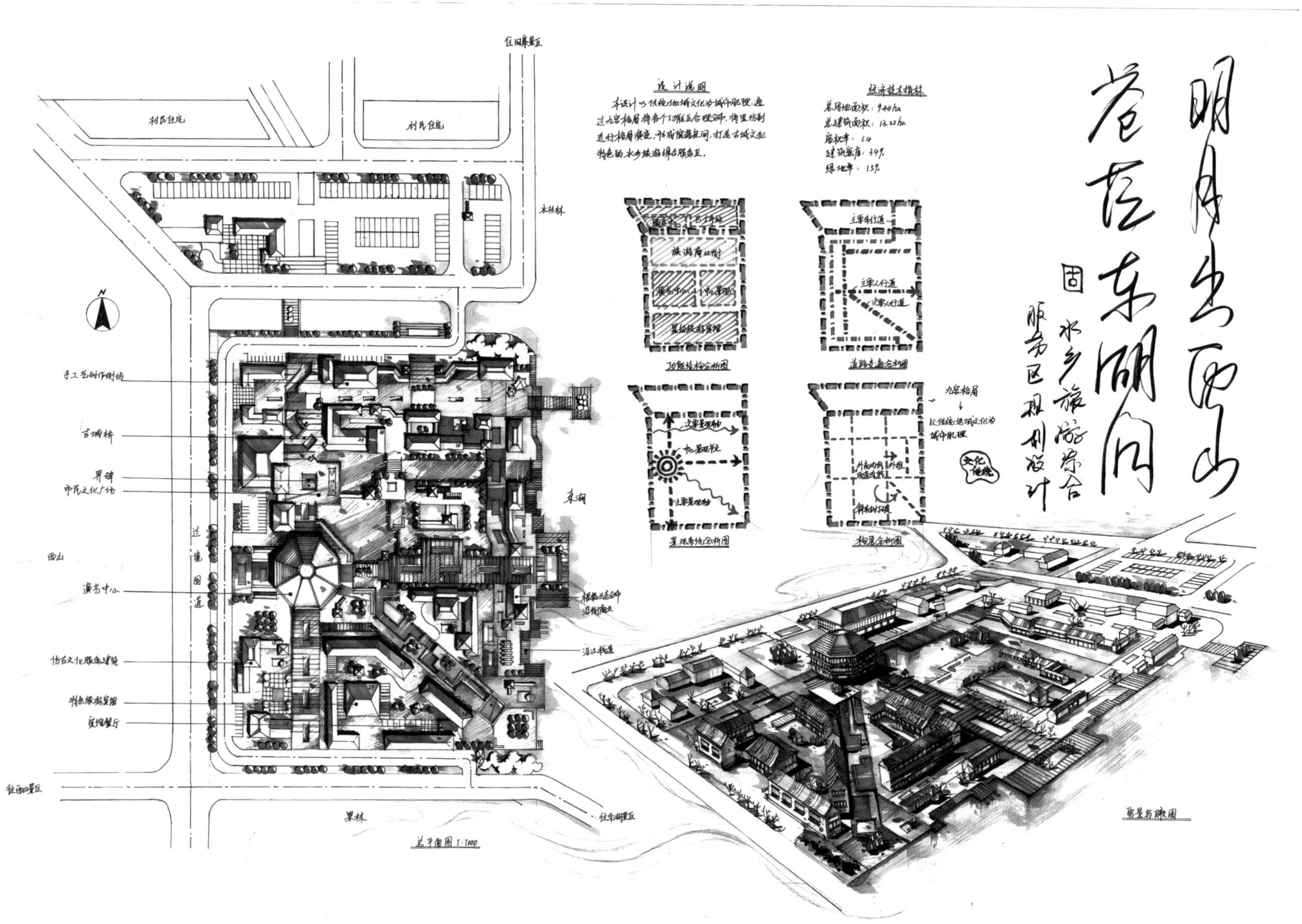
明月出西山
苍茫东湖间
水乡旅游综合服务区规划设计
设计说明
本设计以传统地域文化为城市肌理，通过九宫格局将各个功能区合理分布，将里坊制进行格局演变，形成院落空间，打造古城文化特色的水乡旅游综合服务区。
经济技术指标
总用地面积：9.44ha
总建筑面积：13.22ha
容积率：1.4
建筑密度：34%
绿地率：15%
功能结构分析图
道路交通分析图
景观系统分析图
构思分析图
九宫格局
以传统地域文化为城市肌理
主要车行道
主要人行道
次要人行道
服务中心
巴士车站
旅游商业街
特色旅游宾馆
主要景观轴
次要景观轴
村民住宅
往南景区
手工艺制作街坊
古城桥
界碑
市民文化广场
演艺中心
仿古文化服务建筑
特色旅游宾馆
宴会餐厅
过境国道
西山
东湖
沿江栈道
往西山景区
果林
往东湖景区
总平面图 1:1000
鸟瞰图

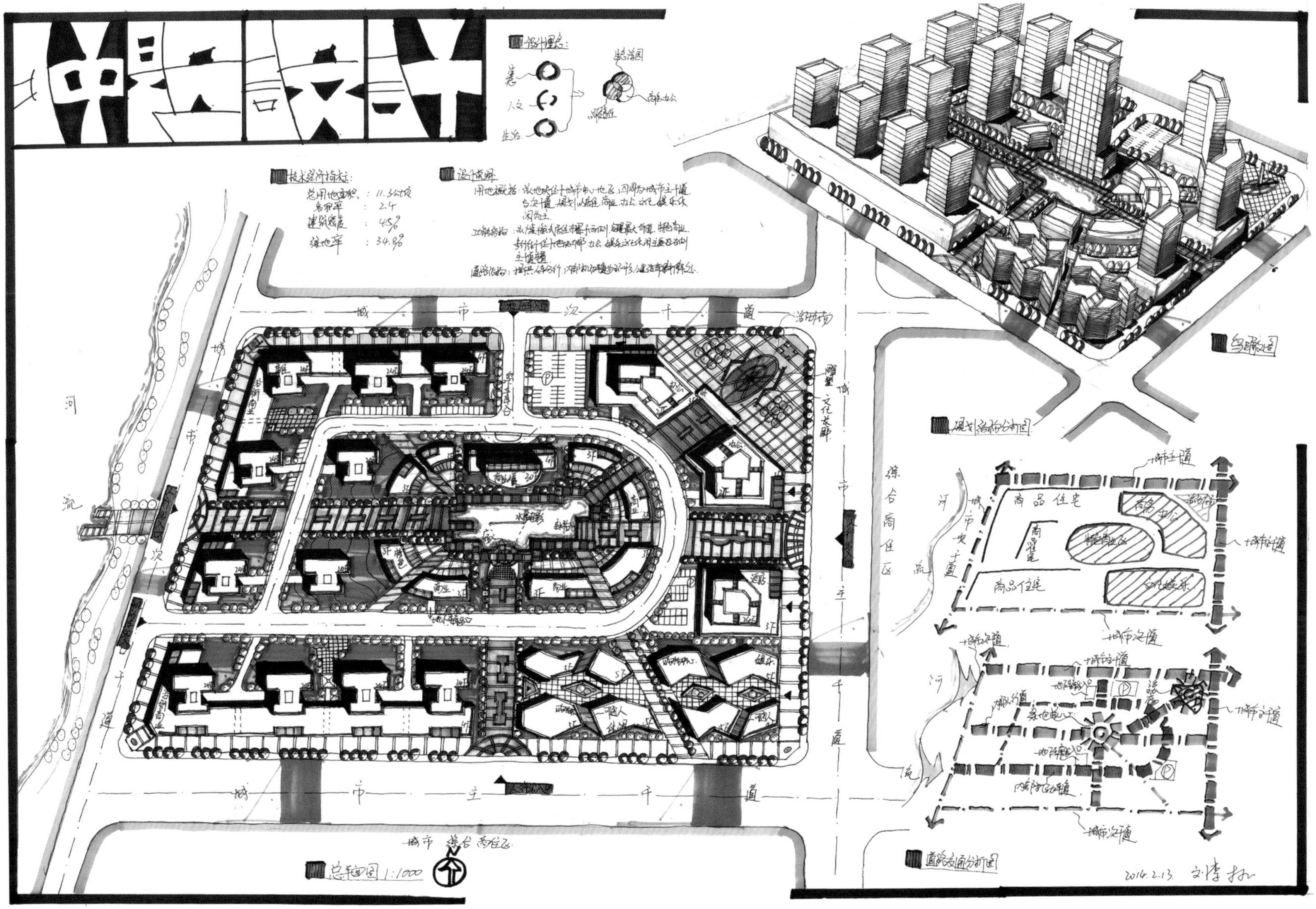
技术经济指标：
总用地面积：11.3公顷
容积率：2.4
建筑密度：45%
绿地率：34.8%
设计说明：
城市次干道
城市主干道
鸟瞰图
规划结构分析图
商品住宅
城市次干道
城市主干道
道路交通分析图
总平面图 1:1000
2014.2.13.

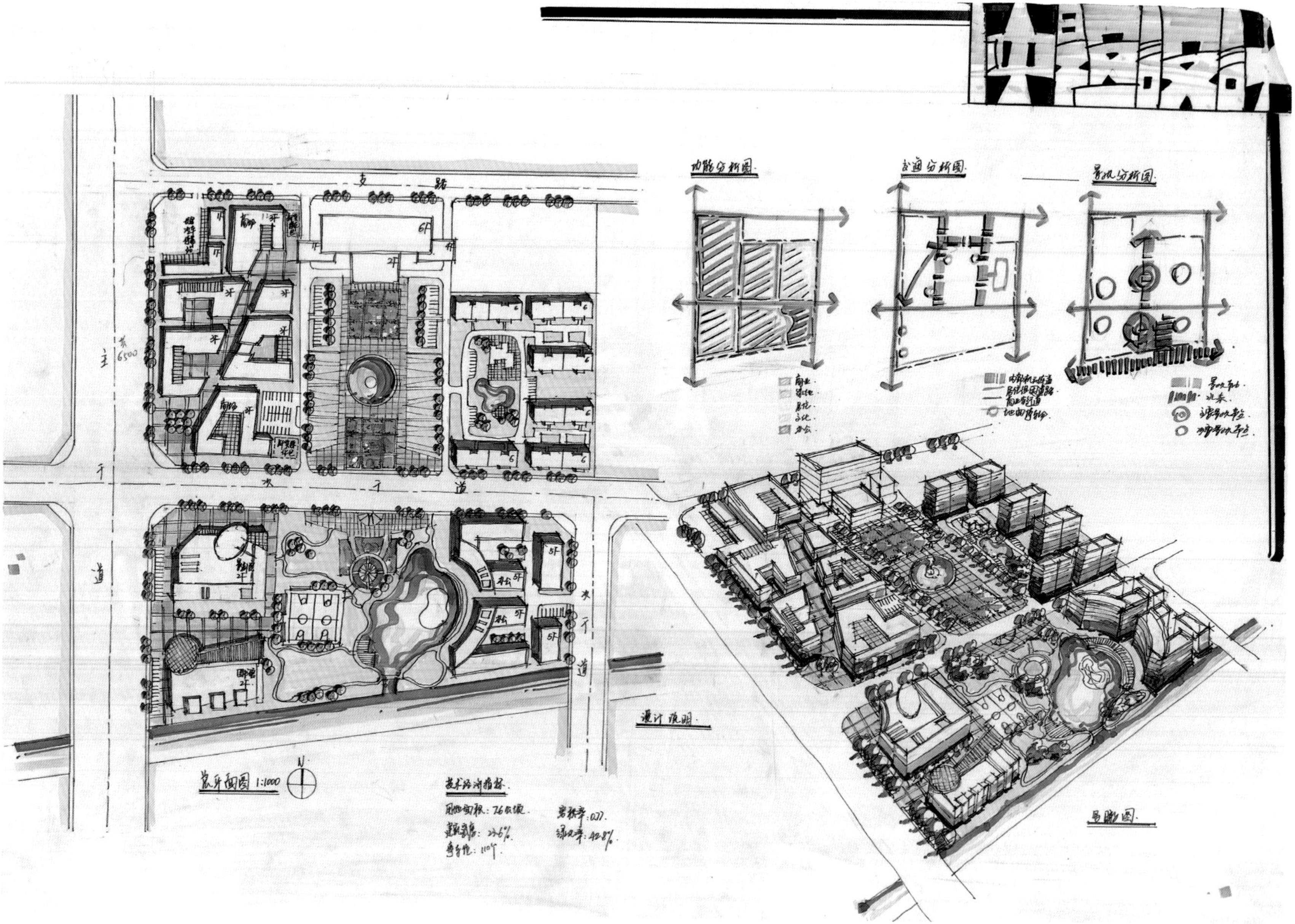
功能分析图
交通分析图
景观分析图
支路
主干道
次干道
总平面图 1:1000
技术经济指标
用地面积：7.6公顷
建筑密度：23.6%
停车位：110个
容积率：0.77
绿地率：42.8%
设计说明
鸟瞰图

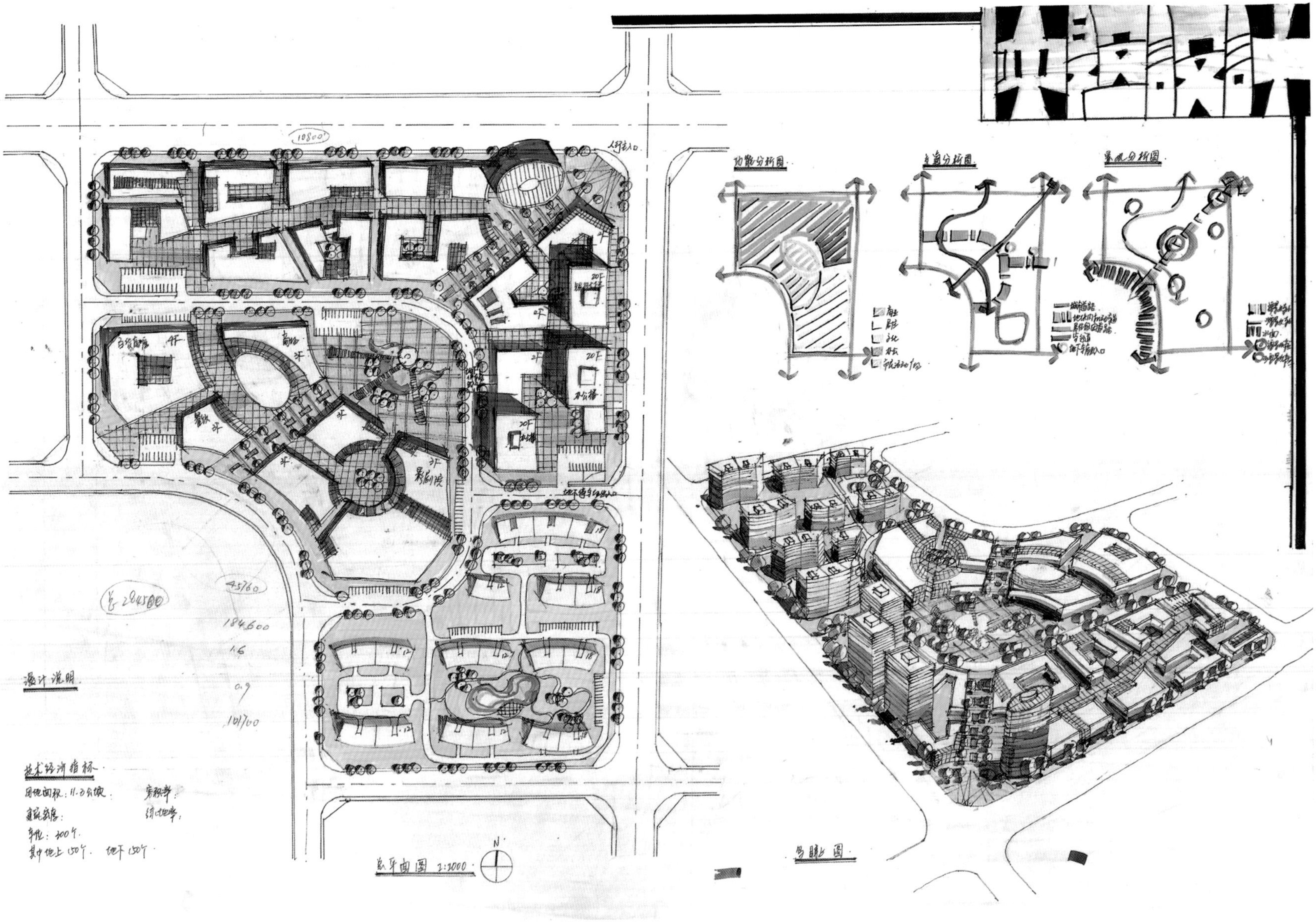
快题设计
功能分析图
交通分析图
景观分析图
设计说明
技术经济指标
用地面积：11.3公顷
容积率：
建筑密度：
绿地率：
车位：300个
其中地上150个 地下150个
184600
1.6
0.9
101700
N
总平面图 1:2000
鸟瞰图

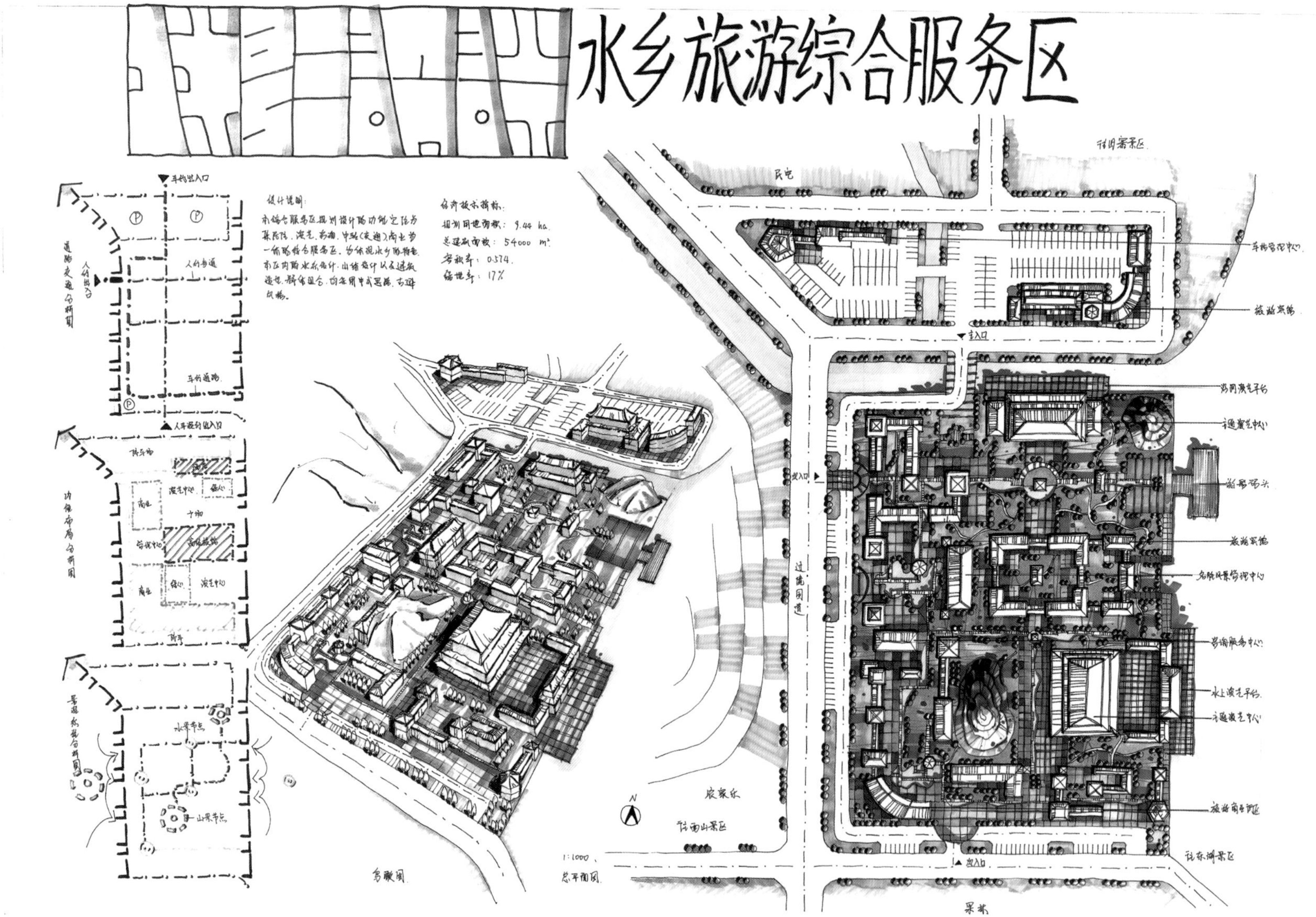
水乡旅游综合服务区
设计说明:
经济技术指标:
规划用地面积: 9.44 ha.
总建筑面积: 54000 m².
容积率: 0.574.
绿地率: 17%
1:1000
总平面图

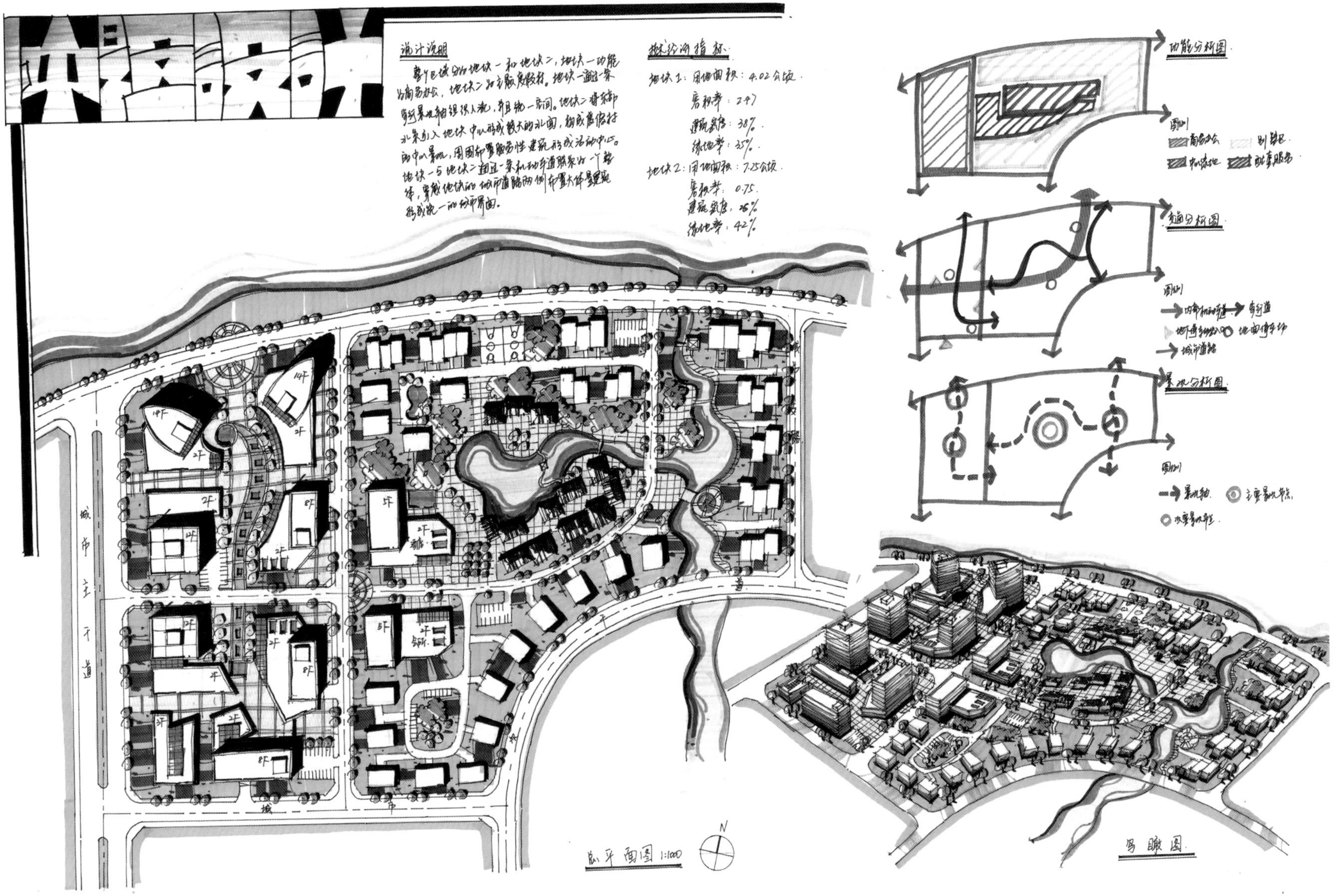
设计说明
整个区域分为地块一和地块二，地块一功能为商务办公，地块二为主题度假村。地块一通过一条步行景观轴组织人流，并且统一空间。地块二将东部水系引入地块中心形成较大的水面，构成度假村的中心景观，周围布置服务性建筑形成活动中心。地块一与地块二通过一条机动车道联系为一个整体，穿越地块的城市道路两侧布置大体量建筑形成统一的城市界面。
技术经济指标
地块1：用地面积：4.02公顷
容积率：2.47
建筑密度：38%
绿地率：35%
地块2：用地面积：7.25公顷
容积率：0.75
建筑密度：26%
绿地率：42%
功能分析图
图例
交通分析图
图例
景观分析图
图例
城市主干道
总平面图 1:1000
N
鸟瞰图

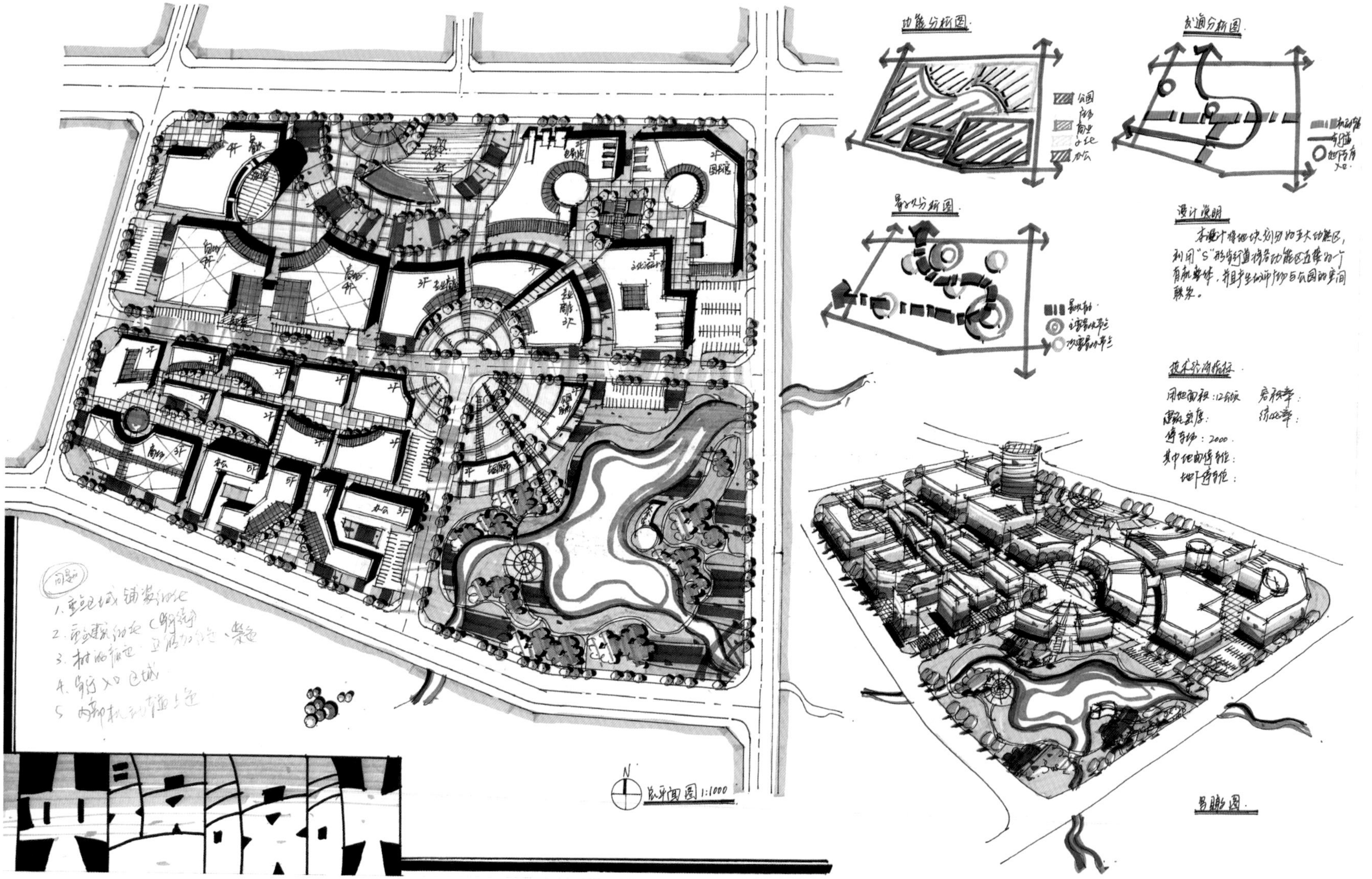
功能分析图
交通分析图
景观分析图
设计说明
本设计将地块划分为五大功能区，利用"S"形步行道将各功能区连接为一个有机整体，并且产生城市广场与公园的空间联系。
技术经济指标
用地面积：12公顷
容积率：
建筑密度：
绿地率：
停车场：2000
其中地面停车位：
地下停车位：
总平面图 1:1000
鸟瞰图

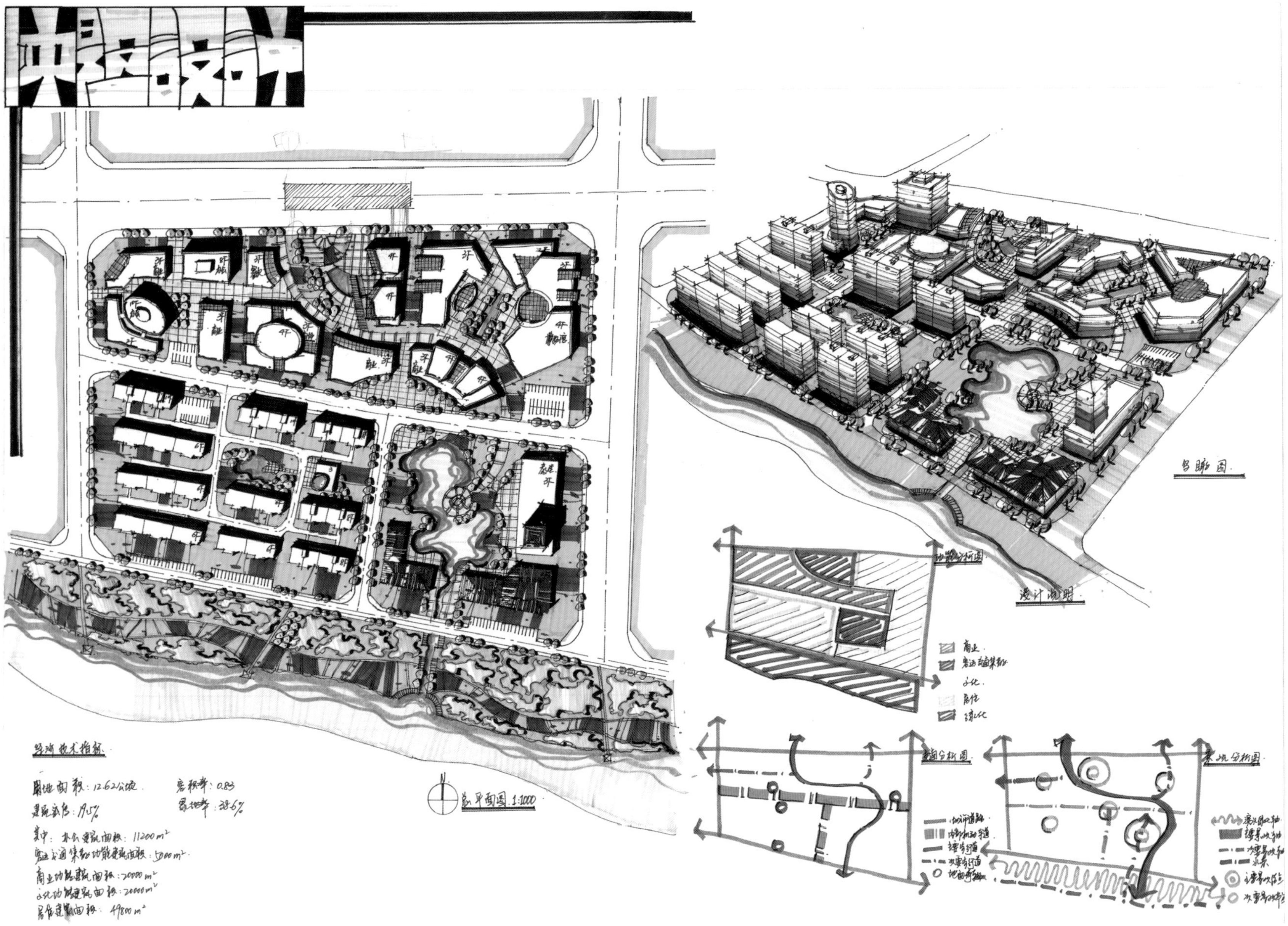
鸟瞰图
总平面图 1:1000
设计说明
容积率：0.83

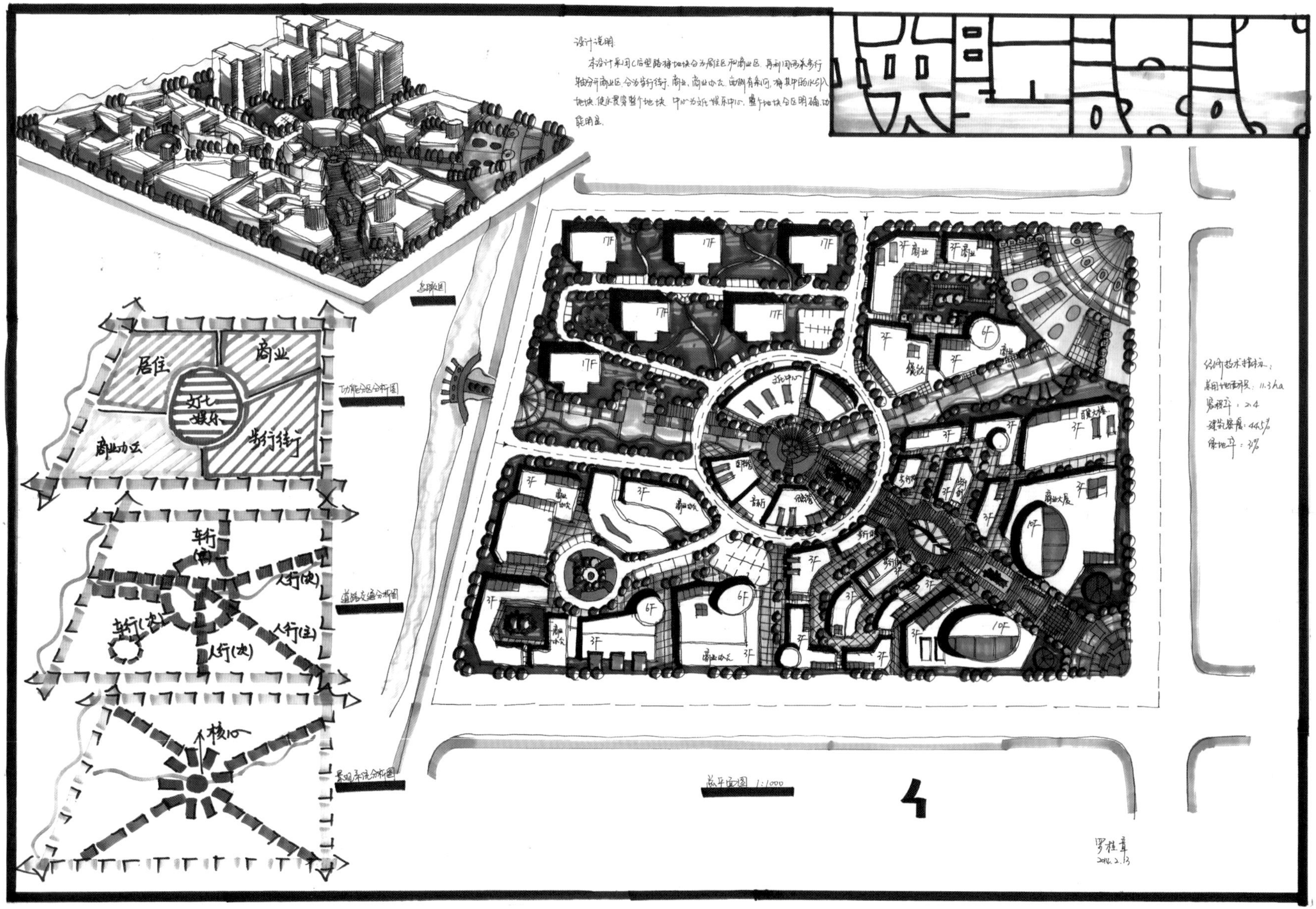
设计说明:
本设计采用C字型路将地块分为居住区和商业区，再利用两条步行轴分开商业区，分为步行街、商业、商业办公，西侧有条河，将其中的水引入地块，使水贯穿整个地块，中心为文化娱乐中心，整个地块分区明确，功能明显。
经济技术指标:
总用地面积: 11.3ha
容积率: 2.4
建筑密度: 44.5%
绿地率: 31%
总平面图 1:1000
鸟瞰图
功能分区分析图
道路交通分析图
景观系统分析图
居住
商业
商业办公
步行街
文化娱乐
车行(主)
车行(次)
人行(主)
人行(次)
核心
17F
10F
6F
3F
商业大厦
罗桂章
2014.2.13

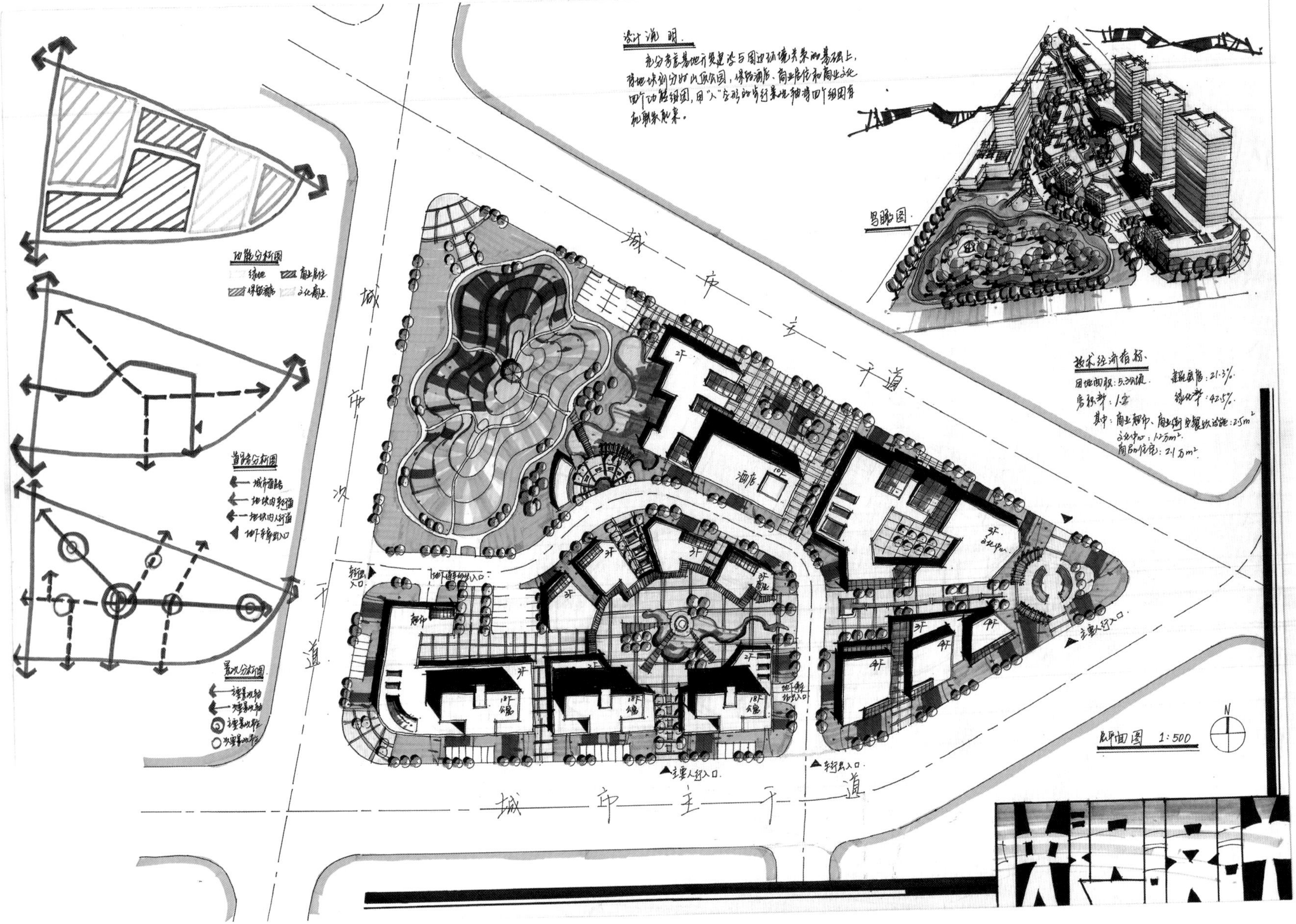
设计说明
充分考虑基地开发建设与周边环境关系的基础上，将地块划分成公园，保留酒店、商业居住和商业文化四个功能组团，用"人"字形的步行景观轴将四个组团有机联系起来。
鸟瞰图
技术经济指标
用地面积：5.3公顷
容积率：1.2
建筑密度：21.3%
绿化率：42.5%
其中：商业超市、商业街及餐饮设施：2.5m²
文化中心：1.2万m²
商品住宅：2.1万m²
总平面图 1:500
功能分析图
道路分析图
景观分析图
城市主干道
城市次干道
主要人行入口
酒店

卓越手绘

建筑 景观 室内 规划